La fotografia è in bianco e nero, ma conserva tutta la luce
di una serata estiva del 1959.
L'uomo ha un naso coraggioso, il mento onesto e baffi alla Clark Gable.
La ragazza è bruna e bellissima.
Il sorriso di lei è estatico, quello di lui, incredulo;
quello di entrambi, innamorato.
Quest'anno festeggiamo le loro nozze d'oro.
Ai miei genitori

Juan José Gómez Cadenas

L'ambientalista nucleare

Alternative al cambiamento climatico

Traduzione di **Cristina Ingiardi**

 Springer

Juan José Gómez Cadenas

Questo libro è stampato su carta FSC amica delle foreste. Il logo FSC identifica prodotti che contengono carta proveniente da foreste gestite secondo i rigorosi standard ambientali, economici e sociali definiti dal Forest Stewardship Council

ISBN 978-88-470-2497-7

ISBN 978-88-470-2498-4 (eBook)

DOI 10.1007/978-88-470-2498-4

Coordinamento editoriale: Barbara Amorese
Progetto grafico: Ikona s.r.l., Milano
Impaginazione: Ikona s.r.l., Milano

Springer-Verlag Italia S.r.l., via Decembrio 28, I-20137 Milano
Springer-Verlag fa parte di Springer Science+Business Media (www.springer.com)

Indice

Ringraziamenti

Ogni libro è una traversata.

Che questa porti i colori delle Edizioni Espasa è stato possibile grazie ad Ana Rosa Semprún, David Cebrián, Lola Cruz, Alicia Escamilla e Celia Villar. Senza l'aiuto di Silvia Bastos sarebbe stato decisamente molto più difficile doppiare Capo Horn.

Senza mia moglie, Pilar, e i miei figli, Irene ed Héctor, non ci sarebbe stata una traversata, ma un naufragio.

Nessun marinaio è solo: questo volume ha beneficiato enormemente delle osservazioni di Pepe Díaz e Paco Camarena, il primo compagno di fatiche professionali, il secondo mezza mela letteraria. Tutta la mia gratitudine anche alla critica, non meno necessaria perché severa, di José Ángel Hernando.

Se le sirene seducevano i naviganti con il loro canto, i miei fratelli, Lola, Concha, Aurelio, Carlos e Toni, e i loro pazienti partner (Carlos, Jesús, Eva, Belén e Reme) si sono dovuti accontentare del monologo di uno sciocco durante lunghi mesi d'ossessione. Molti altri amici (tra gli altri, José Manuel e Merche de Suárez, Carlos Peña, Concha González e Daniel Basomba) mi hanno pazientemente sopportato, così come i miei studenti del dottorato, Justo, Francesc e Raphael.

Ringrazio la cortesia del Consiglio di sicurezza nucleare e il Foro Nuclear per le informazioni inerenti alle centrali nucleari spagnole. Al mio collega José Ángel Menéndez, grazie per il suo aiuto nel capitolo sul carbone. Devo a Bruno Comby e all'AAPN (Associazione ambientalisti per il nucleare) la copertina dell'edizione originale spagnola e la rivelazione in essa riassunta. L'unico modo di rispettare la natura è sviluppare una scienza e una tecnologia che ci permettano di smettere di sfruttarla.

1. Non è tutto verde quel che luccica

> **Ossimoro** (dal greco oxymoron): combinazione in una medesima struttura sintattica di due termini o espressioni di significato opposto che danno così origine a un nuovo senso: per esempio, un silenzio assordante.
> **Ossimoro.** Figura retorica che consisteva nel celare un acuto sarcasmo sotto un apparente assurdo.
>
> *Enciclopedia Espasa*

Il pittore, portando sulle spalle il proprio cavalletto, avanza senza fretta per il grande prato che si allunga fino al limitare del cielo estivo. Giunto sotto un castagno, prepara la tavolozza e gli oli, si stiracchia, sbadiglia, sorride. Indossa una camicia leggera, pantaloni di cotone, e un cappello di paglia gli copre i ricci ribelli. È scalzo: gli piace sentire l'erba che gli accarezza i piedi. Questo pittore ama la natura. La ama come artista e la ama come scienziato. Questo pittore è un fisico nucleare, e il suo lavoro consiste nello sfruttare il potere elementare dell'atomo, lo stesso che fa brillare le stelle, per generare l'elettricità e l'idrogeno utilizzati dalla sua città.

Una città che si estende su entrambe le rive di un ampio fiume, a pochi kilometri da questo prato. Oggi celebra il solstizio d'estate dell'anno 2050 e anche il decimo anniversario della giornata del cambiamento, la data storica in cui venne chiusa l'ultima centrale elettrica a carbone. Per festeggiarla, molte famiglie organizzano escursioni in bicicletta, percorrendo la strada senza automobili che si snoda tra le fattorie eoliche fino al grande bacino artificiale che, insieme agli aerogeneratori e alla centrale nucleare, nutre le abitazioni e le industrie della città. Altri, come lui, si dedicano ai propri hobby preferiti.

La città e i suoi abitanti rifiutano gli eccessi, detestano lo spreco e credono nella solidarietà. Sanno che è necessaria per migliorare un mondo che conta già, passata la metà del secolo, nove miliardi di abitanti. La gente che vive qui consuma meno energia di quella che si sperperava agli inizi del ventunesimo secolo. Vive in edifici superefficienti, viaggia su treni elettrici ad alta velocità, guida piccole autovetture ibride, e la sola menzione di uno di quei mostruosi 4 x 4 che invadevano le autostrade qualche decennio prima le fa rizzare in testa i capelli. Malgrado ciò, sul pianeta si consuma più energia di quanto sia mai accaduto nel corso della storia, poiché per la prima volta tutti i suoi abitanti hanno diritto a un minimo dignitoso.

Generare tutta questa energia senza ricorrere ai combustibili fossili, la cui minaccia ancora incombe sul futuro come l'ombra di un Nazgûl – la concentrazione di CO_2 si è stabilizzata a 450 parti per milione, o ppm, e gli scienziati nutrono la speranza che la catastrofe sia stata evitata –, richiede uno sforzo immenso. Il pittore è orgoglioso del suo lavoro perché sa di essere una parte importante di questo sforzo. Senza lui e altri come lui, forse il prato per il quale passeggia sarebbe una landa sterile e riarsa.

Oggi il pittore si sente ispirato. Fissando lo sguardo sulle torri gemelle che dominano l'orizzonte, comincia a dipingere. Dopo un po', i giganteschi camini della centrale nucleare iniziano a delinearsi sulla sua tela, ma l'artista li ha trasformati in grandi alberi ricoperti di foglie verdi.

Gaia

Gaia. Durante i miei primi anni d'università non sapevamo parlare d'altro. Gaia era il pianeta madre, il pianeta vivo, la dea della Terra trasformata in divinità su basi scientifiche. E James Lovelock era il suo profeta.

Lovelock aveva lavorato alla NASA nel 1965 come parte della squadra impegnata nel primo tentativo di scoprire la vita sul pianeta rosso. Durante il programma ci si rese conto che l'atmosfera di Venere e Marte, proprio come quella della Terra primitiva, era composta quasi esclusivamente da CO_2. Che cosa era accaduto sul nostro pianeta perché ora avesse un'atmosfera così diversa da quella dei nostri vicini? Lo scienziato si avventurò a formulare l'audace ipotesi secondo cui la responsabile di quei profondi cambiamenti fosse la vita stessa.

Lovelock ama parlare di Gaia come se si trattasse di un essere intelligente, capace di esercitare un controllo globale sulla propria temperatura, composizione atmosferica e salinità oceanica attraverso gli (e a beneficio degli) organismi viventi. È una metafora bella, e non del tutto esatta, che gli è costata molti dissapori con il suo stesso "club delle scienze", poco amante delle licenze poetiche, però gli ha anche guadagnato un'infinità di seguaci. Per tutta la mia generazione, James Lovelock non era soltanto un ambientalista, ma l'ambientalismo fatto persona.

Erano pochi coloro che potevano essergli pari sull'altare della nostra ammirazione. Uno era Carl Sagan, autore di libri meravigliosi che parlavano del sistema solare, delle stelle, delle supernove, della ricerca di intelligenza extraterrestre, dei quasar, dei buchi neri e di tutti gli altri prodigi di cui era pieno il cielo. I romanzi dell'altro, Isaac Asimov, erano la nostra Bibbia. Lovelock ci infiammava lo spirito con l'idea di un pianeta vivo, Sagan ci stregava con la bellezza del cosmo, ma era Asimov a convincerci che, un giorno, le nostre astronavi sarebbero partite alla volta di quell'oceano infinito che era lo spazio.

Le sue astronavi, inutile dirlo, erano azionate dall'energia atomica. Non c'era altro modo di ottenere le grandi accelerazioni necessarie per viaggiare a velocità prossime a quelle della luce. Non c'era altro modo di generare l'elettricità, l'idrogeno, i cibi e i materiali sintetici necessari a quegli straordinari transatlantici spaziali che imbarcavano l'umanità alla volta delle stelle. Non c'era altro modo di alimentare i formidabili scudi magnetici che proteggevano la flotta dai raggi cosmici ad alta energia. Come il *Nautilus* del Capitano Nemo, quei vascelli spaziali della fantascienza erano animati da un unico agente, affidabile e potente: l'atomo.

La minaccia del cambiamento climatico

Da allora, sono trascorsi tre decenni. Asimov e Sagan non sono più tra noi. James Lovelock, invece, a novant'anni continua a godere della stessa energia di sempre e ancora non ha perso il gusto per le metafore, come dimostra il titolo della sua ultima opera.

In *La rivolta di Gaia* [Lovelock, 2006], il vecchio ambientalista sostiene che la mancanza di rispetto degli umani nei confronti del pianeta, che si manifesta nella distruzione delle foreste e della biodiversità terrestre, unita al consumo massiccio di combustibili fossili, sta portando al limite la capacità della Terra di contenere l'effetto dei gas serra. Il risultato può essere terribile:

> Il pianeta in cui viviamo non ha che da dare una scrollata di spalle per uccidere centinaia di migliaia di esseri umani [facendo riferimento allo tsunami del dicembre 2004]. Ma ciò non è nulla se paragonato a ciò che potrebbe accadere in un futuro non lontano; stiamo abusando della Terra in misura tale da indurla a ribellarsi e ritornare alle elevate temperature in cui si trovava cinquantacinque milioni di anni fa; se ciò dovesse accadere, la maggior parte di noi e dei nostri discendenti andrà incontro alla propria fine.[1]

Venere, le cui dimensioni e la cui distanza dal Sole non sono molto diverse da quelle della Terra, è un esempio vicino di fino a dove può arrivare questa vendetta annunciata. L'enorme quantità di CO_2 presente nella sua atmosfera provoca un fortissimo effetto serra che innalza la temperatura della superficie del pianeta fino a circa 460° C. Il pianeta è un inferno sprofondato nelle tenebre. La luce non riesce a penetrare la spessa cappa di nubi tossiche composte da diossido di zolfo e acido solforico.

Quali forze controllano l'effetto serra ed evitano che finiamo come il nostro rovinato gemello stellare? Lovelock sostiene che si tratta soprattutto della biomassa, delle foreste, del plancton e delle alghe che ci stiamo affrettando a distruggere mentre, al contempo, aumentiamo in maniera suicida la concentrazione di CO_2 bruciando

---

[1] James Lovelock (2006) La rivolta di Gaia, traduzione di Massimo Scaglione, Rizzoli, pag. 11. (N.d.T.)

carbone, petrolio e gas naturale. Le conseguenze, secondo lo scienziato, saranno devastanti.

Le previsioni dell'Ipcc

Lovelock non è l'unico a pensarla così. Il recente studio del Pannello intergovernativo per il cambiamento climatico [Ipcc, 2008][2] usa un linguaggio più moderato e quantitativo, però giunge essenzialmente alle stesse conclusioni, vale a dire:

- la concentrazione dei gas serra è aumentata esponenzialmente dall'inizio dell'era industriale e, in particolare, durante il ventesimo secolo (grafico 1.1);

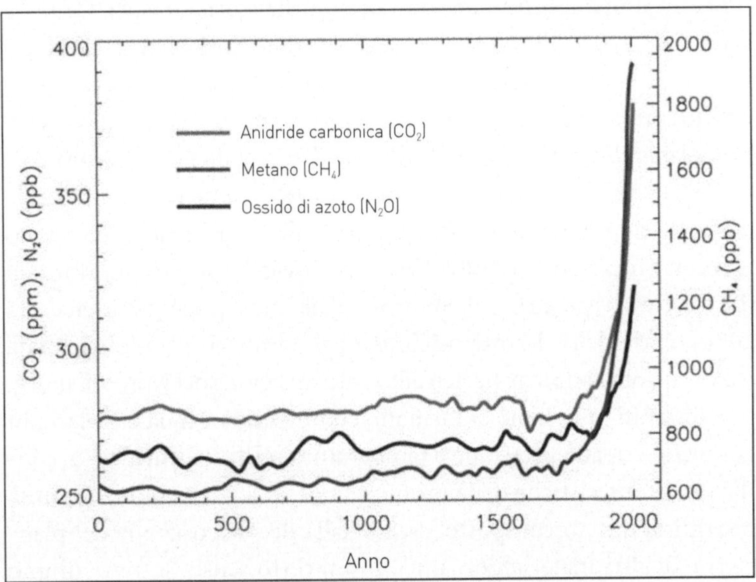

Grafico 1.1 Concentrazione atmosferica di alcuni gas serra negli ultimi duemila anni. [Ipcc, 2008]

---

[2] L'Ipcc (dalle iniziali inglesi di *Intergovernmental Panel on Climate Change*) è un ente scientifico intergovernativo, fondato dall'Organizzazione mondiale della meteorologia (WMO, come viene abbreviata in base alle iniziali inglesi) e dal Programma ambientale delle Nazioni Unite (UNEP, sempre dalle iniziali inglesi). È composto da centinaia di scienziati di tutto il mondo il cui obiettivo è studiare il cambiamento climatico e le sue conseguenze.

* le emissioni di gas serra nell'atmosfera hanno provocato un aumento di circa un grado della temperatura media del pianeta durante gli ultimi cento anni. Per la precisione, la temperatura è aumentata di mezzo grado dalla metà del ventesimo secolo, in coincidenza con l'aumento della concentrazione dei gas serra;
* alla fine di questo secolo, l'aumento della temperatura potrebbe aggirarsi tra gli uno e i tre gradi. In quest'ultimo caso, le conseguenze sulla nostra civiltà potrebbero essere drammatiche (innalzamento dei livelli del mare che sommergerebbe le città costiere, desertificazione di zone attualmente a clima temperato, ecc.).

Quando i coccodrilli nuotavano nell'Artide

Il nostro non è il primo periodo caldo nella storia di Gaia. Ce n'era stato uno simile all'incirca cinquantacinque milioni di anni fa, all'inizio dell'era geologica nota come Eocene, causato dal rilascio nell'atmosfera di migliaia di milioni di tonnellate di CO_2 nel giro di un breve lasso di tempo (da poche decine d'anni a due o tre secoli).

Quale fenomeno naturale può aver avuto come effetto un simile aumento di gas che, in condizioni normali, sulla Terra mantengono una concentrazione costante? Una delle possibili spiegazioni, avanzata dal fisico norvegese Henrik Svensen e dalla sua equipe [Svensen et al., 2004], parla della decomposizione degli idrati di metano scatenata dalle eruzioni sottomarine nell'allora attiva regione del Nord Atlantico.

Gli idrati di metano si formano combinando acqua e metano in condizioni di alta pressione e temperatura relativamente bassa, condizioni caratteristiche delle profondità oceaniche. Esistono quantità enormi di questo composto, create dalla decomposizione del plancton e di altri materiali organici. In un certo senso, si tratta di uno degli innumerevoli meccanismi di cui dispone Gaia per autoregolarsi, dal momento che in pratica sono giganteschi depositi di carbone sequestrato nel mare dagli esseri viventi.

Non dobbiamo scordare che i temuti gas serra sono essenziali per la vita. Della radiazione solare che colpisce il nostro pianeta, un terzo si riflette e torna nello spazio (attraverso le nubi, le superfici innevate, gli oceani, ecc.) e il resto viene assorbito ed emesso di nuovo sotto forma di radiazioni infrarosse che, a loro volta, vengono in parte assorbite dai gas che si trovano nell'atmosfera in piccole proporzioni, come CO_2, metano (CH_4) e vapore acqueo. I gas maggioritari (ossigeno e azoto), in compenso, non assorbono le radiazioni infrarosse. Senza la presenza, tra gli altri, di CO_2, metano e vapore acqueo, la temperatura media della Terra sarebbe di circa -20°C invece dei comodi 15°C della superficie terrestre.

Detto nella lingua di Lovelock, Gaia "sa" come mantenere le concentrazioni di gas serra entro i limiti dei valori ottimali per la vita. A una media di 15°, il mare è un buon habitat per le alghe e gli altri organismi marini che sintetizzano la clorofilla, sequestrando qualunque eccesso di CO_2 presente nell'atmosfera e portandolo con sé in fondo al mare quando muoiono. Se la concentrazione di CO_2 aumenta, aumenta anche la capacità delle alghe di sintetizzare la clorofilla e, quindi, la popolazione algale, che a sua volta regola il diossido di carbonio immagazzinandolo nel mare, per esempio, sotto forma di idrati di metano.

Però anche la Terra può contrarre la febbre, di tanto in tanto. All'inizio dell'Eocene quella febbre fu l'attività vulcanica che aumentò la temperatura del mare e invertì il ciclo di cattura dell'anidride carbonica sotto forma di idrati di metano. Quando gli idrati si scompongono, nell'atmosfera vengono rilasciate enormi quantità di carbonio, il che a sua volta innalza la temperatura del mare e causa la rottura di altri idrati. L'effetto è simile a una malattia, però il nostro pianeta è molto resistente e non ha tardato a trovare un nuovo stato stabile (o "metastabile", nel senso che si tratta di uno tra tanti possibili). In questo nuovo stato, che di fatto ha coperto un periodo brevissimo in termini geologici – appena cento o duecentomila anni – la temperatura dell'Oceano Artico era di 23°. Un habitat confortevole per specie quali i coccodrilli!

Da brava mamma, Gaia ama allo stesso modo tutti i suoi figli. Gli studi geologici suggeriscono che le foreste tropicali si estendessero fino a latitudini che oggi coinciderebbero con il nord della Francia o lo stato del Maine negli Stati Uniti. In un clima così caldo crescerebbero, indubbiamente, molte specie. Altre si estinguerebbero. Usando ancora le parole di Lovelock:

> Nel 2040, il deserto del Sahara avrà invaso mezza Europa. Sto parlando di Parigi, tanto a nord quanto Berlino [...], secondo le previsioni dell'Ipcc, tutte le estati in Europa saranno torride. Il problema più grande non sono le morti che questo calore provocherà, ma la mancanza di cibo. Le piante non potranno crescere [...], siamo sul punto di fare un passaggio evolutivo, e la mia speranza è che le specie che sopravviveranno emergano rafforzate. Sarebbe ridicolo pensare agli esseri umani come alla razza prescelta da Dio.

CO_2 e combustibili fossili

A differenza di quanto è avvenuto nell'Eocene, l'attuale aumento della concentrazione di gas serra non è dovuto a cause naturali ma piuttosto a una strana specie bipede, glabra ed encefalitica, che è apparsa sul pianeta di recente e che, ancor più di recente, ha iniziato a bruciare combustibili fossili in quantità sufficientemente astronomiche da competere con l'effetto dei vulcani dell'Eocene. Il grafico 1.2 mostra le emissioni mondiali di CO_2 (in milioni di tonnellate), sia a livello mondiale sia per i Paesi Ocse[3] e non Ocse. Richiama l'attenzione il fatto che i Paesi in via di sviluppo raggiungono i Paesi sviluppati intorno al 2005, e nel 2030 rilasciano nell'atmosfera due volte e mezza più CO_2 di questi.

Nel 1990, il rilascio maggiore di CO_2 era dovuto al petrolio (42 per cento), seguito dal carbone (39 per cento) e dal gas naturale (19 per cento). Nel 2030, le previsioni dell'AIE (Agenzia internazionale dell'energia)[4] situano al primo posto il carbone (44 per cento), seguito dal petrolio (35 per cento) e dal gas naturale (21 per cento). L'aumento spettacolare delle emissioni associate al carbone (e in

---

[3] Organizzazione per la cooperazione e lo sviluppo economico. Organizzazione di cooperazione internazionale composta da trenta Stati, quasi tutti Paesi sviluppati, il cui obiettivo è coordinare le rispettive politiche economiche e sociali.

[4] Spesso denominata IEA dalle iniziali inglesi di *International Energy Agency*.

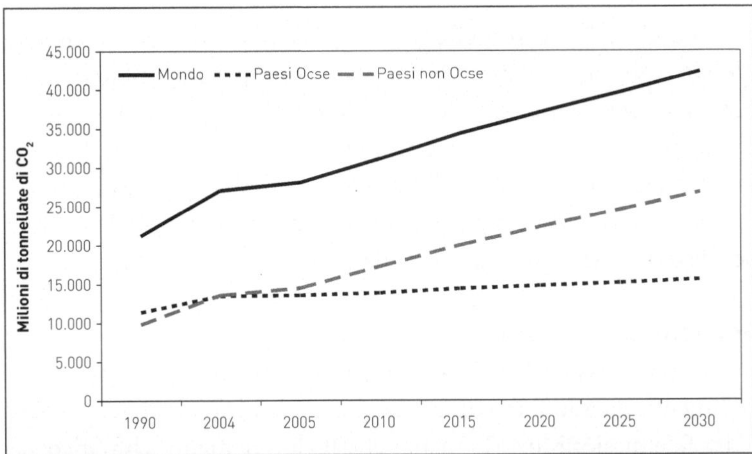

Grafico 1.2 Emissioni di CO_2 nell'atmosfera (storico e previsto dall'EIA). [EIA, 2008]

minor misura al gas naturale) si deve soprattutto all'aumento della produzione elettrica.

Giocando con il fuoco

Secondo lo studio di Svensen e della sua squadra, le eruzioni vulcaniche dell'Eocene potrebbero aver liberato nell'atmosfera circa sei gigatonnellate[5] in un lasso di tempo che si aggira tra i trentacinque e i trecentocinquanta anni. Si tratta di una quantità paragonabile a quella che si sta rilasciando attualmente, come conseguenza diretta dell'azione umana a partire dal 1990.

Il ragionamento non potrebbe essere più semplice: se i vulcani dell'Eocene hanno provocato la destabilizzazione degli idrati di carbonio... non potrebbe accadere la medesima cosa adesso?

Non ancora. Gli oceani non si sono ancora riscaldati abbastanza perché questo accada. Tuttavia, se anche domani smettessimo di colpo di rilasciare CO_2, il pianeta continuerebbe a scaldarsi per i prossimi secoli. L'attuale concentrazione di diossido di carbonio (380 parti per milione, o ppm) eccede già il massimo registrato durante le passate

---

[5] Una gigatonnellata (o Gt) è pari a mille milioni di tonnellate (vedere capitolo 2).

ere interglaciali e il suo effetto in un certo senso è quello di una bomba a orologeria con un meccanismo di esplosione ritardata. Gli oceani hanno già iniziato a scaldarsi e, se continueranno così, ripeteremo, nel giro di qualche decennio o di un paio di secoli, l'esperimento di Gaia con gli idrati di metano. La bomba è stata innescata, e una specie più intelligente della nostra starà facendo tutto il possibile per disinnescarla prima che esploda.

Ambientalisti nucleari

In *La rivolta di Gaia*, Lovelock non si limita a lamentarsi. Invoca provvedimenti, da adottare con la maggiore urgenza possibile, per fermare le emissioni di CO_2 prima che il cambiamento climatico sia irreversibile. E, tra tutti i provvedimenti, questo padre dell'ambientalismo moderno sostiene soprattutto l'uso dell'energia nucleare.

Sono un "verde" [...] ma sono anche, e soprattutto, uno scienziato; per questo chiedo insistentemente a quelli che tra i verdi sono miei amici di rivedere le loro ingenue convinzioni sul fatto che lo sviluppo sostenibile, l'energia rinnovabile e i risparmi di energia siano tutto ciò che deve essere attuato. Più di ogni altra cosa, essi devono lasciar cadere la loro ostinata opposizione all'energia nucleare. Anche qualora avessero ragione sui suoi pericoli – e non ce l'hanno – il suo uso come fonte di energia certa, sicura e affidabile porrebbe un rischio insignificante rispetto al pericolo reale di ondate di calore intollerabili e letali, e di un innalzamento del livello del mare tale da minacciare ogni città costiera del mondo. Il concetto di energia rinnovabile suona bene, ma finora è inefficiente e costoso. Ha certamente un futuro, ma ora noi non abbiamo il tempo per sperimentare fonti di energia ancora poco più che immaginarie: la civiltà è in pericolo imminente, e dobbiamo passare al nucleare ora, oppure rassegnarci alla dolorosa punizione che il nostro oltraggiato pianeta vorrà infliggerci.[6]

---

[6] James Lovelock (2006) *La rivolta di Gaia*, traduzione di Massimo Scaglione, Rizzoli, pag. 21-22. (N.d.T.)

Lovelock non è l'unico ambientalista a pensarla così. Patrick Moore, uno dei fondatori di Greenpeace nonché presidente della sezione canadese per diversi anni – anche se in seguito abbandonerà l'organizzazione per fondare un altro gruppo, chiamato Greenspirit – è della stessa opinione. Cosa ancor più rilevante, l'associazione di ambientalisti per l'energia nucleare[7], guidata dall'ingegner Bruno Comby, difende a oltranza l'apparente blasfemia secondo cui l'energia atomica è necessaria per un mondo migliore. Tra le file degli scienziati, noi difensori dell'energia nucleare siamo la maggioranza.

Al contrario, movimenti come Greenpeace si mantengono inflessibili nel loro rifiuto assoluto di tutto ciò che ha a che vedere con l'atomo e di recente hanno lanciato in Spagna una virulenta campagna antinucleare infestata da notizie ostinate, esagerate, inesatte o, semplicemente, false.

Chi è nel vero? Per potersi formare un'opinione ragionevole è necessario conoscere piuttosto dettagliatamente questo tema appassionante. Ti invito, amico lettore, a rispondere alle seguenti domande – senza fare ricorso a Google – prima di consultare le note a piè di pagina.

1. Che cosa emette più radioattività nell'atmosfera: una centrale nucleare o una centrale termica?[8]
2. Che cosa comporta maggior rischio: vivere nei pressi di una centrale nucleare o fumare una sigaretta?[9]
3. Non è vero che il consumo di carbone sta diminuendo nel mondo?[10]
4. Non è sufficiente il risparmio energetico per risolvere il problema?[11]

---

[7] Ai quali questo libro deve l'ispirazione sia per il titolo sia per la copertina dell'edizione originale spagnola, vedi http://www.ecolo.org/

[8] Una centrale termica. Capitolo 9.

[9] Fumare *una sola sigaretta* equivale al rischio di vivere due anni vicino a una centrale nucleare. Capitolo 10.

[10] Al contrario, sta aumentando drasticamente. Capitolo 4.

[11] Assolutamente no. Il consumo di carbone e le emissioni di CO_2 sono guidati dai Paesi in via di sviluppo, come la Cina e l'India, il cui consumo pro capite è di gran lunga inferiore a quello della Spagna in cambio di una popolazione di quasi tremila milioni di persone. Capitoli 4 e 7.

5. Le centrali nucleari emettono CO_2?[12]

6. Di quanto uranio c'è bisogno per produrre l'energia prodotta a partire da una tonnellata di carbone?[13]

7. Quanti aerogeneratori servono per sostituire una centrale nucleare?[14]

8. Che cosa si fa in un'ora di punta di richiesta energetica se non soffia il vento?[15]

9. Come si posizionano i costi di costruzione di un parco solare fotovoltaico in confronto a quelli di una centrale nucleare?[16]

10. Una centrale nucleare produce rifiuti altamente radioattivi. Quanto occupano in volume i rifiuti prodotti da una famiglia tipo composta da quattro persone, in Spagna, nel corso di tutta la sua vita?[17]

11. A quanti metri di profondità si dovrebbero sotterrare affinché non causino effetti nocivi?[18]

12. Non è vero che le scorie rimangono attive per milioni di anni?[19]

13. Non è vero che è rimasto poco uranio?[20]

---

[12] Nessuna emissione diretta. Per quanto riguarda le "emissioni indirette", associate alla loro costruzione o all'estrazione mineraria dell'uranio, sono inferiori a quelle delle centrali fotovoltaiche e termosolari e, in ogni caso, si tratta di una quantità risibile. Capitolo 11.

[13] Dieci grammi, che occupano più o meno la capocchia di uno spillo. Capitoli 9 e 11.

[14] Circa duemila, dell'ultima generazione. Separati tra di loro dei cinquecento metri necessari perché siano efficienti, la fila dei mulini si estenderebbe da Barcellona a Ginevra, attraversando l'intera Francia. Capitolo 12.

[15] Si ricorre a impianti di pompaggio o centrali a gas di riserva. L'energia elettrica non può essere immagazzinata. Capitolo 12.

[16] Oggi come oggi, un parco fotovoltaico risulta dieci volte più caro, in termini di kilowattora, di una centrale nucleare. Capitolo 12.

[17] Quello di una pallina da golf. Capitolo 9.

[18] Sono sufficienti pochi metri di profondità. Capitolo 9.

[19] Sì, in effetti. Solo che lo stesso uranio, un metallo comune quanto lo zinco e presente in concentrazioni non disprezzabili in tutto ciò che ci circonda, è il materiale radioattivo che perdura più a lungo nella Terra. L'attività delle scorie provenienti da una centrale nucleare scende al di sotto dell'attività naturale dell'uranio dopo poche migliaia di anni. Inoltre, è possibile riciclare e bruciare le scorie più resistenti con reattori a neutroni veloci. Se questa tecnica si impone, le scorie smettono di essere un problema dopo poche centinaia d'anni. Capitolo 9.

[20] Dipende dal punto di vista. Ce n'è per circa sette milioni di anni, se siamo veri spreconi. Capitolo 11.

14. Che bisogno c'è dell'energia nucleare? Non possiamo ottenere tutta quella che ci serve dalle fonti rinnovabili?[21]

Coloro che sono riusciti a rispondere in modo abbastanza corretto possono presumere di essere straordinariamente perspicaci o di appartenere a una minoranza le cui conoscenze riguardo all'energia nucleare non sono influenzate dalla litania che l'ambientalismo attivista ha diffuso con grande successo in questi decenni. Nelle prossime pagine riprenderemo questi punti, e anche molti altri.

Ricapitolando: pochi oggi dubitano che il problema più importante del nostro tempo sia evitare la catastrofe planetaria dovuta al cambiamento climatico. Eppure, per quanto sia gravissima, la minaccia non è sufficientemente immediata per riuscire ad attivare sul serio gli allarmi della popolazione, dei politici e di coloro che continuano a definirsi ambientalisti nonostante il rifiuto di guardare in faccia la realtà. Paradossalmente, continuiamo a preoccuparci della possibile attività delle scorie nei prossimi diecimila anni, quando ci sono molte più ragioni per inquietarci per l'esplosione degli idrati di metano nel giro di un secolo. Ambientalismo, oggigiorno, non può significare continuare a ripetere argomenti triti arroccandosi in dogmi fanatici. Non è tutto verde quel che luccica.

Come leggere questo libro

Questo libro parla di energia, per cui è buona cosa iniziare ripassando il significato di questo concetto che tutti capiamo ma che pochi sanno definire con precisione, e spiegando le unità senza le quali non potremmo misurarla (capitolo 2). Seguono cinque capitoli dedicati a comprendere la nostra società osservandola dal punto di vista energetico. Siamo assolutamente dipendenti dal consumo di combustibili fossili (capitolo 3) e non è possibile comprendere il crocevia sul quale ci troviamo se non si possiedono un'infarinatura della storia e

---

[21] Magari! Invece il vecchio sogno solare è ancora impossibile, sia per ragioni fisiche – variabilità della risorsa – sia per ragioni tecnologiche ed economiche.

attualità del carbone (capitolo 4), del petrolio (capitolo 5) e del gas naturale (capitolo 6), tutti combustibili di cui ci serviamo, soprattutto il primo e l'ultimo, per produrre il flusso vitale che anima le vene del nostro tempo: l'elettricità (capitolo 7).

La seconda parte del libro parla dell'energia nucleare, una delle poche alternative di cui disponiamo per evitare il disastro ugualmente previsto sia da Lovelock sia dall'Ipcc. Dedico il capitolo 8 a parlare della sua storia, una delle più appassionanti del ventesimo secolo. Parlo anche di reattori nucleari, spiegando come funzionano e le ragioni per cui sono sicuri (capitolo 9). Esamino le ragioni della paura della radioattività, gli incidenti e gli attacchi terroristici (capitolo 10 e Appendice). E, naturalmente, mi occupo anche della spinosa questione delle scorie. Infine, chiarisco temi quali l'abbondanza di uranio o il costo dell'energia nucleare (capitolo 11).

Una delle argomentazioni che si sentono più di frequente è che l'energia nucleare non è necessaria perché sono sufficienti quelle rinnovabili. Nel capitolo 12 esamino questa ipotesi. L'ultimo capitolo dà una sbirciata al futuro, per domandarsi se c'è modo di rimediare al sopruso che stiamo commettendo da un secolo.

Il futuro. I nostri nipoti, o magari i nipoti dei nostri nipoti, non si rassegneranno a rimanere per sempre incatenati a Gaia. I figli se ne vanno da casa quando crescono, e lo stesso faranno i nostri, di qui a cento o mille anni, prima diretti su Marte e, in seguito, chissà dove. All'inizio saranno pochi e poi, con il passare del tempo, una moltitudine. Viaggiare, conoscere, scoprire sono nella nostra natura. E, quando lo faranno, lo faranno a bordo di astronavi che non assomiglieranno per niente a quelle immaginate dagli scrittori di fantascienza dei miei anni di gioventù. Tranne che per un dettaglio. Senza alcun dubbio, a muoverle sarà il potere dell'atomo.

2. Eterno piacere

L'energia è l'Eterno Piacere[1]
William Blake

Sisifo all'inferno

Durante la sua discesa all'Ade, Ulisse (*Odissea*, XI) incontra Sisifo, re di Efira nonché, forse, suo padre illegittimo. Come lo stesso Odisseo, anche Sisifo fu un grande navigatore e un ancor più grande bugiardo, tale da competere con il figlio non riconosciuto per il titolo del più astuto tra gli uomini. La sua impresa più rilevante fu quella di catturare Thanatos, l'emissario della morte, quando quest'ultimo andò a cercarlo, causando un grande scompiglio nel mondo poiché nessuno morì nel lasso di tempo che servì al dio Ares per rimediare a quel sopruso. Quando, infine, il grande imbroglione finì all'inferno, venne condannato a spingere un enorme macigno su per un ripido versante. Proprio in cima alla collina, il masso gli scivolava dalle mani sudaticce e ruzzolava giù, così che il poveretto si trovava condannato a ripetere all'infinito la stessa trafila.

Per spingere in alto la pietra, Sisifo deve applicare energia (muscolare) contro la forza di gravità, che si oppone ai suoi sforzi. Come risultato del suo lavoro, quando giunge in cima alla collina il masso in questione ha acquisito un tipo di energia che chiamiamo *energia potenziale*, E_p. La roccia *può* (da qui il termine "potenziale") realizzare un lavoro man mano che cade, proporzionale alla massa della pietra (m), all'altezza della montagna (h) e a una costante che rappresenta l'azione della gravità (g), ovvero: $E_p = m \times g \times h$.

---

[1] William Blake (1996) *Selected Poems, Poesie Scelte*, versione italiana di Giuseppe Ungaretti, a cura di Annamaria Laserra, *Il matrimonio del cielo e dell'inferno*, Einaudi, pag. 22. (N.d.T.)

Sisifo trasforma la propria energia muscolare in energia potenziale che, a sua volta, si può convertire in elettricità (se la sua condanna fosse stata spingere una grande tanica d'acqua anziché un masso, il liquido, cadendo, avrebbe potuto azionare una turbina collegata a un alternatore per produrre corrente). Nel corso di tutto questo procedimento c'è una certa quantità che fluisce conservando la propria grandezza mentre, al contempo, cambia "genere" (energia muscolare, potenziale, elettrica). *L'energia non si crea né si distrugge, ma si trasforma solamente.* Questa è la prima e più famosa legge della termodinamica, nata dalle osservazioni del medico tedesco J. R. Mayer (1814-1878) e la cui formulazione finale, dopo anni di laboriosi esperimenti, si deve al grande fisico inglese J. P. Joule (1818-1889).

Potenza

Il concetto di *potenza* ci è familiare quanto quello di energia; anzi, di fatto spesso li confondiamo allegramente tra di loro. L'esatta definizione di potenza è *la capacità di realizzare un lavoro nell'unità di tempo.*

Figura 2.1 Sisifo spinge il suo masso in cima alla montagna. Cadendo, esso può produrre lavoro. Diciamo che il masso acquista *energia potenziale*

A mo' d'esempio, immaginiamo che due Sisifi si diano da fare con due rocce dello stesso peso. Uno di loro, più muscoloso dell'altro, riesce a spingere più in fretta il masso (ovvero, è in grado di esercitare più lavoro per unità di tempo o, che è lo stesso, di sviluppare più potenza), ragion per cui si lascia alle spalle il compagno di fatiche. Sappiamo già che la ricompensa che attende entrambi è la stessa: quando arrivano in cima, il macigno sfugge. Il lavoro che le due pietre possono realizzare è lo stesso e, quindi, anche l'energia che i due condannati hanno generato (e consumato) è la stessa. La maggiore potenza del Sisifo muscoloso si traduce semplicemente nel realizzare prima il proprio lavoro rispetto al collega più debole.

È importante capire che la potenza ha bisogno del tempo per essere messa in relazione con l'energia. Un esempio banale: che cosa consuma più energia, un'automobile da sessanta cavalli o una da duecento? La risposta è ovvia: *dipende da quanto tempo stanno accese*. Tutta la potenza di una Mercedes non ci costa una goccia di benzina se non la avviamo (in compenso, sfortunatamente, non ci porta da nessuna parte).

Unità di misura per l'energia e la potenza

L'energia si misura avvalendosi di diverse unità, tra le quali la più ricorrente nella vita di tutti i giorni è la kilocaloria, utilizzata per descrivere la capacità energetica degli alimenti. Sappiamo tutti, per esempio, che la quantità di energia che deve consumare quotidianamente un adulto varia tra le duemila e le tremila *calorie*, a seconda del sesso, dell'età, della costituzione e dell'attività fisica (una dieta moderata per perdere peso consiglia circa millecinquecento calorie al giorno, mentre le diete d'urto si situano intorno alle mille).

Familiare, no? E anche sbagliato. Una dieta di tremila calorie non manterrebbe in vita nemmeno un topo di venti grammi. Quando diciamo "caloria" in realtà intendiamo parlare di "kilocaloria", vale a dire mille calorie. L'energia media che dobbiamo consumare sarà pertanto di circa duemilacinquecento kilocalorie, vale a dire 2.500×1.000 calorie o, che poi è lo stesso, *2,5 milioni* di calorie, che possiamo abbreviare in 2,5 Mcal.

Essendo un'unità di uso comune, la caloria non fa parte del cosiddetto Sistema internazionale delle unità di misura, o SI, che include il metro come unità di lunghezza, il kilogrammo come unità di massa e il secondo come unità di tempo. L'unità di misura dell'energia nel SI è il joule (in onore di J.P. Joule) e si indica con il simbolo J. Una caloria equivale a 4,18 J, per cui le 2.500 kilocalorie (o 2,5 Mcal) della nostra dieta quotidiana equivalgono a 10,5 milioni di joule (o 10,5 MJ).

Il joule, come la caloria, misura piccole quantità di energia, il che costringe a ricorrere a dei prefissi per risparmiare gli zeri. Come abbiamo visto, invece di scrivere 2.500.000 calorie per quantificare l'energia di una dieta media usiamo 2.500 *kilo*calorie, o addirittura 2,5 *mega*calorie. Lo stesso succede con il joule. La tabella seguente mostra i prefissi più usati.

Prefissi e multipli

Prefisso	abbreviazione	valore	equivalente decimale	esempio (joule)
kilo	k	mille	10^3 (1.000)	kJ
Mega	M	milione	10^6 (1.000.000)	MJ
Giga	G	miliardo	10^9	GJ
Tera	T	bilione	10^{12}	TJ
Peta	P	triliardo	10^{15}	PJ
Exa	E	trilione	10^{18}	EJ

Alcuni esempi: un pisello contiene 5.000 J (5 kJ) di energia chimica. Un topo ha bisogno di circa 50.000 J (50 kJ) al giorno. Un uomo adulto di circa 10,4 MJ. La tanica di benzina di una vettura turismo contiene all'incirca 1,25 GJ.

Il grafico 2.1 illustra l'energia fornita da diversi combustibili. Come possiamo vedere, un kilogrammo di idrogeno equivale a due kilogrammi e mezzo di benzina, tre di gas naturale, sette di legno e dieci di paglia o sterco. Tra i combustibili fossili il petrolio è il più energetico, ed equivale a due chili di carbon fossile, tre di legno o quattro di paglia.

Un'unità di misura dell'energia che viene utilizzata spesso è la tonnellata di petrolio equivalente, o *tep*, il cui valore indica semplicemente il potere calorifico di una tonnellata di petrolio. Se un kilogrammo fornisce 42 MJ (vedere tabella), una tonnellata ne fornisce mille volte di più, vale a dire 42 GJ. Questa unità ci permette di confrontare i diversi combustibili fossili in termini energetici. Così una tonnellata di gas naturale equivale a 0,83 tep, una di antracite equivale a 0,7 tep e una di carbon fossile a 0,52 tep.

A differenza della (kilo)caloria, l'unità più comune per misurare la potenza appartiene al SI. Si tratta del watt (W), così chiamato in omaggio alla memoria di James Watt (l'inventore della prima macchina a vapore moderna) e si definisce come il lavoro di un joule in un secondo (ovvero: 1 W = 1 J/s). Quando diciamo che la potenza di una lampadina è di 100 W, stiamo dicendo che l'energia elettrica che bisogna consumare per mantenerla accesa è di 100 joule al secondo. Pertanto, se la lampadina resta accesa per circa cinque ore al giorno, la quantità di energia che consuma sarà $5 \times 60 \times 60 \times 100 = 1.800.000$ J o 1,8 MJ. Curiosamente, il metabolismo basale di un uomo corpulento è dello stesso ordine, ovvero all'incirca 100 W. Per calcolare la quantità di energia consumata da questo metabolismo dobbiamo,

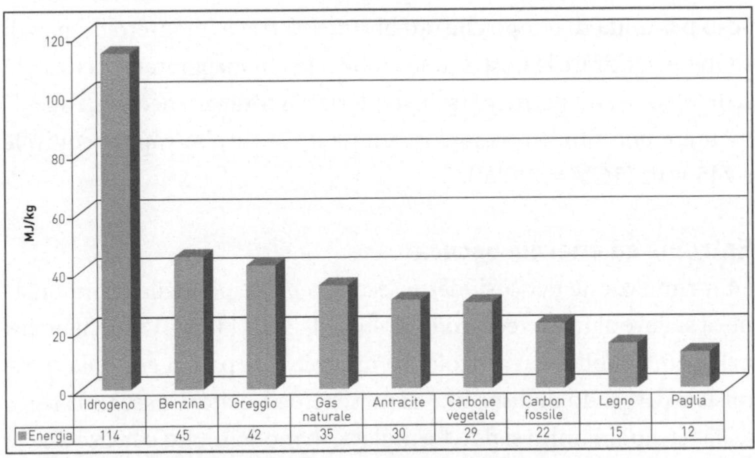

Grafico 2.1 Potere energetico di diversi combustibili

tuttavia, moltiplicare questo valore per le ventiquattro ore del giorno, poiché i processi chimici basilari che ci tengono in vita non si fermano mai. Il risultato è $24 \times 60 \times 60 \times 100 = 8.640.000$ J o 8,6 MJ.

Non dobbiamo confondere il kilowatt (kW), un'unità di potenza (lavoro per unità di tempo), con il kilowattora (il cui costo troviamo nella bolletta della luce). Il kilowattora (kWh) è un'unità di energia. Si ottiene moltiplicando la potenza di un kilowatt per il tempo di un'ora ed equivale a 3,6 MJ. Si tratta, quindi, di un'unità che misura quantità di energia maggiori rispetto al joule ed è un po' meno scomoda da usare. L'energia media consumata da una famiglia spagnola che utilizza l'elettricità per l'illuminazione e gli elettrodomestici (esclusi il riscaldamento e l'aria condizionata) è di circa 250 kWh al mese. Se ci aggiungiamo il riscaldamento, l'aria condizionata e la cucina elettrica possiamo arrivare a 500 o anche 1.000 kWh al mese.

Infine, un'unità di potenza nota a tutti ma non facente parte del SI è il cavallo vapore (CV), che ancora oggi utilizziamo per misurare la potenza delle automobili, e che equivale letteralmente alla potenza che era capace di erogare un cavallo percheron. Storicamente, le prime macchine a vapore venivano paragonate a questi forti animali da tiro. Perciò, quando affermiamo che la nostra utilitaria ha cento cavalli, ci stiamo riferendo alla lettera alla capacità di realizzare un lavoro per unità di tempo che sarebbe necessaria a un intero branco di solipedi per tirare la nostra automobile. Pochi maggiorenti del secolo scorso potevano permettersi le scuderie e il foraggio necessari ad alimentare una simile quantità di animali! Un cavallo vapore equivale a 745 watt (1CV = 745W).

Entropia ed energia oscura

La formulazione del cosiddetto secondo principio della termodinamica si deve al fisico tedesco Rudolph Clausius (1822-1888), il quale, nel 1865, pubblicò un articolo in cui coniava la parola *entropia* come misura del grado di disordine di un sistema isolato. La seconda legge della termodinamica si può formulare, in modo molto conciso anche se leggermente criptico, come segue:

l'entropia di un sistema isolato aumenta continuamente.

Detto in termini più comprensibili:

in un sistema isolato c'è sempre meno energia disponibile per realizzare lavoro utile.

Un esempio semplice: in un pezzo di carbone, prima di ardere, alberga energia "ad alta qualità"; pertanto, la sua entropia è bassa. Una volta che lo bruciamo, l'energia che contiene non sparisce ma si trasforma in calore, una forma di energia molto disordinata (entropia elevata). L'energia totale del sistema si conserva, però una volta che l'energia interna del carbone si è trasformata in calore non può venire riutilizzata per produrre lavoro utile. Questa è la ragione per cui è impossibile che una qualunque macchina a movimento continuo, o *perpetuum mobile*, possa funzionare, per quanto ingegnosa possa sembrarci. In ogni motore si produce calore come conseguenza della frizione degli ingranaggi. C'è quindi una continua dispersione di energia e questo fa sì che, in mancanza di combustibile, il motore si fermi. Di fatto, il calore occupa il gradino più basso della scala energetica. Qualunque tipo di energia può essere convertito in calore, però non può mai verificarsi il fenomeno inverso.

Eppure l'esperienza sembra dimostrare che la seconda legge della termodinamica non funzioni. Tanto per cominciare, l'impressione è che noi esseri viventi la infrangiamo di continuo, dai processi legati al concepimento e alla crescita degli individui (in cui un'accozzaglia disordinata di cellule giunge a formare un sistema tanto incredibilmente ordinato quanto lo è l'essere umano) fino all'evoluzione delle specie, che sembra procedere dal semplice (animali e piante unicellulari) al complesso (uomini e angeli). Proseguendo su questa linea: perché esistono fonti di energia rinnovabile se la crescita dell'entropia dovrebbe distruggerle? Com'è possibile che il vento continui a soffiare se il secondo principio della termodinamica dice che questa forma di energia utile dovrebbe essere esaurita? La risposta a entrambe le domande è la stessa: il nostro pianeta non è un sistema isolato, bensì aperto, al quale sta giungendo un flusso continuo di energia proveniente dal Sole. È questa l'energia di cui si servono le piante per creare biomassa a partire dalla fotosintesi, quella che genera i venti che muovono le pale degli aerogeneratori e quella che viene utilizzata dalla natura per muovere l'incessante macchina dell'evoluzione.

Invece l'universo è un sistema isolato (assunto che non siamo collegati ad altri universi paralleli), e la seconda legge della termodinamica ci predice la sua famosa, e tragica, morte termica. Man mano che passa il tempo, l'enorme energia sprigionata nel *Big Bang* si va trasformando, e forma le nebulose, le galassie, le stelle e gli esseri viventi. Ma la cosa, disgraziatamente, non si fermerà qui. Alla fine le stelle si spegneranno, le galassie si allontaneranno le une dalle altre, l'universo si disordinerà e allo stesso tempo la sua espansione continuerà a raffreddare le particelle che lo compongono, fino a quando giungeranno l'istante del massimo disordine, il freddo, la solitudine più assoluta.

Fino a poco tempo fa, noi fisici pensavamo che fosse possibile anche un altro *Grand finale*, nel quale l'universo tornava a contrarsi sotto l'azione della gravità, invertendo la seconda legge della termodinamica, accendendo le stelle, formando ammassi d'energia sempre più fitti e densi fino a tornare nuovamente alla particolarità iniziale che ci ha creati. Le recenti osservazioni, però, sembrano suggerire un'altra cosa. C'è qualcosa, una forza che non comprendiamo e che si affretta a spingere l'universo verso l'espansione continua e la morte termica. In mancanza di nomi migliori la chiamiamo *energia oscura*, e, forse, in fondo è il termine giusto, visto il finale verso cui ci precipita. È apparsa da relativamente poco tempo (per la scala dell'universo), e probabilmente comprendere la sua origine è il mistero più grande che si ritrova ad affrontare la fisica del ventunesimo secolo.

Ma questa è un'altra storia.

3. Un'eredità dilapidata

> Un uomo aveva due figli. Il più giovane disse al padre: "Padre, dammi la parte d'eredità che mi spetta". E il padre divise tra i due le sue sostanze. Dopo non molti giorni, il figlio minore raccolse le sue cose, se ne andò in un paese lontano e là sperperò tutta la sua fortuna conducendo un'esistenza dissoluta.
>
> Parabola del figliol prodigo, *Bibbia, Nuovo Testamento*

Aladino e il genio

Sappiamo tutti come fa Aladino a cavarsi d'impaccio quando il negromante lo chiude all'interno della grotta. Trova una lampada, la strofina, e un potente genio si mette al suo servizio esaudendo i suoi desideri. Prima di tutto lo riporta rapidamente a casa, anche se probabilmente non tanto in fretta come se avesse preso l'Airbus o un treno ad alta velocità; quindi gli riempie la tavola di prelibatezze, imbandendovi quasi tanto cibo quanto quello che è stipato nei nostri frigoriferi; infine, lo veste con lussuose sete cinesi... sete che oggi si possono trovare ai saldi dei grandi magazzini. Il ragazzo si adagia in fretta e si abbandona alla bella vita, dando per scontato di meritarsi tutti i doni di cui gode.

Fino a quando il mago cattivo non torna, per riprendersi ciò che gli appartiene, e le cose si mettono male.

Anche nella storia che mi appresto a raccontare c'è una lampada meravigliosa che, come in certe varianti della leggenda di *Le mille e una notte*, concede tre desideri, e soltanto tre: sono sufficienti. Chiedete carbone, petrolio e gas naturale, e il resto vi verrà dato in omaggio. La nostra società si differenzia da quelle che ci hanno preceduto nel corso degli ultimi diecimila anni tanto quanto la casa di Aladino si differenziava dal resto del miserabile quartiere in cui viveva.

Tutte le società tradizionali hanno ottenuto luce e calore bruciando legna, pacciame, arbusti e sterco, affidandosi nel frattempo ai muscoli degli uomini e degli animali da tiro per i lavori domestici, l'agricoltura e l'edilizia. Sino a duecento anni fa, la risorsa principale per trasportare pesi e merci e compiere lavori pesanti come arare, macinare o sollevare pesi erano i muscoli degli esseri umani e degli animali. Le prime norie e i primi mulini a vento iniziarono ad avere un ruolo significativo in Europa solo a partire dal tredicesimo secolo, anche se le loro applicazioni erano limitate e non alleggerivano molto la durezza delle condizioni di vita. Ancora nel secolo diciannovesimo, il lavoro umano e quello animale corrispondevano a più dell'85 per cento dello sforzo totale. Bisogna attendere quello straordinario periodo che comprende gli ultimi decenni del diciannovesimo e i primi del ventesimo secolo perché, per la prima volta in diecimila anni, l'uomo smetta di essere soprattutto una bestia da soma. A partire dal 1950, il predominio del motore a combustione interna (automobili, trattori, camion, transatlantici, petroliere, treni), i motori elettrici (tram, metropolitana, treni ad alta velocità AVE, TGV e Shinkansen[1]), le turbine mobili (aviazione commerciale) e le turbine fisse a gas (centrali elettriche) trasformano ogni cittadino dei Paesi sviluppati in un autentico Crasso, Alì Babà o Rockefeller, considerevolmente più ricco di qualunque magnate dell'antichità[2].

La quantità di energia a cui ogni persona aveva accesso prima della rivoluzione industriale era ridotta e nel corso dei secoli è aumentata molto lentamente. Durante tutto il Medioevo la fame era sempre dietro l'angolo, un unico fuoco nella sala comune serviva per riscaldare e cucinare, poca gente viaggiava a oltre cinquanta kilometri dal proprio borgo natio. L'aspettativa di vita era limitata, l'analfabetismo generalizzato, il tempo libero inesistente. Le élite vivevano un po' meglio, ma nemmeno il duca più potente poteva permettersi una radiografia in grado di rivelare per tempo un tumore, per non parlare

---

[1] Il famoso *treno-proiettile* giapponese.
[2] Qui bisognerebbe aggiungere "e con la stessa cattiva coscienza", se pensiamo che più di un miliardo di persone vive con meno di un dollaro al giorno.

della preziosa anestesia che gli avrebbe risparmiato l'atroce sofferenza della semplice estrazione di un dente.

Grazie alla disponibilità di combustibile fossile e ai numerosi progressi tecnologici a ciò associati, i Paesi industrializzati dispongono oggi di incredibili quantità di energia, come si può vedere nel grafico 3.1 in cui la Spagna e la Francia odierne vengono paragonate a diverse società del passato: i cacciatori-raccoglitori di circa diecimila anni fa; l'Egitto delle piramidi, ancora nell'età del bronzo ma già dotato di un'agricoltura stabile e dell'irrigazione e in possesso di un'eccedenza di energia che gli consentì di costruire le piramidi; la dinastia Han in Cina, nel 100 a.C., una società agricola con terreni irrigui e utensili di ferro; l'Europa medievale del 1300 circa, già capace di produrre ferro battuto e costruire le grandi cattedrali gotiche; e, infine, l'Inghilterra del 1880, una società industriale in piena esplosione, alimentata dal carbone e mossa dalle macchine a vapore.

Se il carbone ha reso possibile la rivoluzione industriale, il petrolio si è portato appresso la rivoluzione dei trasporti e quella dei motori primari che, letteralmente, muovono il mondo. Immaginiamo un ingegnere del Medioevo, incaricato della costruzione di una cat-

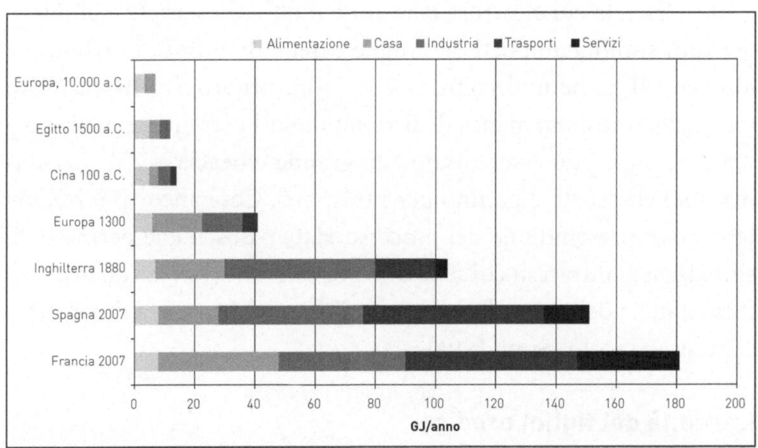

Grafico 3.1 Consumo energetico delle società tradizionali e moderne. Adattato a partire da [Smil, 1994]

tedrale, di una strada o di un canale d'irrigazione. Se gestiva una squadra di cento uomini robusti, la potenza disponibile su cui poteva contare era quella di un piccolo trattore del 1920. Con un esercito di duemilacinquecento anime avrebbe avuto l'equivalente di un trattore moderno. Ancora più spettacolare è paragonare la forza esercitata dai remi di una galea a quella di uno dei grandi motori marini diesel odierni. Ci sarebbero voluti *trecentomila* galeotti per raggiungere la sua potenza. Se la potenza dei remi fosse sufficiente a volare, questa affollata galea avrebbe dovuto impiegare seicentomila rematori per riuscire a ottenere la potenza delle quattro turbine di un Boeing 747.

Dal petrolio non ricaviamo solo la benzina consumata dalle nostre automobili, il gasolio che fa viaggiare trattori, camion e transatlantici e il cherosene utilizzato dal Boeing ma anche, letteralmente, quasi tutto ciò che ci circonda. Plastiche, vernici, antisettici, suole delle scarpe, ruote, asfalto, colla, pittura, conservanti, nastro isolante, gomma sintetica, pellicola fotografica, lenti a contatto, carte di credito, insettifughi, detersivi, dentifrici, profumi, lubrificanti, solventi, PVC, rossetti, aspirina, anestetici e chip per i computer.

Il terzo combustibile fossile è il gas naturale, quasi completamente costituito dal metano, un atomo di carbonio legato a quattro di idrogeno (CH_4), la cui struttura chimica è molto più semplice di quella dei suoi simili, composti da lunghe catene di atomi di carbonio e idrogeno. Il gas naturale, oltre a essere l'idrocarburo che rilascia meno CO_2 nell'atmosfera, manca di altri inquinanti presenti nel petrolio e nel carbone e può essere usato con grande efficacia per il riscaldamento, l'elettricità e perfino per i trasporti. Cosa ancor più importante, è imprescindibile nel processo Haber-Bosch che permette di sintetizzare i nitrati su cui si basano i fertilizzanti, senza i quali da un terzo a metà della popolazione mondiale sarebbe morta di fame nel ventesimo secolo [Smil, 1994].

L'eredità del figliol prodigo

Questi tre tesori assomigliano, per usare una metafora biblica, all'eredità del figliol prodigo. Il lascito che abbiamo ricevuto dalla na-

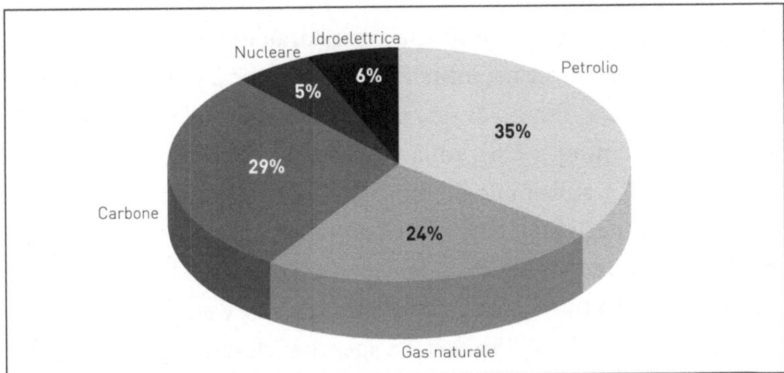

Grafico 3.2 Energia primaria totale nel mondo. [BP, 2008]

tura includeva all'incirca un bilione di tonnellate di carbone, più di duecentomila milioni di tonnellate di petrolio e altrettante di gas naturale, una smisurata riserva energetica che è stata la base e il sostegno della più grande rivoluzione della storia, come si può vedere nel diagramma 3.2. L'88 per cento dell'energia primaria mondiale[3] viene estratto dai combustibili fossili, contro un misero 5 per cento derivante dall'energia nucleare e altrettanto dalle energie rinnovabili, capeggiate da quella idroelettrica.

Dalla macchina a vapore di James Watt sono passati poco più di due secoli, a malapena un attimo se li consideriamo sulla scala della storia umana. Le ultime sei generazioni hanno assistito a una stupefacente successione di invenzioni e progressi tecnici, molti dei quali si sono concentrati in poco più di cent'anni e il cui risultato è stato una completa trasformazione del mondo: dalla locomotiva a vapore (1814) al treno ad alta velocità; dall'invenzione del motore a scoppio di Otto (circa 1870) al motore di Diesel (1892) fino al Ford T (1920) e al Toyota Prius; dal Titanic alle moderne petroliere, la più grande delle quali pesa dieci volte di più del mitico transatlantico; dal fragile biplano dei fratelli Wright (1903) fino alla navetta spaziale.

Eppure la rivoluzione nel campo dei trasporti impallidisce di fronte all'elettrificazione, portata a termine nei Paesi sviluppati prima della

---

[3] L'energia primaria include elettricità, trasporti, casa, industria e servizi.

Seconda guerra mondiale, e, grazie a questa, all'esplosione del motore elettrico, dell'elettronica e, infine, dell'informatica. E, insieme a queste meraviglie, lo sviluppo di una medicina basata sulla scoperta degli antibiotici (Fleming, 1928), sulla fisica nucleare (raggi X, radioterapia, TAC e PET), sulla biologia molecolare e sull'ingegneria genetica.

In Europa, negli Stati Uniti, in Giappone e negli altri Paesi ricchi è emerso un ceto medio che abbraccia la maggioranza della popolazione e che ha accesso a tutte queste meraviglie tecniche e gode del diritto all'educazione e ai servizi sanitari. La speranza di vita è aumentata del 50 per cento in meno di un secolo e, con quella, l'alfabetizzazione, i diritti dei lavoratori, la parità tra i sessi e la qualità della vita. New York o Madrid sarebbero luoghi incantati non solo per un contadino medievale ma anche per uno scienziato dell'inizio del diciottesimo secolo, posti in cui quasi tutto, dalla comunicazione ai trasporti alle faccende domestiche, avviene per magia e in cui ogni abitante gode di comfort e privilegi inimmaginabili per i nobili di un'altra epoca.

Tutto questo sviluppo è stato possibile grazie alla disponibilità di una quantità immensa di energia immagazzinata in forma concentrata, economica e facile da utilizzare nei combustibili fossili. Tuttavia, l'uso di tali combustibili inizia a darci dei problemi. Nel 2007 abbiamo divorato seimila milioni di tonnellate di carbone, tremila milioni di tonnellate di gas naturale e quattromila milioni di tonnellate di petrolio. Come il figliol prodigo abbiamo consumato in maniera smodata e, come per lui, i nostri giorni di vita dissoluta sono contati. Il petrolio a buon mercato è finito, o è sul punto di finire, ed è molto probabile che nei prossimi decenni la sua scarsità inizi a farsi evidente. Con la carenza di greggio, sull'economia del villaggio globale plana lo spettro della crisi, tanto più se il gas naturale lo segue da vicino. E, anche se sappiamo per certo che ci rimane carbone per un paio di secoli, sappiamo altrettanto bene che si tratta del combustibile che rilascia più CO_2 nell'atmosfera e, dunque, di quello che contribuisce maggiormente all'aumento dell'effetto serra, responsabile di un cambiamento climatico le cui conseguenze possono essere catastrofiche.

Sviluppo sostenibile?

Nel 1800, sulla Terra vivevano circa novecento milioni di persone. Nel 2009 la popolazione si avvicina ai sette miliardi e a metà secolo saremo tra gli otto e i dieci miliardi[4]. È diventato di moda parlare di "sviluppo sostenibile", senza rendersi conto che questo concetto è un'invenzione propria delle società ricche. La realtà è che il 20 per cento della popolazione del pianeta, e in questo 20 per cento ci siamo anche noi, si accaparra l'80 per cento delle risorse, sia economiche sia energetiche, come è scandalosamente evidente nel grafico 3.3. Mentre questo quinto dell'umanità ingurgita undici milioni di tonnellate di petrolio al giorno (qualcosa come il peso di duecento transatlantici, o di una ventina di grattacieli), un abitante dell'Africa o del Bangladesh si arrangia con meno energia di un cacciatore-raccoglitore di circa diecimila anni fa, e indiani, cinesi e brasiliani non stanno molto meglio di un servo della gleba del Medioevo.

Quasi tutti noi abitanti dei Paesi ricchi concordiamo sul fatto che il mondo in cui viviamo sia ingiusto e immorale, però spesso non pensiamo che strappare dalla miseria la maggioranza dell'umanità

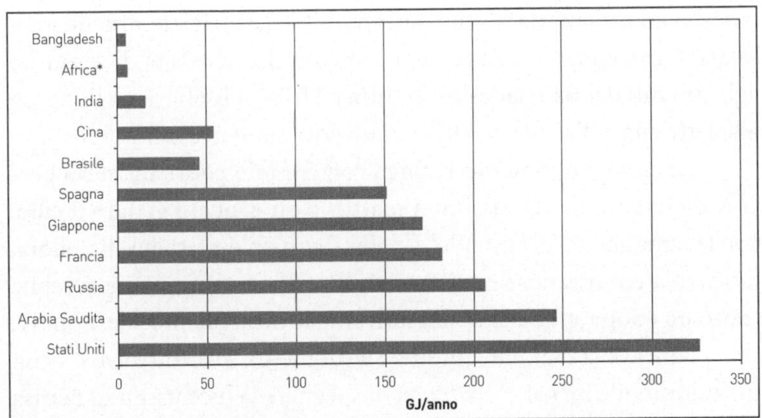

Grafico 3.3 Consumo energetico pro capite in diversi Paesi nel 2007. Africa* indica la media del continente africano escludendo Egitto, Algeria e Sudafrica. [BP, 2008]

---

[4] Ricordiamo che il libro è stato scritto nel 2009 (N.d.T.)

ha un costo elevato in termini energetici. Catastrofi escluse, immaginare che gli Stati Uniti o l'Europa comunitaria riducano il proprio consumo alla metà o a un terzo è pura fantasia. Indubbiamente la tendenza nei Paesi ricchi va verso un contenimento del consumo energetico, il che implica una crescita più lenta, che può arrivare a un arresto o magari addirittura a una leggera diminuzione. Ma il rapido sviluppo di economie emergenti quali la Cina compensa di gran lunga questa moderazione.

Quando parliamo di sviluppo sostenibile, o di attenzione all'ambiente, o della città del futuro con i suoi edifici intelligenti, le sue energie rinnovabili e le automobili elettriche, dimentichiamo l'infinità di città che, lungi dall'essere intelligenti o anche solo umane, assomigliano a discariche dove la gente vive ammassata in baracche che sono la negazione stessa dell'intelligenza, dell'efficienza energetica e del comfort ai quali noi siamo tanto abituati. Allo stesso modo, quando immaginiamo che il risparmio energetico ci permetterà di consumare meno e, quindi, di ridurre le emissioni di CO_2, siamo soliti sorvolare sul semplice fatto che metà dell'umanità deve consumare *di più* per poter uscire dalla miseria. E non mi sto riferendo al fatto ovvio che i cinesi o gli indiani desiderino automobili e lavatrici, tempo libero e salari degni, come noi, ma semplicemente alla necessità di garantire agli abitanti del Bangladesh e di tutta l'Africa subsahariana l'accesso all'elettricità, all'acqua e a delle condizioni sanitarie minime.

Ancora oggi rammento la forza con cui mio padre insisteva perché, da bambini, svuotassimo i piatti. "Non è giusto gettare il cibo, con la fame che c'è nel mondo" ripeteva, con un'ossessività che, allora, faticavo a comprendere. Mi domandavo che vantaggio ne avrebbe tratto un etiope affamato se noi finivamo le nostre lenticchie. Eppure, mio padre aveva ragione. Chiudere il rubinetto, sostituire il 4 × 4 con un'automobile ibrida e ricordarsi di spegnere la luce uscendo di casa non serve solo a risparmiare energia e CO_2. Ci ricorda anche che nel mondo continuano a tirare avanti milioni di diseredati.

4. Il combustibile *ignobile*

> Al pari di batteri, funghi e altri animali, anche gli uomini cercano continuamente fonti di carbone organico a basso costo e facilmente accessibili.
>
> *T. W. Patzek*, 1995

Il ricercatore del CSIC (Istituto di scienza dei materiali) J. Ángel Menéndez[1] suggerisce che la prima citazione storica di un materiale derivato dal carbone si trovi nella *Bibbia*, quando Yahweh ordina a Noè di costruire la sua famosa arca:

> Fatti un'arca di legno di cipresso; dividerai l'arca in scompartimenti e la spalmerai di *bitume* dentro e fuori.
>
> *Genesi*, 6, 14[2]

Quel che è certo è che l'uso del carbone (vegetale) risale probabilmente all'istante stesso in cui si inizia a usare il fuoco, sotto forma di quei pezzi di legno carbonizzato che rimangono tra i resti di un falò. Di fatto, esistono prove che in molte pitture rupestri di oltre quindicimila anni fa veniva usato il carbone vegetale per delineare il contorno delle immagini, oltre a utilizzarlo come pigmento per il colore nero quando lo si mischiava con del grasso, del sangue o della colla di pesce. Gli egizi fabbricavano tinture a base di carbone e Ippocrate lo introduce in medicina già nel 400 a.C. I romani usavano il carbone vegetale per la siderurgia del ferro e conoscevano il carbon fossile,

---

[1] http://www.oviedo.es/personales/carbon/
[2] *La prima Bibbia*, Testo ufficiale CEI (1998) traduzione di Mirella Magnatti Fasiolo, a cura di Lamberto Schiatti, edizioni San Paolo, *Genesi* 6, 14. (N.d.T.)

probabilmente a partire dall'invasione delle isole britanniche, anche se lo usavano soprattutto a scopo ornamentale. I cinesi lo includono nella formula della polvere da sparo; le distillerie britanniche del diciannovesimo secolo nei loro filtri per purificare bevande alcoliche quali la birra o il whisky; Edison nel filamento della prima lampadina elettrica. Nella vita quotidiana, i prodotti derivati dal carbone sono ovunque: nella grafite delle matite; negli elettrodi delle pile; nelle batterie ricaricabili dei personal computer; negli pneumatici, che gli devono il proprio colore nero; negli elementi basati su materiali compositi in fibra di carbonio, che includono le ali degli aerei, le pale degli aerogeneratori e tutti i tipi di protesi; negli efficaci filtri al carbone attivo, usati per la depurazione dell'acqua e dell'aria. Si usa per assorbire i cattivi odori, come rimedio per la diarrea, le intossicazioni lievi, la flatulenza, l'alito cattivo e, applicazione molto più importante, la dialisi. Serve anche per fabbricare inchiostro, catrame, shampoo, profumo e strumenti di alta qualità. La forma nobile del carbonio, il diamante, è la pietra preziosa a cui si attribuisce maggior valore, e il diamante sintetico, duro come il cugino d'origine naturale ma molto più economico, viene utilizzato come testa di perforatrici e trapani molto potenti. L'ultima e più promettente applicazione è la nanotecnologia, con sviluppi spettacolari come i nanotubi e la nanoschiuma di carbonio, letteralmente i materiali del futuro.

Il carbone vegetale

Quando parliamo di "carbone", in realtà, ci stiamo riferendo a materiali diversi, per quanto tutti legati alla trasformazione di biomassa in condizioni *anaerobiche*, vale a dire in assenza di ossigeno. Così, mentre il *carbon fossile* è una roccia sedimentaria la cui formazione (tramite quel lento processo geologico chiamato *carbonificazione*) richiede centinaia di milioni di anni, il *carbone vegetale* (o carbone di legna) è stato ottenuto fin dall'antichità, e si ottiene tuttora in Africa e in altre regioni, carbonizzando legna in forni primitivi.

Il carbone vegetale è un eccellente combustibile. Non solo ha un alto potere calorifico, essendo carbonio quasi puro (produce il doppio dell'energia fornita dal legname di buona qualità), ma è anche privo di inquinanti come lo zolfo (a differenza della maggior parte dei carboni fossili), cosa che lo rende particolarmente adatto alla cucina e al riscaldamento poiché la sua combustione non produce gas inquinanti. Un altro uso fondamentale del carbone vegetale nella storia è stato nella fusione dei metalli. La metallurgia del ferro (iniziata all'incirca nel 1200 a.C. e diffusasi in Europa a partire dal 700 a.C.) non sarebbe stata possibile senza il carbone vegetale poiché le alte temperature necessarie per la fusione dei minerali non possono venire raggiunte utilizzando il legno (in realtà non è possibile nemmeno usare carbone comune in un altoforno, a causa dell'eccesso di impurità che rovina la forgiatura del ferro). Per di più, il carbonio contenuto nel carbone vegetale agisce come riduttore degli ossidi del metallo formato dai minerali e, con la tecnica adatta, parte di questo carbonio può legarsi al ferro per dar luogo all'acciaio. L'uso del carbone vegetale in metallurgia è perdurato fino ai nostri giorni e, anche se nei Paesi sviluppati è stato sostituito quasi del tutto da altri combustibili quali il coke metallurgico, attualmente sta vivendo una ripresa nei Paesi in via di sviluppo che dispongono di abbondanti risorse forestali.

La biomassa come combustibile

Contrariamente a ciò che può sembrare a volte, l'uso della biomassa come combustibile non è un'invenzione delle società industrializzate e del loro recente interesse per le energie rinnovabili. È esattamente l'opposto: le energie rinnovabili sono state le uniche disponibili nel corso della maggior parte della storia. Dalle prime civiltà urbane in Mesopotamia, verso il 3200 a.C., fino alle grandi città del sedicesimo secolo quali Londra o Venezia, la fonte principale di energia, tanto per usi domestici quanto industriali, è stata la combustione di massa vegetale e organica, sia in modo diretto (bruciatura di legno, *paglia*, residui, canna da zucchero, pannocchie di granturco, radici o sterco secco) sia indiretto, attraverso il carbone vegetale.

Fino al basso Medioevo la popolazione europea era relativamente scarsa e i boschi abbondanti, però già a partire dal dodicesimo secolo iniziarono a emergere difficoltà di approvvigionamento a causa della poca energia fornita dalla biomassa *per unità di superficie*, valore che si aggira intorno ai 300 MJ/m² nel caso di legno di buona qualità, e anche fino a dieci volte di meno quando vengono utilizzati pacciame, paglia, arbusti o carbone vegetale poiché i forni tradizionali a carbone vegetale hanno un'efficienza molto bassa.

Nell'Europa medievale, nonostante il consumo energetico pro capite fosse di gran lunga inferiore a quello odierno, ogni persona avrebbe avuto bisogno di circa 30 m² di buon bosco, se si usava direttamente il legno, e di circa 150 m² se prima lo si trasformava in carbone vegetale. Una città di un milione di abitanti, quindi, avrebbe richiesto tra i 30 e i 150 km² di bosco *all'anno*, con il risultato che in un decennio avrebbe devastato tra i 300 e i 1500 km². Non molto *sostenibile*, vero? In conclusione, l'uso della biomassa come combustibile rendeva impossibile l'esistenza di città troppo grandi durante il Medioevo.

Un esempio attuale di devastazione forestale è visibile ad Haiti,

Fugura 4.1 La differenza tra Haiti e la Repubblica Dominicana. [Per gentile concessione di F. Camarena]

dove un'economia basata sul consumo massiccio di carbone vegetale ha distrutto i boschi della sua parte di isola, in contrasto con quelli della confinante Repubblica Dominicana, ancora relativamente integri.

Il carbone vegetale (come il legno, la canna da zucchero, il granturco, ecc) è una risorsa rinnovabile... fino a quando l'eccesso di sfruttamento non supera la capacità di rigenerazione della zona. È una lezione che è meglio non scordare.

Il carbon fossile

A differenza del carbone vegetale, il carbon fossile ha origine dalla decomposizione di vegetali terrestri, foglie, legno, cortecce e spore, che si accumulano in zone paludose o marine poco profonde dove avviene un lento processo chiamato *carbonificazione*, riassunto schematicamente nella figura 4.2. La maggior parte dei depositi si è formata durante il Carbonifero, circa trecento milioni di anni fa, ma esistono anche alcuni giacimenti del Triassico e del Giurassico e, in minor quantità, del Cretaceo.

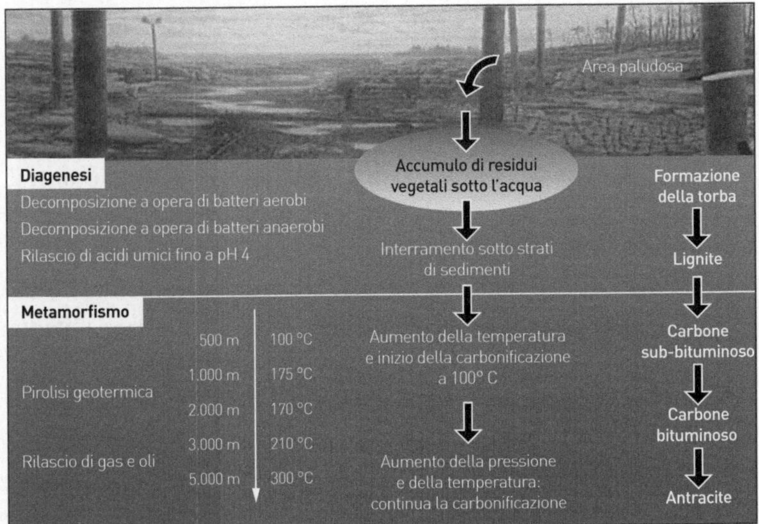

Fugura 4.2 Il processo di carbonificazione. [Menéndez, 2008]

Il carbone durante il Medioevo

Durante il basso Medioevo, la popolazione dei borghi e delle grandi città che iniziavano lentamente a formarsi dipendeva dai fuochi a legna per scaldarsi e cucinare. Oltre al legname, che veniva portato in città dai boschi vicini, si utilizzavano carbone vegetale e, a partire dal tredicesimo secolo, carbon fossile proveniente da miniere poco profonde o da depositi superficiali che, in alcune zone, erano molto abbondanti (per esempio, nel Nordovest dell'Inghilterra). A differenza del carbone vegetale, però, la cui combustione era molto pulita, il "carbone marino" (come veniva chiamato in Inghilterra quello fossile, poiché arrivava a Londra su grandi navi che lo utilizzavano come zavorra) bruciandosi produceva un fumo solforoso, insopportabile in quelle abitazioni primitive il cui unico camino era un buco nel tetto. Dal momento che la produzione di carbone vegetale sprecava più della metà del legno che serviva per fabbricarlo, il combustibile preferito continuò a essere la legna, che veniva utilizzata non solo per le necessità domestiche ma anche per le numerose e fiorenti industrie dell'epoca, incluse le distillerie e i cantieri navali. Via via che la popolazione cresceva, però, i boschi andavano rapidamente scomparendo, al punto che a metà del tredicesimo secolo era diventato necessario trasportare la legna da luoghi sempre più lontani. La scarsità della risorsa provocò un rialzo dei prezzi, con il risultato che i poveri facevano sempre più fatica ad acquistare quanto serviva loro per scaldarsi.

Sfortunatamente, il problema della sovrappopolazione durante il Medioevo si risolse in maniera drastica a metà del quattordicesimo secolo, quando la Peste nera decimò un terzo della popolazione europea. È difficile riuscire a immaginare la portata di una simile catastrofe. Nel giro di pochi anni, nel vecchio continente morì un abitante su tre. Famiglie, quartieri, intere popolazioni annientate. Cadaveri ovunque, troppi per venire sepolti degnamente, e troppo *comuni* per ispirare altro che paura o spossatezza.

Passata la catastrofe, la popolazione è ridotta e nelle campagne abbandonate crescono boschi nuovi. C'è abbastanza legna per i pochi superstiti.

Centocinquant'anni più tardi, l'Europa attraversava la cosiddetta "piccola era glaciale", un'epoca che durò dalla fine del tredicesimo secolo alla metà del diciannovesimo, durante la quale la temperatura media arrivò a scendere di un grado. Se adesso temiamo la possibilità di un riscaldamento globale, il sedicesimo secolo dovette vedersela con un periodo quasi glaciale, con inverni lunghi e rigidi, che coincise con un nuovo aumento della popolazione, il conseguente diboscamento e una rinnovata penuria di legna. C'era bisogno di un miracolo per evitare una nuova catastrofe, e quel miracolo si materializzò con la generalizzazione dell'uso del carbon fossile a partire dall'inizio del diciassettesimo secolo. Naturalmente la soluzione al problema della scarsità di combustibile (neanche le crisi energetiche sono un'invenzione moderna) non fu gratuita. L'aria delle grandi città come Londra era talmente inquinata che in certi giorni il sole riusciva a malapena a bucare la fitta nebbia che le avvolgeva. Il problema si attenuò parecchio con la progressiva adozione di camini di mattoni, ma la Londra del diciannovesimo secolo descritta da Dickens nell'avvincente incipit di *Bleak House* è una città tenebrosa, quasi perennemente avvolta dallo *smog*, inquinata e spietata[3].

Londra [...] Implacabile clima di novembre. Tanto fango nelle vie che pare che le acque si siano da poco ritirate dalla superficie della terra [...] Fumo che scende dai comignoli come una soffice acquerugiola nera con fiocchi di fuliggine grandi come fiocchi di neve vestiti a lutto, si potrebbe immaginare, per la morte del sole. Cani che si distinguono appena nella mota. Cavalli, infangati fino ai paraocchi, in condizioni di poco migliori. Pedoni, quasi tutti affetti da irascibilità, che si urtano a vicenda con gli ombrelli e perdono l'equilibrio agli angoli delle strade, dove fin dall'alba (ammesso che ci sia stata un'alba oggi) sono già scivolati migliaia di altri pedoni...[4]

---

[3] Parola inglese che combina *smoke* (fumo) e *fog* (nebbia) per indicare il miscuglio di nebbia, fumo e carbonella proprio delle città industriali.
[4] Charles Dickens (2006) *Casa desolata*, traduzione di Angela Negro, pag. 7. (N.d.T.)

La rivoluzione industriale

La grande invenzione grazie alla quale il carbon fossile rimpiazzò il legno e il carbone vegetale fu la macchina a vapore, cuore della rivoluzione industriale animato fin dalla nascita da questo combustibile.

All'inizio del diciottesimo secolo, le miniere di carbone dovevano affrontare il problema delle frequenti inondazioni che finivano per rendere inutilizzabili gli impianti. Per sgottare l'acqua si ricorreva a catene di operai che, con il passare del tempo, vennero integrate con diversi congegni meccanici quali i mulini a vento e le norie, o aiutate da animali da tiro. Senza dubbio nessuna di queste tecniche era particolarmente comoda, né economica.

L'invenzione di un calderaio di nome Thomas Newcomen migliorò la situazione. Si trattava di un pistone che saliva come conseguenza dell'espansione del vapore generato riscaldando acqua tramite un fuoco alimentato dal carbone e che si faceva scendere con dell'acqua fredda, condensando il vapore. Il pistone era collegato all'albero di una pompa che, a sua volta, veniva utilizzata per sgottare l'acqua. Il marchingegno ebbe un successo immediato poiché era molto più economico delle squadre di uomini e cavalli impiegate fino a quel momento. Tuttavia, la macchina di Newcomen era ancora molto primitiva e inefficiente, e consumava così tanto carbone da risultare praticamente inutile al di fuori di una miniera.

Le cose cambiarono quando James Watt aggiunse al dispositivo di Newcomen un condensatore, oltre ad apportare altre migliorie radicali, costruendo la prima macchina a vapore moderna. Grazie alla sua migliorata efficienza, la macchina a vapore poté essere installata nelle fabbriche, dove la sua enorme capacità di produrre lavoro consentì di moltiplicare la produttività mentre, al contempo, i costi associati alla manodopera e al lavoro animale si riducevano.

Ma, per poter avere luogo, la rivoluzione industriale aveva bisogno di un secondo grande progresso tecnologico: la manifattura del ferro utilizzando coke metallurgico al posto del carbone vegetale. La metallurgia continuava a dipendere dal carbone vegetale perché il carbon fossile presentava troppe impurità per usarlo per forgiare i metalli.

Ciò limitava la capacità produttiva poiché il legno scarseggiava e il carbone vegetale, prodotto in maniera inefficiente a partire dal legno stesso, scarseggiava ancor di più. Il problema era difficile da risolvere e, di fatto, richiese quasi un secolo di sperimentazioni, però alla fine si giunse a una soluzione simile alla tecnica per produrre il carbone vegetale, vale a dire un processo di cottura del carbon fossile che elimina gli elementi volatili (e, con quelli, le impurità), trasformandolo in *coke*, adatto all'industria siderurgica.

La Gran Bretagna, dove erano state ideate tutte queste invenzioni, si gettò nella produzione massiccia di ferro e nella costruzione di un'industria che nel giro di pochi decenni pose le basi del suo potere mercantile e militare.

Una terza invenzione andò a sommarsi alle due precedenti: la locomotiva a vapore, ideata da George Stephensen e il cui scopo originario era trasportare il carbone tra le nascenti città industriali di Manchester e di Liverpool. Nel giro di pochi anni l'Inghilterra si ricopriva di rotaie e il treno, altrettanto meraviglioso per la gente dell'epoca quanto per noi le astronavi, iniziava a trasportare viaggiatori e mercanzie in ogni angolo del Paese. Quando il resto delle nazioni europee cominciò ad assimilare la rivoluzione industriale, la Gran Bretagna aveva mezzo secolo di vantaggio, il che le permise di creare e consolidare il suo immenso impero nel corso del diciannovesimo secolo. Durante il secolo successivo, tuttavia, si vedrà soppiantata da un'altra potenza, fornita di più risorse naturali e dotata di più forza lavoro, e nella quale la rivoluzione industriale fu ancor più esplosiva: gli Stati Uniti d'America. È più che possibile che il ventunesimo secolo sia testimone dell'emergere di nuove potenze quali la Cina e l'India, che già iniziano a soppiantare il colosso americano in molti settori.

Il carbone nel ventunesimo secolo

La Londra elisabettiana importava annualmente circa 24.000 tonnellate di carbone [Boyle, 2003]. Nel 1680, il consumo era salito a 3,6 milioni di tonnellate, che ora del 1800 erano diventate 10 milioni, e 250 milioni nel 1900. Nel 2007, si sono estratti niente meno che 6.395 milioni di tonnellate di carbone (equivalenti in energia a 3.135 milioni di tonnellate di petrolio), vale a dire l'equivalente in peso di dieci grattacieli delle dimensioni dell'Empire State Building. Questa immensa quantità costituiva un terzo dell'energia primaria totale globale (grafico 3.2).

Il grafico 4.1 mostra come si distribuisce la produzione mondiale per regioni, insieme al maggior produttore. La Cina ha prodotto il 40 per cento del carbone estratto nel mondo e gli Stati Uniti quasi il 20 per cento. Il 99 per cento del carbone proveniente dall'Africa viene estratto in Sudafrica, e l'85 per cento del carbone centro e sudamericano arriva dalla Colombia. Il maggiore produttore nella regione europea (che comprende i Paesi dell'ex Unione Sovietica) è la Russia, però la risorsa è abbastanza distribuita nel Vecchio continente. Altri grandi produttori sono l'India (7,5 per cento) e l'Australia (6 per cento).

In Spagna si estraggono circa 6 tep all'anno o, detta in un altro modo, lo 0,2 per cento della produzione mondiale, molto meno delle 20 tep che vengono consumate. I Paesi principali da cui la Spagna importa carbone sono il Sudafrica (35 per cento del totale importato), l'Australia, l'Indonesia e la Russia (circa il 15 per cento del totale da ciascuno di questi Paesi).

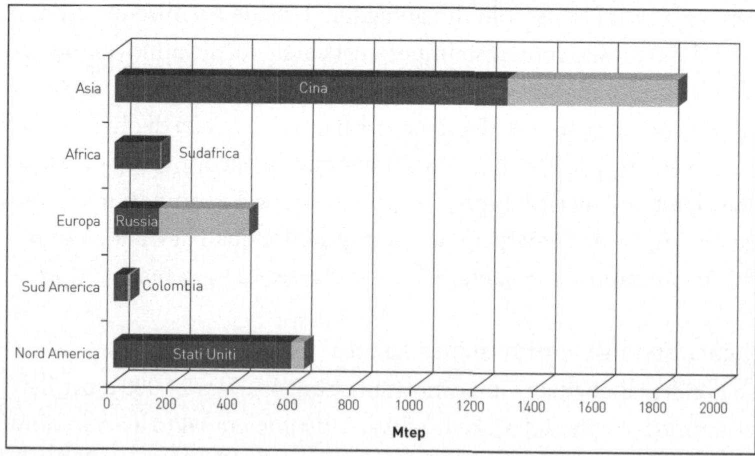

Grafico 4.1 Produzione di carbone per regione in milioni di tonnellate equivalenti di petrolio (Mtep). Insieme a ciascuna regione è mostrato il produttore principale. [BP, 2008]

L'uso più importante della risorsa è la produzione di elettricità nelle centrali termiche, che non sono altro che gigantesche caldaie scaldate dal carbone in cui si produce vapore tramite acqua ad alta temperatura e pressione; vapore che, a sua volta, viene usato per muovere una turbina collegata a un generatore. In media, il 40 per cento dell'energia elettrica mondiale è generato con il carbone, anche se molti Paesi lo usano in proporzioni ancora più grandi. È il caso della Polonia, che ottiene il 95 per cento della propria elettricità a partire dal carbone, del Sudafrica (93 per cento), dell'Australia (77 per cento), dell'India (78 per cento), della Cina (76 per cento), e degli Stati Uniti (51 per cento). Circa il 70 per cento del carbone estratto dalle miniere va a finire in una centrale termica, il 20 per cento viene trasformato in coke siderurgico, e il resto è destinato ad altre industrie (per esempio cementifici) o all'uso domestico.

Se si confronta il consumo per regioni (grafico 4.2), salta all'occhio la voracità dell'Asia, capeggiata dalla Cina, che divora lei da sola quasi quanto il resto del mondo e ha bisogno di importare da altri Paesi nonostante sia di gran lunga il primo produttore al mondo. Lo stesso accade agli Stati Uniti, che esauriscono tutti i quasi 600 milioni

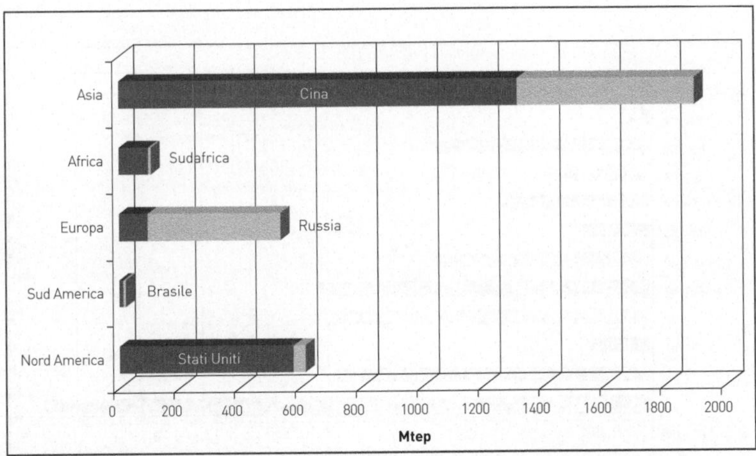

Grafico 4.2 Consumo di carbone per regione in milioni di tonnellate equivalenti di petrolio (Mtep). Insieme a ciascuna regione è mostrato il consumatore principale. [BP, 2008]

di tep che producono. L'Europa, che pure importa, consuma più di 500 milioni di tep. Africa e Sudamerica si accontentano delle briciole. Per giunta, quasi tutto il consumo dell'Africa, così come la produzione, è in realtà dovuto al Sudafrica, praticamente l'unico Paese sviluppato di quel continente.

D'altro canto, le varie regioni del mondo sono popolate in maniera diseguale. Se suddividiamo l'energia consumata per il numero di abitanti, possiamo farci un'idea più precisa della razione media per persona. Il grafico 4.3 mostra il consumo di carbone pro capite in diversi Paesi e zone del mondo. La disparità tra il Sud America e l'Africa (con meno di 0,1 tep per abitante) e il resto del mondo è desolante. All'altro estremo ci sono gli Stati Uniti, con quasi 2 tep a testa. I Paesi più industrializzati (Germania, Giappone, Regno Unito) consumano circa 1 tep a persona, come la Cina e la Russia [BP, 2008].

L'unica eccezione tra le grandi economie è la Francia, che consuma solo 0,2 tep pro capite. Questo consumo contenuto è dovuto al fatto che la Francia genera quasi l'80 per cento della sua elettricità a partire dall'energia nucleare. Il consumo spagnolo è moderato, 0,5 tep pro capite, grazie al fatto che la formula iberica per produrre elettricità combina numerose energie primarie, incluse quelle rinnovabili, il nucleare

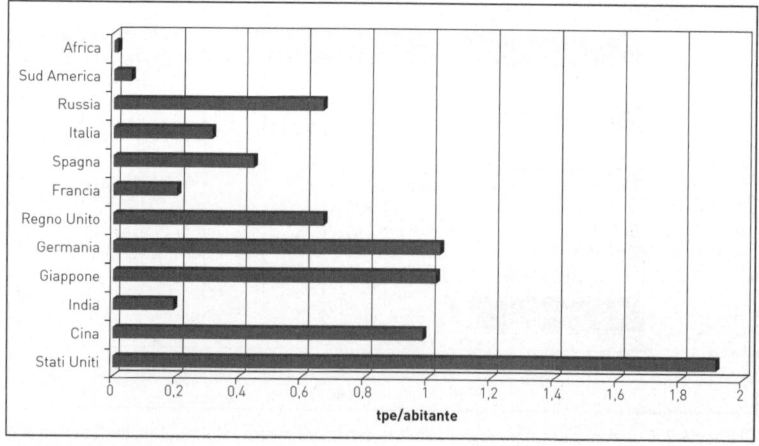

Grafico 4.3 Consumo di carbone pro capite in alcuni Paesi e regioni. [BP, 2008]

e il gas naturale. Ancora più basso è quello dell'Italia (dove, per giunta, l'energia nucleare è proibita per legge), ma questo basso consumo è ottenuto producendo il grosso dell'elettricità a partire dal gas naturale, risorsa che deve importare quasi completamente, il che la rende uno dei Paesi europei a maggiore dipendenza energetica.

Per ridurre le emissioni di CO_2 si parla spesso della necessità di *risparmiare*. Il consumo di carbone è la causa principale di queste emissioni però, al contempo, è anche il modo più economico di produrre elettricità e, proprio per questo, il carbone è il primo combustibile fossile a cui ricorrono le economie in via di sviluppo. Il grafico 4.3 denuncia gli Stati Uniti come grandi scialacquatori, ma anche Paesi come la Germania, la Russia, il Giappone o il Regno Unito, che hanno investito moltissimo nelle energie alternative (sia nucleare sia, soprattutto negli ultimi tempi, rinnovabili), consumano ancora quasi tanto come la Cina, che trae il grosso della propria elettricità dal carbone.

Il continente africano, Sudafrica escluso, ha circa ottocento milioni di abitanti che non consumano letteralmente nulla. Se a questi aggiungiamo i quattrocento milioni di Sud America e America centrale e i quasi millecinquecento milioni di India, Pakistan e Bangladesh, arriviamo a duemilasettecento milioni di persone il cui consumo di carbone (e, quindi, di elettricità) è bassissimo. Se assegnassimo a ciascuno di loro 0,5 tep pro capite (la stessa quantità della Spagna, metà della Germania, un quarto del consumo di uno statunitense), otterremmo un *aumento* del consumo di carbone (e delle emissioni) di più di milletrecento milioni di tep. Se, invece, riducessimo della metà il consumo degli Stati Uniti, risparmieremmo solo centocinquanta milioni di tep. Queste cifre dovrebbero darci un'idea della portata del problema che il mondo deve affrontare, e che si potrebbe formulare come segue:

A meno che non scopriamo un modo di produrre elettricità altrettanto concentrato e **più economico** del carbone, le emissioni di CO_2 continueranno ad aumentare via via che i Paesi poveri andranno sviluppandosi.

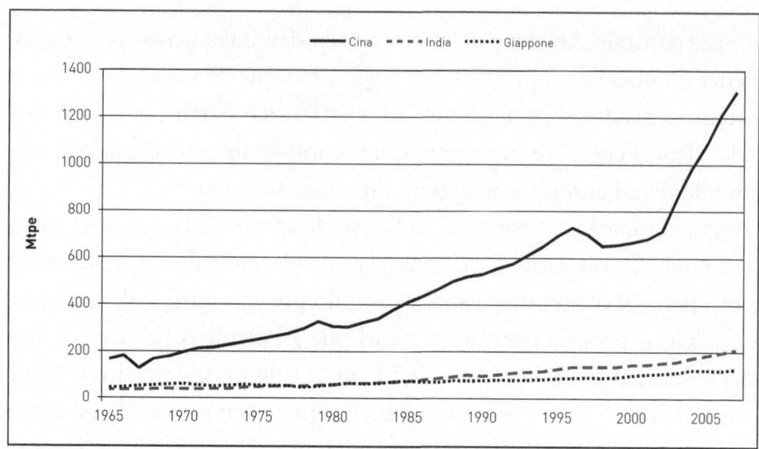

Grafico 4.4 Consumo di carbone in Cina, India e Giappone. [BP, 2008]

Per convincerci del tutto basta esaminare il grafico 4.4, in cui viene mostrato il consumo di carbone in Cina, India e Giappone dal 1965. La curva della Cina cresce in maniera spettacolare e, a partire dal 2000, terrificante. È lo stesso fenomeno di sviluppo frenetico e fame pantagruelica di energia che si è verificato durante le rivoluzioni industriali, prima in Inghilterra e più tardi negli Stati Uniti, in Giappone e nei Paesi europei. Pare evidente che, tra non molto, India, Pakistan, Brasile e altre economie emergenti seguiranno in maggiore o minore misura l'esempio della Cina.

Il combustibile *ignobile*?

Negli ultimi decenni, il carbone è stato considerato sempre più come il più "ignobile" dei combustibili fossili. Non dobbiamo tuttavia dimenticare che, a partire dal diciassettesimo secolo, il suo uso non solo ha scongiurato una crisi energetica della massima portata (poiché la risorsa utilizzata fin lì, vale a dire la biomassa, si stava esaurendo), ma probabilmente ha anche salvato ciò che restava dei boschi europei, che sarebbero spariti rapidamente se la legna non fosse stata rimpiazzata dal nuovo combustibile.

Nel mondo odierno la siderurgia, la fabbricazione del cemento e la produzione di elettricità dipendono in gran parte dal carbone e le sue applicazioni tecnologiche sono tanto numerose quanto importanti.

Inoltre le riserve esistenti sono notevoli. Gli Stati Uniti dispongono del 30 per cento di queste riserve; la Russia del 17 per cento; la Cina del 13 per cento; l'India del 10 per cento; l'Australia del 9 per cento. Le "riserve accertate" (vale a dire la quantità di carbone che può essere estratta dai giacimenti noti a un costo competitivo) sono enormi, circa un bilione di tonnellate, e le "riserve totali" (che aggiungono alle riserve accertate altri giacimenti non ancora scoperti) sono, probabilmente, molte di più. Riassumendo: c'è carbone per diversi secoli a venire.

L'elettricità è essenziale per lo sviluppo di un Paese e il carbone è un modo economico per ottenerla. Le grandi potenze europee sono state dipendenti da questo minerale fino a pochi decenni fa, ovvero fino a quando è stato progressivamente sostituito dal gas naturale, ma per i Paesi in via di sviluppo come la Cina e l'India è l'opzione più ovvia.

Indubbiamente le contropartite sono numerose, a partire dall'attività mineraria, non particolarmente benevola nei confronti dell'ambiente (soprattutto quando si tratta di pozzi a cielo aperto, che costituiscono il 60 per cento delle miniere attuali) e molto pericolosa. Non c'è Stato che non conservi il ricordo di numerose tragedie legate a incidenti che, solo in Cina, costano migliaia di vite all'anno.

Una grande centrale termica a carbone produce circa 1.000 MW di potenza, sufficienti per soddisfare le necessità di una grande città. In cambio consuma tre milioni di tonnellate di carbone all'anno (più o meno la produzione mondiale di carbone alla fine del diciassettesimo secolo) e rilascia nell'atmosfera undici milioni di tonnellate di CO_2. Inoltre, a seconda del progetto degli impianti e della qualità del carbone, viene rilasciata una quantità variabile di inquinanti, che vanno dal diossido di solfuro (uno dei componenti delle piogge acide) a minuscole particelle di cenere che possono causare problemi respiratori.

Alcuni di questi problemi possono essere risolti e, di fatto, esistono già delle soluzioni commerciali. Si tratta delle cosiddette *centrali a letto fluido*, la cui tecnologia permette di catturare lo zolfo e la maggior parte delle ceneri all'interno della caldaia senza, di conseguenza, rilasciarli nell'atmosfera.

Più difficile è risolvere il problema delle emissioni di CO_2. Esiste un'intensa attività di ricerca e sviluppo che sta provando ad attaccare il problema con tecniche che vanno dalla cattura del diossido di carbonio in depositi sotterranei fino al riciclaggio della CO_2 per la creazione di prodotti quali il metanolo, che a sua volta potrebbe essere utilizzato come combustibile al posto del petrolio. Attualmente, però, nessuna di queste tecniche è commercialmente realizzabile; e, va aggiunto, la loro implementazione causerà necessariamente un forte aumento dei costi di produzione dell'energia elettrica. È possibile che i Paesi sviluppati possano permettersi il lusso di pagare un extra nella bolletta, ma c'è da dubitare che cinesi e indiani la vedano allo stesso modo.

Bruciare carbone per generare elettricità è una delle più grandi trappole per topi in cui l'uomo moderno si è ficcato (uguagliata soltanto dalla trappola di bruciare benzina per muoversi), trascinato dalla sua inesauribile fame di energia. Sfuggirne non sarà facile ma, se non saremo noi a trovare delle soluzioni, allora sarà la natura a trovarle. E, come James Lovelock non si stanca di ricordarci, è molto probabile che il rimedio della furente Gaia ci risulti assolutamente sgradito.

5. Manna che sgorga dalla terra

Nipote: È vero che le avete bruciate? Avete bruciato tutte quelle meravigliose molecole organiche?
Nonno: È vero. Mi dispiace. Le abbiamo bruciate.

K. S. Deffeyes

La traversata del deserto

A casa di una delle mie zie, c'era una Bibbia illustrata per bambini. Quando avevo all'incirca sei o sette anni, spesso il sabato pomeriggio i miei genitori mi affidavano alle cure di questa parente. Era uno di quegli accordi fortunati da cui tutti traevano vantaggio: i miei genitori ne approfittavano per fare la spesa settimanale e respirare un po' d'aria fresca; mia zia si divertiva a rimpinzarmi di latte e biscotti; ma nessuno se la spassava quanto me, in compagnia delle avventure del popolo d'Israele. La furia con cui Yahweh piegava il Faraone a suon di piaghe, quella fuga miracolosa dall'Egitto mentre il mar Rosso salvava in extremis le tribù dagli eserciti di Ramsete; il grande re in ginocchio che contemplava i cadaveri dei suoi soldati affogati, domandandosi per quale ragione la divinità favorisse un pugno di caprai; la lunga traversata del deserto del Sinai, trasportando l'arca dell'alleanza, diretti verso la Terra promessa; e la manna che pioveva dal cielo all'alba, e che a me sembrava più miracolosa – per il sostegno che dava, per la sua quotidianità – della prodezza di aprire le acque dell'oceano per consentire il loro transito.

Nel 1859, il colonnello Drake[1] diede il via a una serie di perfora-

---

[1] Nessuna accademia militare aveva conferito i galloni di colonnello a Edwin Drake, il cui titolo venne inventato dalla compagnia petrolifera *Seneca Oil*, per la quale lavorava, al fine di dargli più lustro presso la popolazione di Titusville, dove stava compiendo le sue esplorazioni.

zioni a Titusville, Pennsylvania, che sfociarono nel primo sfruttamento industriale del petrolio. Fino a quel momento, gli uomini si
erano limitati a raccogliere quel liquido oleoso, noto fin dall'epoca
in cui gli israeliti avevano attraversato il deserto, lì dove lo trovavano.
Nei suoi viaggi in Asia sul finire del dodicesimo secolo, Marco Polo se-
gnala l'esistenza di depositi naturali di petrolio a Baku (Mar Caspio).
Il combustibile era molto apprezzato dai locali come fonte di luce e
di calore per la facilità con cui bruciava. Era un altro tipo di manna,
un tipo che invece di scendere dal cielo sgorgava dalla terra, non per
questo meno miracolosa e abbondante di quella che aveva alimentato le tribù. Vicino al Sinai, sotto le sabbie del deserto dell'Arabia, ce
n'erano oceani interi.

Come si sono formati il petrolio e il gas naturale

Questi oceani di petrolio, spesso accompagnati da altri non meno
vasti di gas naturale, si sono formati soprattutto durante il Giurassico, all'incirca duecento milioni di anni fa, "quando i dinosauri do-
minavano la terra". Da lì la leggenda, tanto diffusa quanto falsa, che
il petrolio si debba alla decomposizione dei cadaveri dei grandi ret-
tili. Ricordo ancora le figurine degli album di storia naturale della
mia infanzia, in cui si vedevano innumerevoli diplodochi galleggiare
in un mare sotterraneo di greggio che in pratica emanava da loro
stessi. È vero, però, che l'origine dei combustibili fossili è organica[2],
per quanto meno grandiosa.

Il meccanismo è quasi identico a quello della formazione del carbone: in determinati ambienti naturali (in genere laghi, delta e bacini marini) si vanno depositando, nel corso di ere geologiche, milioni
di tonnellate di resti di animali e piante marine che si decompongono
in assenza d'ossigeno. Con il passare del tempo, sopra i sedimenti
vanno depositandosi innumerevoli strati di fango e sabbia che li com-

---

[2] O, almeno, così pensa la maggior parte dei geofisici, anche se non tutti. Potrebbe anche
darsi che, per esempio, grandi depositi di gas naturali si siano prodotti in seguito alla col-
lisione di un grosso meteorite con la Terra.

primono sempre più fino a dar vita a un materiale chiamato *chero-gene*, abbastanza simile alla torba.

Man mano che aumenta la pressione, lo fa anche la temperatura. Se i sedimenti sono sepolti a una profondità compresa tra i due e i sei kilometri, la temperatura si alza da 60° fino a 150° C. A queste temperature il cherogene "matura", trasformandosi in petrolio o gas naturale tramite reazioni chimiche che rompono le grandi molecole organiche da cui è formato in frammenti più piccoli. Il petrolio liquido è formato da molecole con un totale di atomi di carbonio compreso tra i cinque e i venti. Il gas naturale è formato da molecole che hanno meno di cinque atomi di carbonio, e spesso solo uno, come nel caso del metano, CH_4, il componente più importante del gas naturale.

Una volta che il petrolio e il gas naturale si sono formati, serve un meccanismo per contenerli. Il petrolio è insolubile nell'acqua e più leggero di quest'ultima e, di conseguenza, tende a salire in superficie (come le gocce d'olio in una tazza di gazpacho) dove, alla fine, si disperde. Tuttavia, circa un 10 per cento di petrolio resta intrappolato sotto terra. Perché questo avvenga è necessario che la sua migrazione verso la superficie venga impedita da un tipo di roccia impermeabile, che agisce come un *coperchio*. Eppure, anche se c'è il coperchio adatto, il greggio finisce per sfuggire lateralmente a meno che non ci siano una faglia o una trappola geologica vicine che formino un *deposito*.

Infine, la roccia che riempie il deposito (a cinque kilometri sotto terra non esistono caverne vuote) deve essere abbastanza porosa perché gli idrocarburi possano circolare al suo interno. Più porosa è la roccia, più petrolio si accumula nel deposito.

La probabilità che si verifichino tutte le condizioni necessarie perché si formi e si conservi un pozzo petrolifero è talmente bassa che, a differenza di quanto accade con i metalli, di cui il nostro pianeta è molto ricco, possiamo considerare i giacimenti di greggio esistenti come veri e propri premi di una difficilissima lotteria geologica. Alcuni (rari) punti della Terra, come per esempio l'Arabia Saudita, sono stati baciati dalla fortuna. La maggior parte dei giocatori, e, tra questi, anche la penisola iberica, non ha vinto nemmeno il premio di consolazione.

L'oro nero

A partire dal 1920, con l'esplosione dell'industria automobilistica e la diffusione dei trasporti, il petrolio è rapidamente diventato il combustibile fossile più richiesto (il 35 per cento dell'energia primaria totale nel 2007), andando a sostituire il carbone (29 per cento) e superando il gas naturale (24 per cento). In relazione a questa domanda, si è sviluppata l'industria della raffinazione del greggio.

Il petrolio non è altro che una miscela di idrocarburi complessi, i cui vari componenti hanno proprietà fisiche e chimiche diverse, inclusi diversi punti di ebollizione. La tecnica più antica per raffinare il petrolio è la distillazione, in cui si lascia evaporare ciascun componente (iniziando da quello che presenta un punto di ebollizione più basso), separandolo dal resto e condensandolo in un recipiente a parte. Oggigiorno le raffinerie sfornano una gran varietà di prodotti derivati dal petrolio che, oltre alla benzina, al gasolio e al cherosene, includono idrocarburi non saturi a partire dai quali si ottengono, tra gli altri, lubrificanti, solventi, detergenti, cere, prodotti farmaceutici, insetticidi, diserbanti, plastiche e fibre sintetiche senza i quali oggi come oggi non sapremmo come cavarcela. All'incirca il 6 per cento di tutto il petrolio estratto è destinato all'industria petrolchimica, il 20 per cento ad altre industrie e quasi il 60 per cento è per l'impiego più importante dell'*oro nero*: i trasporti.

Dalla scoperta di Drake, la ricerca di nuovi giacimenti in tutto il mondo è stata intensissima. Le prime esplorazioni sono state fatte negli Stati Uniti, dove sono state rinvenute quantità ingenti di questa risorsa. Lo stesso è avvenuto in Russia, nella zona di Baku, sul Mar Caspio (e, più recentemente, in Siberia). Altri giacimenti vennero scoperti a Sumatra, a Giava e nel Borneo già nel diciannovesimo secolo. Nel 1910 si iniziò a esplorare il Medio Oriente, e nel 1938 venne scoperto Al-Burgan, in Kuwait, il secondo giacimento più grande del mondo. Il primo, Al-Ghawar, in Arabia Saudita, venne scoperto nel 1948.

Attualmente trovare petrolio richiede l'applicazione di sofisticate tecniche di geofisica applicata, come il metodo sismico (basato sul registrare il tempo impiegato dalle onde sonore per andare da un trasmettitore situato sulla superficie terrestre o su una nave fino alle rocce profonde, riflettersi su una crosta rocciosa e tornare indietro fino alla superficie). Con questa tecnica, simile a quella del sonar, si possono costruire mappe geologiche delle formazioni sotterranee, a partire dalle quali si può dedurre la presenza di faglie e trappole geologiche, necessarie per trattenere il petrolio.

Il grafico 5.1 mostra il tipico "profilo" di un giacimento di petrolio. Il primo stadio, una volta che la prospezione ha dato risultati positivi, è perforare il "pozzo di scoperta", che rivela l'effettiva presenza di petrolio nel territorio. Il pozzo successivo è chiamato "pozzo di valutazione" e permette di stimare quanto petrolio può essere estratto dal giacimento. Segue la prima perforazione industriale e, a partire da lì, la produzione di greggio va aumentando via via che si perforano sempre più pozzi sino a quando, alla fine, si giunge a un plateau in cui la produzione è costante (questa situazione corrisponde all'istante in cui tutti i pozzi del giacimento operano a pieno rendimento e la quantità di petrolio ancora non ha cominciato a diminuire in maniera sensibile). Infine, dopo questo "altopiano", inizia un declivio, più o meno dolce a seconda del tipo di giacimento e delle tecniche di perforazione impiegate. Arriva un momento in cui estrarre il petrolio rimanente non è più redditizio, e allora si abbandona il giacimento.

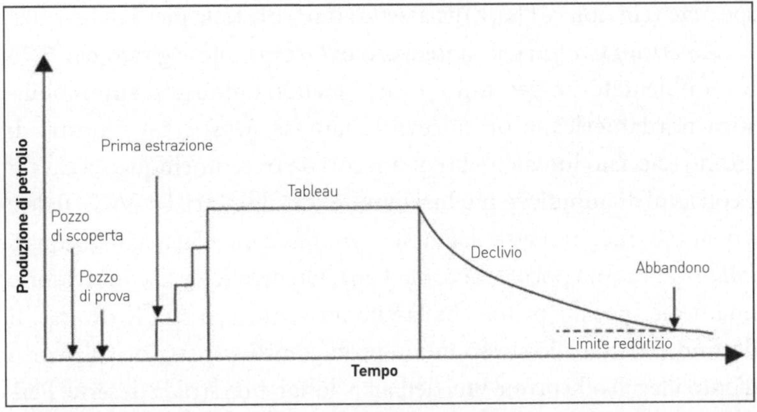

Grafico 5.1 Andamento di un giacimento petrolifero. [Robelius, 2007]

I primi giacimenti petroliferi sono stati scoperti sulla terraferma ma, via via che questi si prosciugavano e venivano sviluppate le tecniche necessarie, le esplorazioni vennero spostate sempre più nel mare, anche in acque profonde oltre duemila metri.

Il trasporto del petrolio si realizza a terra attraverso enormi oleodotti e treni di container. In mare si ricorre a gigantesche petroliere, le navi più smisurate che abbiano mai solcato gli oceani, ancor più immense delle ciclopiche portaerei. La più grande di tutte, la *Seawise Giant*, pesa un po' più di cinquecentosessantaquattromila tonnellate (una decina di volte più del *Titanic*) ed è lunga quasi cinquecento metri. Alcuni degli incidenti più noti a causa del loro impatto sull'ambiente sono legati proprio a queste gigantesche navi (la *Exxon Valdez* e in Spagna, più di recente, l'infame *Prestige*).

American Graffiti

All'inizio degli anni Settanta, la Spagna era un Paese in rapido sviluppo ma la maggior parte degli spagnoli (come ora i cinesi, gli indiani e i brasiliani) era troppo occupata con il doppio lavoro per rendersene conto. La miseria del dopoguerra era già lontana ma, per noi che in quel decennio ci lasciavamo alle spalle l'infanzia, gli Stati Uniti erano ancora una civiltà remota, in cui ragazzini come noi guidavano favolose auto truccate, sgasando tra due semafori con il cuore spezzato (chi non ce l'ha, a diciassette anni?) e la testa piena di benzina.

American Graffiti è il capolavoro di George Lucas girato nel 1973 ma ambientato un decennio prima, quando l'industria automobilistica nordamericana produceva le famose *Muscle Car*, mostri di cromo e acciaio inossidabile con motori da trecentocinquanta cavalli e consumi di quindici o più litri ogni cento kilometri. La storia, fedele a quanto viene promesso dal titolo – *graffito*, pennellata, schizzo, quasi *haiku* – racconta poco e racconta bene. Quattro ragazzi condividono una notte speciale prima che la vita li conduca su strade diverse. Il destino trascina allo stesso modo protagonisti e spettatori alle corse d'auto illegali alle prime luci dell'alba, lungo una strada deserta. Perfino noi, nella nostra provinciale Spagna, sapevamo della loro esistenza, solo che noi andavamo a cavallo di biciclette, di motorini o di una *Derbi* identica a quella montata da Ángel Nieto mentre loro guidavano le indimenticabili Cadillac Eldorado, Pontiac Firebirth e Ford Mustang dai cui tubi di scappamento sembravano uscire le immagini luminose del paradiso della libertà e dell'eccesso.

Nel 1972 il petrolio costava tre dollari al barile. Verso la fine del 1974 il suo prezzo era quadruplicato dopo che i Paesi dell'Opec[3], guidati dall'Arabia Saudita, avevano decretato un embargo contro gli Stati Uniti e altri Paesi occidentali a causa del loro sostegno a Israele durante la guerra dello Yom Kippur.

Il risultato dell'embargo fu una crisi tanto grave quanto imprevista. Negli Stati Uniti il prezzo della benzina aumentò di più del 50 per cento in meno di un anno e la borsa di New York crollò, con perdite dell'ordine di novantasettemila milioni di dollari in sei settimane. L'improvvisa carenza di carburante sfociò in inflazione, recessione economica, disoccupazione e licenziamenti di massa. Vedersi costretti a fare lunghe file per riempire il serbatoio o, ancor peggio, trovare il distributore all'angolo chiuso per mancanza di approvvigionamenti produsse negli statunitensi una sorta di esaurimento nervoso collettivo. All'improvviso, la fine del mondo sembrava inevitabile. Il filosofo E. F. Schumacher riassunse l'umore del momento con una frase indovinata, che cadrebbe a fagiolo anche ai giorni nostri: *The party is over*, la festa è finita[4].

Gli Stati Uniti non furono l'unico Paese colpito dallo scapaccione dell'Opec. Anche il Portogallo, la Danimarca, l'Olanda, l'Inghilterra e il Giappone dovettero stringere la cinghia. In Spagna la crisi arrestò l'enorme crescita che il Paese stava vivendo dal 1961, e che si aggirava intorno al 7 per cento annuo. L'edilizia e il turismo, due motori dell'economia di allora e di adesso, pagarono direttamente le conseguenze della scarsità di greggio, così come l'industria tessile, navale e

---

[3] Organizzazione dei Paesi esportatori di petrolio, i cui cinque membri fondatori sono l'Arabia Saudita, l'Iraq, l'Iran, il Kuwait e il Venezuela.

[4] Frase che verrà utilizzata due decenni più tardi da R. Heinberg come titolo di un libro di una certa rilevanza sulla scarsità di greggio. [Heinberg, 2005].

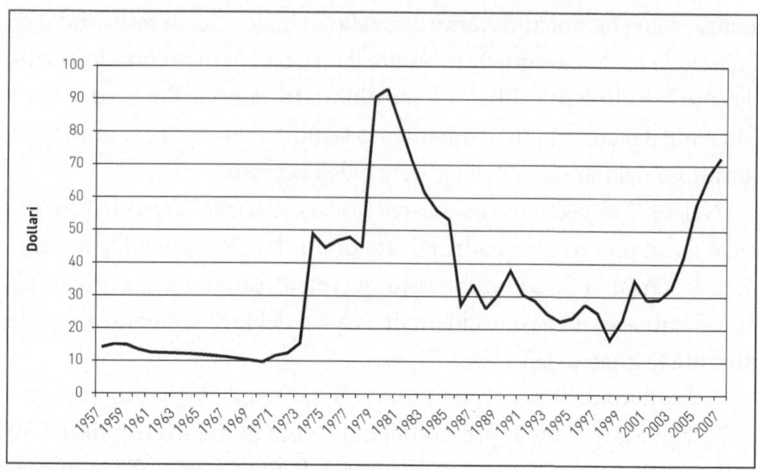

Grafico 5.2 Prezzo del barile di petrolio (corretto per l'inflazione) dal 1900 al 2009. [BP, 2008]

automobilistica. La mia generazione è passata dall'adolescenza alla prima giovinezza in un Paese oppresso dalla disoccupazione e dall'inflazione, in cui la cosiddetta "Transizione"[5] ha mascherato solo fino a un certo punto un'economia stagnante da cui saremmo usciti soltanto a metà degli anni Ottanta.

Eppure, il peggio doveva ancora venire, con la caduta dello scià dell'Iran e la rivoluzione islamica che paralizzò temporaneamente la produzione di greggio di uno dei principali esportatori di petrolio al mondo. Se nel 1974 il prezzo del barile era quadruplicato rispetto all'anno precedente, nel 1980 arrivò a decuplicarsi (grafico 5.2). Ulteriore isteria collettiva e ulteriori misure restrittive negli Stati Uniti, incluse la chiusura delle scuole per risparmiare sul riscaldamento e la riduzione della velocità su tutte le autostrade, nonché tessere di razionamento pronte a entrare in circolazione (anche se poi non si giunse mai a farlo).

---

[5] In Spagna, periodo politico compreso tra il 1975 e il 1978, caratterizzato dal passaggio dal regime dittatoriale del generale Franco alla monarchia costituzionale. (N.d.T.)

Nel 1979, Jimmy Carter fece installare i pannelli solari sul tetto della Casa Bianca. Ma la reazione degli Stati Uniti non si limitò ad aumentare il risparmio e a prendere in considerazione l'impiego di energie alternative. Nel gennaio 1980, Carter dichiarò che qualunque ingerenza negli interessi petroliferi degli Stati Uniti nel Golfo Persico sarebbe stata considerata un attacco contro gli interessi vitali del suo Paese e, di conseguenza, "moralmente equivalente a una dichiarazione di guerra". Con questo proclama il presidente della nazione più potente della Terra formalizzava la possibilità, concretizzata un decennio più tardi in Iraq, di intervenire militarmente in altri Paesi sovrani per garantirsi l'approvvigionamento di greggio.

Gli anni Ottanta furono il decennio del calo dei consumi. La brusca frenata imposta dall'Opec interruppe la crescita prodigiosa – o demenziale – di mezzo secolo. Quando la produzione tornò a crescere, a partire dalla metà degli anni Ottanta, lo fece molto più pacatamente. L'Occidente aveva imparato la lezione dell'austerity e la domanda, per la prima volta, era inferiore all'offerta. L'onnipotente mercato si occupò del resto. L'Opec si vide costretta ad allentare la presa e i prezzi calarono fino ad avvicinarsi, verso la fine degli anni Novanta, a quelli antecedenti il 1973.

E, con il calare del prezzo del greggio e la ritrovata prosperità, l'amnesia. La maggior parte delle misure di risparmio energetico introdotte negli anni Settanta viene abbandonata e la spinta allo sviluppo di fonti energetiche alternative si paralizza a causa del loro non essere economicamente competitive. Tornano le "auto-muscolo", travestite da Jeep Cherokee, Range Rover, Nissan Patrol, BMW X5. Con il cherosene a buon mercato le compagnie low cost diventano redditizie e noi europei ci abituiamo allo shopping a Londra, al fine settimana romantico ad Amsterdam, o al turismo culturale mordi e fuggi a Parigi, Madrid o Roma. L'industria automobilistica fiorisce, e con lei gli ingorghi, l'inquinamento, le insopportabili operazioni rientro, i tremilacinquecento morti all'anno solo in Spagna per incidenti stradali. Durante l'amministrazione Reagan, a metà degli anni Ottanta, vengono rimossi i pannelli solari della Casa Bianca, un gesto tanto emblematico e intenzionale (pur con l'intento esattamente opposto) quanto quello di installarli.

Il petrolio nel ventunesimo secolo

Nel 2007 sono stati estratti tremilanovecentocinque milioni di tonnellate di petrolio, al ritmo pazzesco di ottantun milioni di barili al giorno. Il grafico 5.3 mostra la ripartizione per regioni. I Paesi del Golfo Persico sono in testa con la schiacciante cifra di milleduecento milioni di tonnellate (il 31 per cento della produzione totale, di cui il 12,5 per cento circa corrisponde all'Arabia Saudita), seguiti dall'Europa (22 per cento del totale, di cui la metà corrisponde alla Russia) e dal Nord America (15 per cento del totale, di cui il 9 per cento è degli Stati Uniti).

Il fatto che la produzione di petrolio sia controllata da pochi Paesi è stato fonte incessante di problemi e di instabilità fin dalla crisi energetica degli anni Settanta. Nel 2007, l'Opec monopolizzava il 43 per cento della produzione mondiale di greggio e il 62 per cento delle riserve conosciute. Se ci aggiungiamo la produzione della Russia, ci rendiamo conto facilmente che un club ristretto è in grado di tenere

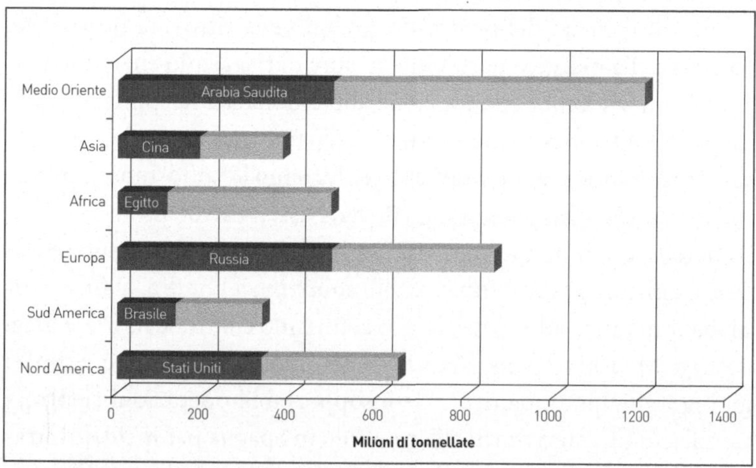

Grafico 5.3 Produzione di petrolio per regioni. Insieme a ciascuna regione si mostra il produttore principale. [BP, 2008]

in scacco il mondo, alzando i prezzi o riducendo la produzione. Dall'altra parte, però, è un gioco pericoloso, come hanno dimostrato le due invasioni dell'Iraq capeggiate dagli Stati Uniti e denominate, giustamente, le guerre del petrolio.

È sufficiente esaminare il grafico 5.4 per capire – ma non per giustificare – l'aggressività statunitense quando c'è di mezzo il petrolio. Questo Paese da solo ingurgita un quarto di tutto il greggio estratto nel pianeta. Tuttavia, la regione asiatica consuma già più oro nero del Nord America (il 30 per cento, a fronte del 29 per cento) a causa della domanda delle economie emergenti, capeggiate dalla Cina ma che, tra gli altri, includono anche India, Indonesia, Thailandia e Singapore. I Paesi europei ne usano un altro 25 per cento. Queste tre regioni consumano quasi l'85 per cento del greggio estratto annualmente da giacimenti che, per la maggior parte, si trovano altrove, vale a dire nei Paesi dell'Opec e in Russia.

La Spagna è un caso tipico. Produce centoquarantamila misere tonnellate, *misere* a paragone dei quasi settanta *milioni* di tonnellate che consuma. Se le sue importazioni di carbone ammontano più o

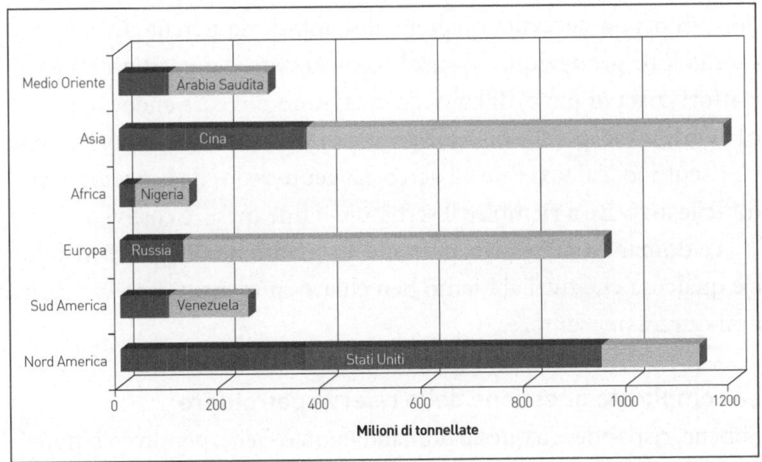

Grafico 5.4 Consumo di petrolio per regioni. Insieme a ciascuna regione si mostra il consumatore principale. [BP, 2008]

meno al 70 per cento del consumo, nel caso del petrolio in pratica arrivano al 100 per cento. Lo prende dai Paesi del Golfo Persico (24 per cento circa), dall'Europa (30 per cento, di cui la metà viene dalla Russia), dall'Africa (27 per cento). Il 20 per cento rimanente proviene dal Messico, dal Venezuela e da altri Paesi. Detto senza giri di parole, il Paese è alla mercé dei capricci dell'Opec e della Russia.

Dall'inizio del millennio il greggio è andato rincarando, raggiungendo verso la metà del 2008 lo storico record di centocinquanta dollari al barile prima di crollare di nuovo a meno di cinquanta dollari. Tuttavia, una delle poche cose su cui tutti gli economisti e gli analisti internazionali sembrano concordare è che questi prezzi bassi non dureranno.

Perché il prezzo del petrolio è tanto importante per l'economia? Una volta che ci si rende conto che ogni mercanzia e ogni passeggero trasportati per terra, mare e aria da un luogo all'altro del globo consumano benzina, gasolio o cherosene, così come lo fanno ogni macchinario agricolo e ogni peschereccio, la risposta è ovvia. E questo senza parlare delle plastiche, dei farmaci, dei pesticidi e di una moltitudine di altri derivati. Il mondo dipende letteralmente da questi ottantun milioni di barili quotidiani per continuare a girare. Se il petrolio aumenta, aumenta necessariamente anche il prezzo dei prodotti di prima necessità quali gli alimentari, sia perché diventa più cara la loro produzione (il gasolio consumato dai pescherecci e dai trattori costa di più e, di conseguenza, sono più care anche le patate e le sardine) sia perché bisogna pagare di più per il trasporto. I servizi ne risentono, dal taxi fino all'aereo. La gente vede che le è sempre più difficile arrivare a riempire il serbatoio a fine mese, e così via.

La domanda successiva, pertanto, è: quanto ne rimane? Perché, se c'è qualcosa che tutti abbiamo ben chiaro in mente, è che la manna non durerà per sempre.

La complicata questione delle riserve petrolifere

Ebbene, rispondere a questa domanda non è facile, per diversi motivi. Tanto per cominciare, non sappiamo esattamente quanti giacimenti rimangono da scoprire. Molto pochi, secondo i più pessimisti [Campbell e Laherrère, 1988]; tanti quanti ne abbiamo scoperti fin qui, secondo gli ottimisti [USGS, 2000]. Quel che è peggio, non sappiamo esattamente quanto petrolio potrà essere *recuperato* dai suddetti giacimenti. Come abbiamo già spiegato, un pozzo non viene abbandonato quando è "asciutto", ma quando continuare a sfruttarlo non è più redditizio. D'altro canto, l'impiego di tecniche innovative quali la perforazione trasversale, capace di aprire pozzi laterali a partire da quello principale e di aumentare così la quantità di greggio che è possibile estrarre da un pozzo, potrebbe far diventare redditizio domani quello che non lo è oggi. Analogamente, se il prezzo del greggio è molto alto le compagnie hanno più interesse a spremere i giacimenti fino all'ultima goccia rispetto a quanto convenga loro se i prezzi sono così bassi che il costo di estrarre l'ultimo 10 o 20 per cento è superiore ai profitti. Il risultato è che "le riserve accertate" (vale a dire la quantità di petrolio considerata economicamente recuperabile) sono una quantità difficile da stimare. E, come se non bastasse, interviene anche la politica. In alcuni Paesi, come per esempio gli Stati Uniti, le riserve di greggio sono di dominio pubblico. In altri, che oltretutto sono i maggiori produttori al mondo (Arabia Saudita, Russia, Iran), queste riserve sono un segreto di stato e non tutti gli esperti ritengono affidabili le cifre rese pubbliche.

I dati relativi alle riserve di petrolio sono ancora più preoccupanti di quelli sulla produzione. I Paesi del Golfo Persico detengono il 62 per cento delle riserve (grafico 5.5). In termini di numero di anni, *al*

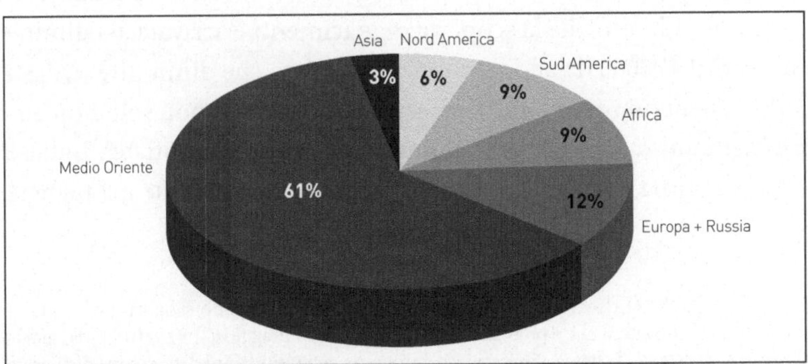

Grafico 5.5 Distribuzione delle riserve di petrolio per regione. [BP, 2008]

ritmo attuale di consumo, il Medio Oriente potrebbe soddisfare la sete di greggio mondiale per un po' più di un quarto di secolo, mentre nessun'altra regione arriverebbe nemmeno a un lustro. Inoltre, l'estrazione di petrolio in questi Paesi è a buon mercato, vale a dire meno di due dollari al barile, a confronto degli otto o dieci dollari che costa estrarre un barile nel Mare del Nord [IEA, 2002].

Non solo l'Arabia Saudita è il maggior produttore mondiale, quindi, ma possiede anche le riserve più ingenti (trentaseimila milioni di tonnellate, il 21,3 per cento delle riserve mondiali, sufficienti per alimentare il mondo nei prossimi dieci anni). Si trova lì il maggior giacimento mai scoperto, Ghawar, che contiene quasi il 7 per cento delle riserve conosciute del pianeta. In tutto, il Paese conta su più di sessanta pozzi petroliferi, anche se al momento ne sta venendo sfruttata solo una manciata. In compenso, il suo consumo annuo è di meno di cento milioni di tonnellate, solo un 20 per cento in più dei quasi ottanta milioni di tonnellate consumati dagli spagnoli in un Paese che, a tutti gli effetti, manca di petrolio.

Quanto petrolio rimane da scoprire?

È possibile che esista un altro Ghawar sotto la tundra siberiana, i ghiacci dell'Antartide o le sabbie di un qualche mare remoto? Le opinioni in merito sono discordi.

Per molti esperti [Deffeyes, 2005; Campbell e Laherrère, 1988] non c'è praticamente quasi più nulla da trovare. I loro ragionamenti si basano sul fatto che la scoperta di giacimenti è arrivata al culmine intorno al 1960 e, da allora, non ha fatto altro che diminuire. Questi autori ritengono anche che le riserve totali esistenti non solo non aumenteranno ma, molto probabilmente, sono state gonfiate[6]. In base a queste stime, la quantità totale di petrolio recuperabile nel pianeta

---

[6] Ricordiamo che le riserve possono aumentare senza che vengano scoperti nuovi giacimenti, se si considera che è possibile estrarre in modo vantaggioso più petrolio dai giacimenti già esistenti. Tuttavia, l'improvviso aumento negli ultimi anni delle riserve dichiarate di alcuni Paesi quali l'Iran non parrebbe corrispondere ad altro che a manovre "politiche".

è di circa duecentomila milioni di tonnellate, delle quali è già stata estratta approssimativamente la metà.

Al contrario, uno degli studi geologici più importanti degli ultimi tempi, l'USGS[7] [USGS, 2000], stima che la quantità di petrolio ancora da scoprire sia di centomila milioni di tonnellate, ovvero tanto quanto quello già estratto dal suolo. Aggiungendo a questo la previsione secondo cui le riserve esistenti (centosessantamila milioni di tonnellate) aumenteranno fino a duecentomila milioni nei prossimi decenni (grazie al miglioramento delle tecniche di estrazione del greggio e all'aumento dei prezzi, due fattori che consentiranno di sfruttare fino all'ultima goccia giacimenti che oggi vengono abbandonati perché economicamente non vantaggiosi), in totale l'USGS stima una quantità complessiva di petrolio recuperabile di quattrocentomila milioni di tonnellate, di cui sarebbe stato estratto solo il 25 per cento.

Infine, vanno considerate le cosiddette "riserve non convenzionali" di petrolio, di cui qui menzioneremo solo le più importanti. Si tratta dei grandi bacini di sabbie bituminose concentrati in Canada e Venezuela. Questi depositi si formano quando un giacimento di greggio emerge in superficie dopo essersi formato, cosicché gli idrocarburi più leggeri evaporano lasciando un residuo quasi solido di catrame. In un certo senso si tratta di un giacimento mancato, un semplice premio di consolazione nella gara geologica il cui trofeo è un campo di petrolio convenzionale. Di fatto, le regioni di Athabaska e Cold Lake, in Canada, un giorno hanno immagazzinato tanto petrolio quanto dieci Ghawar. Lo stesso è accaduto nella cintura dell'Orinoco e nella zona di Maracaibo, in Venezuela.

Lo studio dell'USGS [USGS, 2000] stima che di queste immense quantità di catrame all'incirca un 10 per cento sia estraibile con le tecniche disponibili oggigiorno, il che implicherebbe che il Canada e il Venezuela passerebbero a disporre ciascuno di riserve equivalenti a quelle dell'Arabia Saudita. Niente male come premio di consolazione, sempre che in futuro sia effettivamente fattibile ottenerne petrolio a prezzi

---

[7] Acronimo dell'inglese U.S. *Geological Survey*.

ragionevoli. La tecnica che si utilizza per estrarre il greggio dai depositi di Athabaska consiste nell'iniettare vapore ad alta pressione e temperatura così da scaldare il catrame fino al suo punto di liquefazione. Per far questo sono necessarie enormi quantità di acqua e di gas naturale, risorse a loro volta scarseggianti. Un altro problema legato allo sfruttamento di questi bacini bituminosi è quello dell'impatto ambientale. Nonostante tutto, il prezzo del greggio non convenzionale canadese inizia a essere competitivo, nell'ordine dei dieci dollari al barile, non molto più caro di quello che si ottiene nel Mare del Nord.

Vent'anni non sono niente

Alle incertezze associate alla produzione di petrolio vanno poi aggiunte le preoccupazioni legate al suo consumo. Da un lato c'è il gigante nordamericano, che si sbaffa un quarto di tutto il greggio mondiale, il che include la sua ancora notevole produzione e importazioni sempre più abbondanti. I suoi trecento milioni di abitanti consumano novecentoquarantatré milioni di tonnellate all'anno, vale a dire più di tre tonnellate pro capite. Dall'altra parte ci sono i Paesi europei e il Giappone, che consumano circa una tonnellata e mezzo pro capite, ovvero la metà degli Stati Uniti (grafico 5.6). La Cina, a

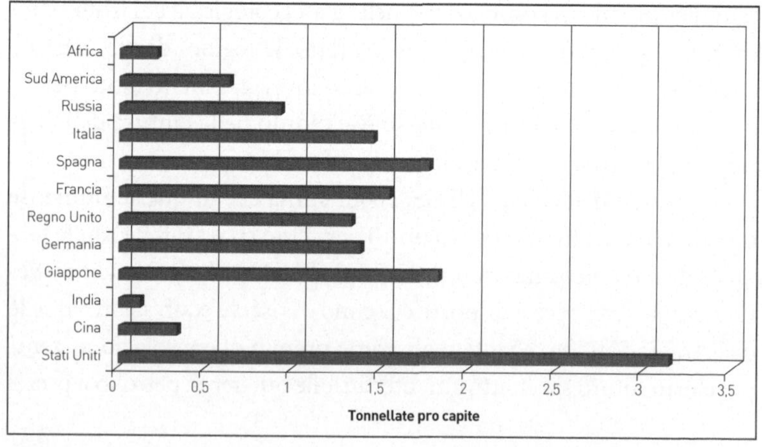

Grafico 5.6 Consumo di petrolio pro capite in vari Paesi del mondo. [BP, 2008]

sua volta, si arrangiava con il petrolio che produceva lei stessa fino al 1995, data in cui il suo consumo di petrolio, così come quello del carbone, sale alle stelle, fino ad arrivare, oggigiorno, a superare i trecentocinquanta milioni di tonnellate.

Sale alle stelle? La Cina ha milletrecento milioni di abitanti, il che implica che il suo consumo pro capite nel 2007 è stato la miseria di 0,27 tonnellate a testa. Ancora più basso è il consumo in India, così come quello dell'intera Africa (Sudafrica escluso).

Che succede se un Paese di milletrecento milioni di persone si industrializza a livelli simili a quelli del mondo sviluppato? I cinesi non solo aspirano ad avere luce, riscaldamento ed elettrodomestici nelle loro case (desideri che li hanno trasformati in Gargantua per quanto concerne il consumo di carbone), ma addirittura desiderano anche avere l'automobile, sogno per ora ancora fuori dalla portata della maggior parte della popolazione. Negar loro questo diritto, mentre noi in Occidente dipendiamo sempre più dalle nostre autovetture, è pura ipocrisia. Accettarlo fa rizzare i capelli, soprattutto quando al conto dei barili bruciati aggiungiamo indiani e pachistani. Se le previsioni pessimiste sono corrette, ai ritmi di consumo attuali ci rimane greggio per una quarantina d'anni. Se però calcoliamo che i cittadini delle cosiddette economie emergenti (più di duemilacinquecento milioni) hanno diritto a consumare anche solo una tonnellata a testa (ovvero il 50 per cento in meno di quanto consumiamo noi nei Paesi europei e un terzo di quanto consumano gli statunitensi), allora il consumo aumenta di duemila milioni di tonnellate all'anno. Se aggiungiamo ottocento milioni di africani arriviamo quasi a raddoppiare il ritmo forsennato di estrazione del greggio, il che, a sua volta, ridurrebbe le riserve a un paio di decenni. E, come dicono le parole di un famoso tango, "Vent'anni non sono niente".

È finita la festa?

Che cosa accadrebbe se ci fosse una nuova crisi, non causata da ragioni "politiche" (se è giusto definire così le manipolazioni dell'Opec) ma da una scarsità di petrolio a livello mondiale? È questo il tema di numerosi libri recenti, alcuni molto sensazionalistici come *La festa è finita* [Heinberg, 2004] la cui tesi centrale è che la progressiva disparità tra la domanda crescente e la produzione calante si tradurrà in una crisi mondiale dalle conseguenze devastanti.

D'altro canto, Heinberg non si inventa certo niente di nuovo[8]. Dalle crisi degli anni Settanta le analisi pessimiste, più o meno rigorose, sono abbondate. Il denominatore comune è l'ipotesi che la produzione mondiale di greggio (così come quella di gas naturale e forse anche quella di carbone) segua una campana di Gauss, vale a dire che cresce all'inizio, raggiunge un massimo e, a partire da lì, inizia a decrescere allo stesso ritmo con cui era cresciuta prima di giungere all'apice. Questa ipotesi è nota come la "teoria del picco del petrolio" o, più spesso, come "teoria di Hubbert", in onore del geofisico statunitense Marion King Hubbert (1903-1989) che predisse correttamente [1956] che la produzione globale di petrolio negli Stati Uniti avrebbe raggiunto il proprio picco tra la fine degli anni Sessanta e l'inizio degli anni Settanta e che, da quel momento, avrebbe iniziato a scendere. Il grafico 5.7 mostra come, in effetti, la produzione statunitense di greggio possa essere approssimativamente rappresentata da una curva gaussiana. La teoria di Hubbert afferma che la produzione mondiale di petrolio seguirà lo stesso andamento.

L'apice di una campana di Gauss viene raggiunto esattamente a metà dell'area coperta dalla curva (essendo simmetrica, la parte sinistra della campana è identica alla destra). L'area totale, a sua volta, corrisponde alla quantità di petrolio recuperabile nel pianeta. Secondo gli autori più pessimisti abbiamo già consumato quasi la metà del totale recuperabile, il che implica che ci troviamo esattamente all'apice della campana.

Che cosa accadrà, dunque? Se il picco viene superato in una determinata regione, come per esempio è accaduto negli Stati Uniti, si può far ricorso alle importazioni di petrolio per compensare la cre-

---

[8] Nemmeno il titolo del libro (*The party is over*, nella versione inglese originale), che ha preso in prestito dal filosofo Schumacher.

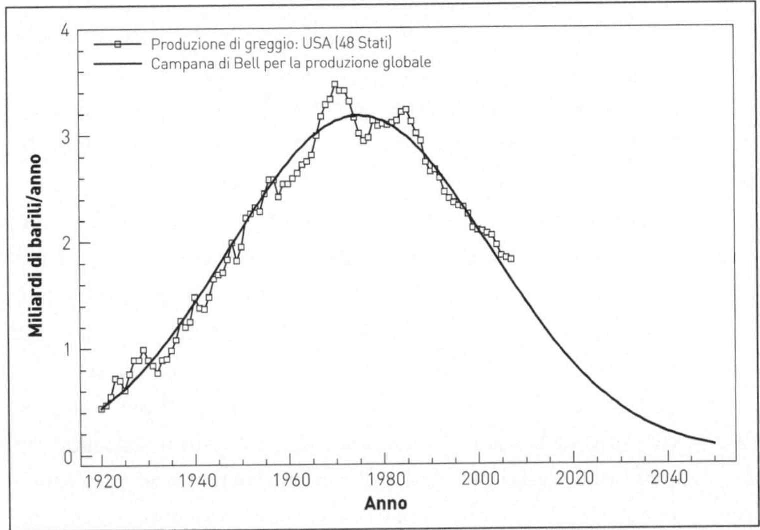

Grafico 5.7 Produzione di greggio negli Stati Uniti dal 1920 al 2007 [IEA, 2008], unito alla curva di Bell prevista in base alla teoria di Hubbert

scente differenza tra domanda e produzione (che poi è esattamente ciò che sta succedendo nel Nord America). Ma da dove importeremo il greggio quando verrà raggiunto il picco *mondiale* del petrolio?

Da qui, ecco la risposta pessimista: ogni anno che passa, la differenza tra la domanda e la produzione aumenta. I prezzi del petrolio salgono alle stelle, e l'inflazione con loro. La penuria crescente colpisce i trasporti, il che si traduce in supermercati sforniti e code lunghissime ai distributori di benzina. Isteria collettiva e restrizioni: una situazione caotica come quella vissuta nel 1972 e nel 1979, ma questa volta *sul serio*.

Secondo alcuni autori, come il succitato Heinberg, la fine della civiltà industriale è inevitabile. La scarsità di greggio e la sua disuguale distribuzione provocheranno nuove "guerre del petrolio" (di cui abbiamo già avuto degli esempi significativi con le invasioni dell'Iraq). Le città, prive di cibo a causa del collasso dei trasporti e prive di elettricità per il crollo delle reti elettriche, si trasformeranno in trappole per topi. I ricchi si mureranno in nuovi feudi, circondati dai propri vassalli, dalle armi e dalle rare taniche di benzina rimaste. In poche parole, *Mad Max.*

Quel che è certo è che la crisi equivalente nel secolo diciassettesimo (un Heinberg dell'epoca avrebbe dipinto un mondo devastato, senza un solo albero, in cui i sopravvissuti alle mattanze si aggirano morti di fame e di freddo) non arrivò mai ad attuarsi grazie al carbone, e i più ottimisti ritengono che, lungi dall'aver consumato la metà del petrolio del pianeta, ci rimanga ancora un 80 per cento di capitale, forse anche di più se includiamo le fonti non convenzionali, il che ci darebbe, in ogni caso, il tempo di mettere a punto delle alternative.

A mio parere, i difensori a oltranza della teoria del picco del petrolio esagerano sia la sua imminenza sia le sue possibili conseguenze. A differenza dell'elettricità, di cui la nostra società non può fare a meno neanche per un istante, il petrolio è una risorsa abbastanza flessibile, come è stato dimostrato durante le grandi crisi degli anni Settanta e la successiva depressione degli anni Ottanta che, in un certo qual modo, sono state una simulazione dell'arrivo – o, meglio, del *non* arrivo – del famoso picco del petrolio. Quando l'Opec ha artificialmente ridotto la produzione, il consumo, dopo un momento di panico e di scompiglio, ha iniziato a calare e, con lui, i prezzi alti e l'inflazione. È lecito presumere che, quando le riserve di petrolio inizieranno a scarseggiare, verrà a crearsi una situazione simile. Il risultato sarà probabilmente l'ennesima crisi, però il rialzo dei prezzi del greggio da una parte spronerà a ridurre i consumi e dall'altra sarà uno stimolo a incentivare lo studio e lo sfruttamento di risorse non convenzionali.

D'altro canto, le argomentazioni di esperti quali K. Deffeyes [2005] o C. Campbell o J. Laherrère [1988] non sono per niente futili e ci ricordano che, comunque vada, la fine del petrolio a buon mercato è dietro l'angolo. Dobbiamo capire che il consumo mondiale è talmente elevato (e, quel che è peggio, sta aumentando in maniera rapidissima da quando anche la Cina, l'India e le altre economie emergenti si sono unite alla festa) che, anche raddoppiando le riserve esistenti, tutto ciò di cui disponiamo sono al massimo altri venti anni.

Pare inevitabile che più petrolio scopriamo e più ne divoreremo, dilapidando a tutta velocità qualunque surplus.

Fino a ora[9], le profezie catastrofiste si sono dimostrate false e i prezzi attuali del petrolio, al momento (inizio 2009) inferiori ai cinquanta dollari al barile, sono, curiosamente, una delle poche notizie positive in piena crisi globale. Ma è meglio non illudersi. La transizione dalla biomassa al carbone ha richiesto più di un secolo per giungere a compimento, e non ci sono ragioni per supporre che la transizione dal petrolio a un'alternativa (che ancora non esiste se non nella nostra immaginazione, come la famosa *economia dell'idrogeno*) si possa compiere nei tempi rapidi di cui abbiamo bisogno. Forse non dovremmo scordare che la manna non durerà per sempre.

---

[9] Ricordiamo che il libro è stato scritto nel 2009 (N.d.T.)

6. Fiamma sacra

Secondo la leggenda, un capraio trovò una fiamma sacra che scaturiva dal terreno. Intorno a questa fiamma venne eretto un tempio in cui viveva un'indovina che riusciva a vedere il futuro nei disegni del fuoco. Questa profetessa venne chiamata l'oracolo di Delfi.

Fuochi fatui

La fiamma del Monte Parnaso da cui ebbe origine il tempio dell'oracolo di Delfi non era l'unica emanazione spontanea di gas naturale conosciuta nell'antichità. Nelle antiche India, Persia e Cina già si conosceva l'esistenza di questi fuochi fatui, e anche allora si era soliti attribuire loro origini soprannaturali, almeno fino al 500 a.C., anno in cui i cinesi costruiscono i primi gasdotti della storia (con tubi di bambù!) bruciando sul tempo l'Occidente di millenni, come per tante altre invenzioni.

Negli Stati Uniti, l'esistenza di fonti naturali di gas è attestata dal 1626, allorché i francesi che stavano esplorando la regione del lago Erie videro le tribù native accendere dei fuochi in prossimità di fughe di gas intorno al lago stesso. Di fatto, lo stesso pozzo scavato da Drake nel 1859 non produceva solo petrolio ma anche gas naturale, che venne sfruttato costruendo un gasdotto di circa nove kilometri dal giacimento fino a Titusville. Per quanto rudimentale, questo primo impianto dimostrò la fattibilità di sfruttare la risorsa. Nonostante la falsità dei suoi galloni, non si può negare a Drake il merito di aver fatto nascere simultaneamente l'era del petrolio e quella del gas naturale.

Qualche anno più tardi, nel 1885, Robert Bunsen inventò il suo famoso *becco*, un congegno capace di miscelare gas naturale e aria nella giusta proporzione così da produrre una fiamma azzurra, poco lu-

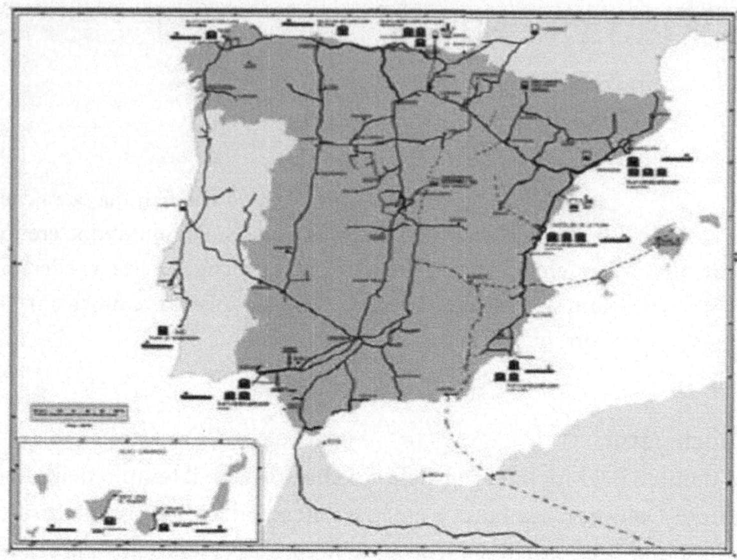

Figura 6.1 Mappa dei gasdotti spagnoli. [Foro Nuclear, 2008]

minosa, molto calda e regolabile (incorporando al gas più o meno aria), utilizzabile in sicurezza per cucinare e per riscaldare, apparato su cui sono basati tutti i moderni dispositivi a gas.

Il gas naturale è, in molti sensi, un combustibile migliore del carbone e del petrolio, però il suo trasporto su lunghe distanze pone un problema importante. Il modo più economico di farlo è tramite gasdotti, costituiti da tubi d'acciaio o in fibra di carbonio, in cui il gas può venire trasportato (compresso) per migliaia di kilometri. Nella figura 6.1 si vede la rete nazionale di gasdotti in Spagna. Una delle ramificazioni principali arriva direttamente dall'Algeria, attraverso lo stretto di Gibilterra, soluzione applicabile quando si tratta di pochi kilometri di linea sottomarina. Gli altri rami nascono da città portuali, alle quali il gas arriva in forma liquida.

La costruzione di gasdotti su vasta scala non è iniziata fino al 1920 e per completarla ci sono voluti circa quattro o cinque decenni. Il trasporto intercontinentale via mare, tuttavia, deve avvenire tramite navi enormi, simili a petroliere. Perché questo avvenga è necessario prima convertire il gas naturale in liquido, o GNL[1], poiché in forma gassosa occuperebbe troppo spazio. Nel porto d'arrivo, pertanto, devono essere costruiti grandi impianti rigassificatori connessi alla rete dei gasdotti.

Il processo di liquefazione del gas è dispendioso dal punto di vista energetico e, di conseguenza, alza il prezzo della risorsa, effetto a cui contribuiscono anche gli alti costi delle imbarcazioni che devono trasportare il gas in enormi serbatoi criogenici, a una temperatura di -162°C (il punto di ebollizione del gas) o inferiore.

Il processo non è esente da rischi. Nel 1944 a Cleveland, in Ohio, l'esplosione di un impianto di stoccaggio di gas naturale ha ucciso centoventotto persone e ne ha ferite molte di più. Nel 2003, l'esplosione di un impianto di liquefazione in Algeria è costata la vita a ventisette persone. Uno studio recente realizzato nel laboratorio nazionale Sandia, negli Stati Uniti [Svensen et al., 2004], è giunto alla conclusione che l'esplosione risultante da una fuga su una metaniera potrebbe causare un disastro di grandi proporzioni. Oltre al rischio di incidenti, queste navi costituiscono anche un evidente bersaglio per i terroristi.

Suona familiare? Sono le vecchie argomentazioni utilizzate contro l'energia nucleare (rischio di incidenti gravi dimostrato da catastrofi passate, complessità di trasporto, possibilità di attacchi terroristici), solo che nel caso del gas naturale non si è soliti richiamare l'attenzione dell'opinione pubblica su questi disastri, reali quanto quelli legati alle sciagure avvenute nelle miniere di carbone, agli incendi nei pozzi petroliferi, ai naufragi delle superpetroliere e a tutta una lunga serie di disgrazie collegate al conseguimento e al trasporto dei combustibili fossili. Parte degli incidenti si potrebbe evitare apportando delle migliorie nelle misure di sicurezza che, senza dubbio, dobbiamo esigere dai governi e dalle aziende, come di fatto è avvenuto nel caso delle centrali nucleari, una delle attività più regolate e controllate di tutta l'industria mondiale. C'è però una certa componente di rischio che qualunque società deve assumersi se desidera beneficiare degli enormi flussi di energia gestiti dalla nostra società. Che si tratti di tra-

---

[1] Dalle iniziali di Gas Naturale Liquefatto.

sporto di persone e mercanzie su strada, ferrovia o via aria, o di sfruttamento dei combustibili fossili o di altre energie alternative, si possono e si devono esigere la minimizzazione del rischio e il monitoraggio continuo e serrato dello stesso (due esempi sono l'aviazione civile e la sorveglianza delle centrali nucleari). Però pretendere il rischio zero è chiedere qualcosa di impossibile.

Il gas naturale nel ventunesimo secolo

Nel corso degli ultimi tre decenni, la domanda mondiale di gas naturale è cresciuta molto più rapidamente di quella di carbone o di petrolio. Questo fenomeno è stato chiamato "la corsa al gas" (*the dash for gas*) e le ragioni per cui è avvenuto non sono certo sorprendenti. Si tratta di un combustibile pratico ed economico per gli usi domestici (cucina e riscaldamento), di facile distribuzione (una volta che si dispone della rete di trasporto) e pulito, in grado di bruciare con un alto valore calorifico e senza lasciare odori, residui o inquinanti. Questi stessi motivi, uniti al fatto che rilascia la metà di CO_2 per unità di energia prodotta rispetto al carbone, lo rendono ideale come combustibile per gli impianti termici per la produzione di energia elettrica, tra cui le cosiddette centrali a ciclo combinato a gas naturale (CCGT). Gli impianti termici a gas naturale sono più economici da costruire di quelli a carbone o nucleari e, per di più, sono perfetti per seguire il "picco di domanda". Questa necessità è particolarmente marcata in Paesi come la Spagna, in cui l'energia eolica comincia a ricoprire un ruolo significativo nella produzione di corrente elettrica. Come vedremo nel capitolo 12, uno dei limiti principali di questa energia (e, in generale, di tutte le energie rinnovabili) è la sua *intermittenza*, vale a dire il fatto che è disponibile solo *a volte*, cosicché si deve necessariamente compensare con "centrali di riserva" che rimpiazzino gli aerogeneratori quando non c'è abbastanza vento. Queste centrali, spesso, sono di tipo CCGT.

Produzione e consumo

I grafici 6.1 e 6.2 illustrano la produzione e il consumo di gas naturale per regioni geografiche. Lo sbilanciamento tra Paesi produttori

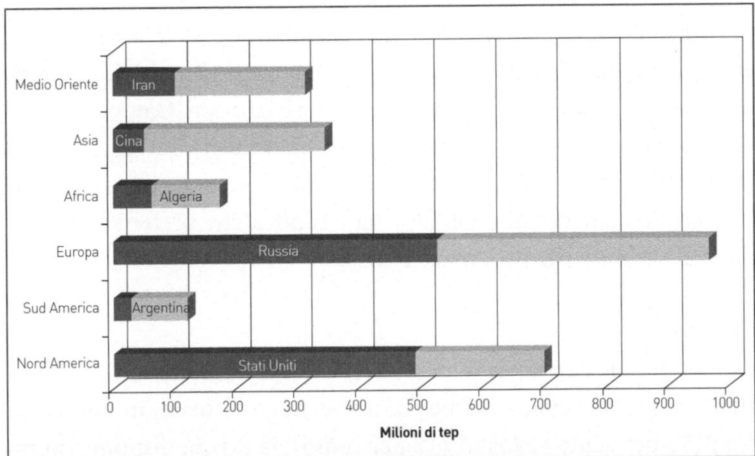

Grafico 6.1 Produzione mondiale di gas naturale per regioni, insieme al maggiore produttore. [BP, 2008]

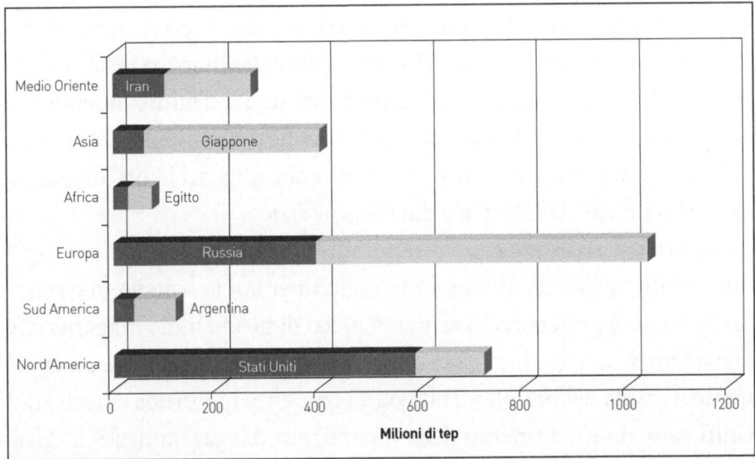

Grafico 6.2 Consumo mondiale di gas naturale per regioni, insieme al maggiore consumatore. [BP, 2008]

e consumatori è molto meno forte nel caso del gas naturale di quanto non lo fosse nel caso del petrolio. Gli Stati Uniti mostrano la solita ghiottoneria, però sono anche il secondo produttore mondiale, non molto distanti dalla Russia che, da parte sua, non solo è in testa alla produzione, ma è anche un vorace consumatore. In generale, i Paesi che dispongono di grandi riserve di gas naturale (Russia, Stati Uniti) o che si trovano vicini a grandi produttori (Europa, Giappone) tendono a servirsi generosamente di questa risorsa che, invece, interessa meno (tra le altre cose per le difficoltà di trasporto e i prezzi elevati) a economie emergenti quali la Cina e l'India, che preferiscono affidarsi al carbone per produrre elettricità.

Riserve

Come succede con il petrolio, le riserve di gas naturale sono concentrate nel Golfo Persico (41 per cento) e, in particolare, in due Paesi, Iran (15 per cento) e Qatar (15 per cento); la Russia dispone inoltre del 25 per cento delle riserve totali. Più della metà della futura produzione di gas naturale dipende, pertanto, da tre Paesi di cui uno è una superpotenza e un altro è stato, ed è tuttora, un focolaio di conflitto internazionale. Al contrario, le riserve del Nord America sono scarse (5 per cento), così come lo sono quelle dell'Europa (escludendo la Russia). Ciò implica che in futuro ci sarà una maggiore dipendenza da una manciata di Paesi produttori, nonché un aumento del traffico marittimo di gas naturale liquefatto allorché gli Stati Uniti dovranno importare il gas dall'Africa e dal Golfo Persico.

Le riserve accertate sono più grandi di quelle di petrolio e si aggirano su un ordine di sessant'anni, ragion per cui la scarsità di gas naturale (o, se si preferisce, lo zenit o il picco di produzione massima che segna l'inizio del declino) è posticipata, *a priori,* di due o tre decenni rispetto a quella del petrolio. Tuttavia, la tendenza in Europa e negli Stati Uniti va verso un aumento della dipendenza dal gas naturale, a causa di diversi fattori: è un'eccellente alternativa al carbone per produrre energia elettrica con minori emissioni di CO_2, il suo prezzo è ancora abbastanza basso da permettergli di essere concorrenziale quando si tratta di consumo domestico e le centrali CCGT sono necessarie per compensare la bassa efficienza delle risorse eoliche. D'altro canto, il 2009 è iniziato ricordando a tutta Europa che la Russia possiede la chiave che apre o chiude il rubinetto di questa preziosa risorsa.

Per esempio, la Spagna, ovviamente, deve importare praticamente tutto il gas naturale che consuma. La strategia spagnola di costruire impianti di rigassificazione collegati alla rete nazionale di gasdotti permette di importare il gas naturale via mare, fondamentalmente dall'Algeria ma anche da Paesi del Golfo Persico, dalla Nigeria, dall'Egitto e dalla Libia, insieme a una piccola parte proveniente dalla Norvegia. Di conseguenza, la Spagna è uno dei pochi Paesi europei che non dipendono dal gas russo. Un'ottima idea.

Per quanto riguarda il prezzo del gas naturale, negli ultimi decenni ha continuato a salire. È difficile che tale tendenza si inverta, in futuro, dati la maggiore concentrazione delle riserve (il che dà vita a un monopolio che permette a un club ristretto di controllare il prezzo, così come al giorno d'oggi fanno i Paesi dell'Opec) e il maggior costo implicato dal trasporto marittimo e dalla costruzione di impianti di liquefazione e rigassificazione. Non esattamente un panorama incoraggiante.

7. A bordo del *Nautilus*

C'è un agente pieno di potenza, obbediente, rapido, sbrigativo, che si piega a tutti gli usi e regna da padrone a bordo della mia nave. Tutto vien fatto grazie a lui. Mi illumina, mi riscalda, è l'anima di tutti i miei apparecchi meccanici. Questo agente è l'elettricità.

Julio Verne, Ventimila leghe sotto i mari[1]

La Terra al buio

Alcuni mesi fa, con un gruppo di amici abbiamo organizzato un'escursione astronomica al Pico del Buitre (sierra di Javalambre, provincia di Teruel). Il programma della spedizione, che annoverava tra i propri membri diversi futuri scienziati con un'età compresa tra i quattro e i nove anni, includeva una notte dedicata all'osservazione amatoriale per mezzo di telescopi portatili.

Il Pico del Buitre è uno dei punti più bui della Spagna (e anche uno dei più freddi, come ricordiamo bene tutti noi che abbiamo trascorso quelle ore antecedenti l'alba osservando le stelle). Ancora più buio è il Roque de los Muchachos, sull'isola di La Palma (Canarie), uno dei siti più importanti per l'osservazione astronomica nell'emisfero boreale.

Non restano più molti luoghi adatti a questo scopo. Il nostro pianeta sembra la piazza di un paesino, la sera della sagra. L'inquinamento luminoso è qualcosa a cui siamo tutti talmente abituati che trascorrere una notte all'aperto *davvero* al buio può arrivare a essere un'esperienza quasi mistica, soprattutto sotto la volta distante ed eternamente misteriosa delle costellazioni.

Eppure quando nacque Thomas Alva Edison (1847-1931), una

---

[1] Julio Verne (1994) *Ventimila leghe sotto i mari*, traduzione di Enrico Lupinacci, Mondadori, pag. 79. (N.d.T.)

navicella extraterrestre che si fosse avvicinata alla Terra – identica a quelle dei romanzi di Isaac Asimov e Arthur Clarke – avrebbe avvistato un pianeta immerso nelle tenebre, le fioche luci a gas che illuminavano le vie delle città troppo deboli per essere individuate.

A Edison dobbiamo il fonografo e, in parte, la lampadina elettrica. Fu anche il primo inventore ad applicare i principi della produzione massiccia e dell'assemblaggio industriale allo sviluppo e alla commercializzazione dei suoi brevetti. Il suo quartier generale a Menlo Park (New Jersey) è giustamente considerato il primo laboratorio di ricerca industriale al mondo.

Come capita spesso con le biografie dei grandi uomini, anche quella di Edison attrae e ripugna allo stesso tempo. È difficile non simpatizzare con il bambino povero e praticamente sordo (probabilmente a causa della scarlattina) che si guadagnava da vivere vendendo caramelle e giornali sui treni che coprivano la tratta Detroit-Port Huron, così come non si può fare a meno di ammirare la miscela esplosiva di talento e di energia che lo portò a fondare quattordici aziende, inclusa niente meno che la mitica General Electric. L'immagine romantica raggiunge l'apice quando ascoltiamo la sua voce che recita, nel fonografo che lui stesso ha inventato, la filastrocca infantile: "Maria aveva un agnellino". La registrazione del 1927 ci restituisce la voce gradevole, un po' rozza, quasi ingenua di un anziano entusiasta e alla mano.

Ma le apparenze, come tutti sanno, ingannano. Thomas Alva, l'industriale, il commerciante, l'avido inventore aveva ben poco di ingenuo. A Menlo Park i suoi dipendenti, ingegneri e specialisti, venivano fatti rigare dritto. Buona parte dei brevetti (che erano sempre a suo nome) era basata sul lavoro realizzato in precedenza da altri ricercatori, come è avvenuto per esempio con la lampadina a incandescenza, di cui esistevano progetti anteriori, sviluppati da inventori quali, tra gli altri, Joseph Swan e William E. Sawyer. Di fatto, tra il 1883 e il 1889 Edison fu invischiato in battaglie legali con Swan per la validità del brevetto, battaglie che si conclusero con la creazione di un'azienda congiunta, la *Ediswan*, per fabbricare e distribuire il prodotto in Inghilterra.

Quel che è certo è che, malgrado il suo valore pratico e iconico (pochi oggetti definiscono il ventesimo secolo meglio della lampadina elettrica), l'invenzione in sé e per sé non garantiva il prodigioso fenomeno dell'elettrificazione. Per avviare la prima rete commerciale di generazione, trasmissione e trasformazione di energia elettrica servivano l'ingegno di un fuoriserie e l'ostinazione di un fanatico, cose di cui il nostro eroe era abbondantemente dotato. Se l'energia elettrica è il genio sempre pronto a esaudire tutti i nostri desideri, Edison è stato l'Aladino capace di catturarla all'interno della lampada.

Le difficoltà che si trovava a dover affrontare avrebbero scoraggiato una qualunque persona meno messianica di lui. Tanto per cominciare, era costretto a produrre elettricità a un prezzo competitivo con l'illuminazione a gas, che all'epoca era già una tecnica matura e ben radicata. Edison e la sua azienda, la General Electric, non avevano a disposizione le formidabili infrastrutture già installate in tutte le grandi città occidentali per produrre e diffondere il cosiddetto *gas di città* che illuminava strade e case. Bisognava letteralmente partire da zero.

Dalla sua c'erano la pulizia, la comodità e la sicurezza dell'energia elettrica. Le lampade a gas producevano enormi quantità di calore, vapore acqueo e acido carbonico, oltre a essere causa di numerosi incidenti (asfissia e frequenti esplosioni dovute alle fughe). D'altro canto, però, bisognava progettare, finanziare, costruire e mettere in funzione tutti gli elementi di una rete elettrica inesistente, a partire dagli impianti generatori per proseguire con la trasmissione (per mezzo di cavi che dovevano essere installati tra gli impianti e i quartieri residenziali o le zone industriali) fino ad arrivare a dei dispositivi elettrici (le lampadine a incandescenza) ignoti alla maggior parte della gente. A tutto questo, poi, andava aggiunto che la rete doveva essere affidabile fin dall'inizio. I blackout frequenti erano iniziati con l'invenzione stessa o, quanto meno, con la nascita della General Electric, il che per decenni rallentò l'avvento dell'elettricità.

Nel 1881, Edison installò una rete elettrica completa (generatori, circuiti di distribuzione e lampadine) nella litografia di Hinds, Ketcham & Company, a New York. La luce elettrica permise di introdurre

Figura 7.1 La dinamo "Jumbo" di Edison, probabilmente installata nella stazione del viadotto di Holborn, Londra, 1882. [Edison National Historic Site]

i turni di notte, cosa fino a quel momento impossibile poiché con la luce a gas non si distinguevano bene i colori. L'anno seguente fu la volta del viadotto di Holborn, a Londra, che poté essere illuminato tendendo i cavi al di sotto del viadotto stesso, senza che ci fosse bisogno di interrarli nelle strade o di innalzare dei pali. La figura 7.1 mostra una delle dinamo "Jumbo" (generatori di corrente continua) dell'azienda, che probabilmente era stata installata in questa prima stazione. Nello stesso anno partiva l'impianto di Pearl Street, a New York, costituito da sei dinamo Jumbo, ciascuna delle quali poteva illuminare circa quattrocento lampadine. All'inizio del 1882, allorché Edison cominciò a portare l'elettricità nel quartiere, la sua stazione era in grado di illuminare più di cinquemila lampadine. Nel 1883, la General Electric perse denaro a causa delle frequenti avarie delle dinamo, ma nel 1884, con oltre diecimila lampadine collegate alla rete, iniziarono i benefici. Era nata una delle maggiori industrie della storia.

L'invenzione di Charles Parsons

A dirla tutta, la prima stazione elettrica era l'incarnazione dello spreco. Le enormi dinamo Jumbo producevano soprattutto calore, cosicché solo una minuscola parte dell'energia proveniente dal combustibile che bruciavano (circa il 5 per cento) finiva trasformata in elettricità. Di conseguenza, servivano quantità ingenti di carbone per produrre una piccola quantità di luce.

Edison aveva inventato la luce elettrica ed era stato capace di concepire un sistema per portare l'illuminazione nelle città, *ma senza innovazioni radicali in grado di garantire un'efficienza di gran lunga maggiore nella trasformazione energetica quel sistema non era realizzabile.* Torneremo a trovarci in una situazione analoga quando esamineremo lo sfruttamento dell'energia solare.

Sorprendentemente, quell'innovazione determinante senza la quale l'elettricità non sarebbe mai arrivata a essere più di un lusso alla portata di pochi ricchi apparve anch'essa in quegli ultimi, prodigiosi decenni del diciannovesimo secolo. Si tratta della turbina a vapore (o turbogeneratore), inventata da Charles Algernon Parsons (1854-1931).

Le origini di Parsons sono molto diverse da quelle di Edison. Figlio del terzo conte di Rosse, educato in seno a una nobile famiglia irlandese ricca, colta e devota alla scienza (William Parsons, il padre, fu un famoso astronomo), studiò dapprima al Trinity College di Dublino, per poi laurearsi in matematica, a Cambridge, con il massimo dei voti, come si confaceva alle sue notevoli capacità e al suo non meno notevole status sociale.

Fortunatamente, il talento non fa distinzione tra le classi sociali. Se Edison aveva trasformato il suo probabile destino (chiunque altro, al suo posto, si sarebbe accontentato di un impiego al telegrafo o in un emporio di prodotti d'importazione), il giovane Parsons fece altrettanto con il suo. Anziché optare per una comoda carriera universitaria, o per il dolce far niente, preferì entrare come apprendista in uno studio d'ingegneria. Senza questa inattesa ribellione, forse non sarebbe mai arrivato alla sua grande invenzione.

Nel 1884, Edison costruì il primo prototipo del suo congegno (attualmente custodito nel Museo della scienza di Londra). La turbina non è altro che un tamburo rotante incassato in una camicia metallica, sulla cui superficie è stata fissata una serie di lamine ricurve (in gergo "palette" o "pale") che scorrono radialmente. A sua volta, la camicia metallica contiene lamine incurvate in direzione opposta, fisse. Il vapore a pressione entra nella turbina e fa girare il tamburo mentre, allo stesso tempo, fluisce assialmente in entrambe le direzioni. Le lamine fisse servono a dirigere il flusso di vapore verso le file successive di lamine mobili che ne vengono spinte, così che il tamburo si muove per "reazione" a questa spinta (da lì il nome "turbina a reazione" e "aereo – con turbine – a reazione"). Infine, un albero collega il dispositivo a un generatore di corrente.

Il primo prototipo era piuttosto rudimentale, eppure l'idea geniale si era fatta metallo. Il resto era ingegneria. Aggiungere un condensatore, migliorare le palette, costruire un apparecchio con migliaia di componenti mobili che funzionasse con assoluta efficacia e sicurezza in condizioni di alta pressione e temperatura: ecco i motori degli aerei civili e i potentissimi generatori elettrici a turbina (figura 7.2), prove tangibili dell'enorme portata di questo marchingegno, uno dei pilastri più importanti (e probabilmente uno dei più ignorati dalle masse) su cui poggia il mondo moderno.

Figura 7.2 Un moderno generatore a turbina in una stazione elettrica, costruito da Siemens

La rete elettrica

Quando il capitano Nemo si rivolge a Pierre Aronnax descrivendogli l'elettricità come il genio che illumina il *Nautilus,* si direbbe che stia parlando direttamente con noi. Come nel meraviglioso sottomarino immaginato da Verne, questo agente onnipresente e potente è alla nostra portata in qualunque luogo: basta solo premere un interruttore. Illumina le nostre case, le riscalda in inverno e le rinfresca in estate. Anima il televisore, la lavastoviglie, la lavatrice, il frigorifero, l'aspirapolvere, il computer, il telefono, la radio. Senza elettricità non funzionerebbe niente (letteralmente) a bordo della nostra informatizzata arca di Noè.

All'inizio degli anni Ottanta, in Spagna non c'erano più di tre o quattro grandi computer – tra cui il famoso UNIVAC dell'allora *Junta de Energía Nuclear,* oggi CIEMAT[2], di Madrid – abbastanza potenti da permettermi di svolgervi i calcoli previsti dalla mia tesi di dottorato. Per comunicare con la macchina usavamo delle schede perforate di cartoncino, ciascuna delle quali conteneva un dato. Il pacchetto poteva essere costituito anche da centinaia e spesso da migliaia di schede, che trasportavamo al centro di ricezione in scatole delle scarpe. Lì, gli operatori dell'UNIVAC le ritiravano rilasciandoci in cambio una ricevuta e un sorriso compassionevole. Un paio di settimane più tardi ce le restituivano, insieme al listato prodotto dal computer. Se tutto andava bene, ottenevamo qualche risultato e il processo veniva ripetuto, ma quasi sempre subentrava qualche *baco.* Un solo errore nella scrittura delle istruzioni FORTRAN (il linguaggio di programmazione con cui comunicavamo con la macchina) significava quindici giorni di lavoro rovinati. Spesso le schede venivano perse, o l'operatore le introduceva nell'ordine sbagliato, o il dispositivo che le inghiottiva si inceppava. Eppure, nonostante tutto ciò ci consideravamo dei privilegiati perché avevamo accesso nientemeno

---

[2] *Centro de Investigaciones Energéticas y Medio Ambientale* (Centro di ricerca per l'energia e l'ambiente). La parola "Nucleare" è sparita, così come è sparita anche dal nome, se non dalla sigla, del CERN (originariamente *Concilio Europeo para la Investigación Nuclear,* Organizzazione europea per la ricerca nucleare, oggi *Laboratorio Europeo de Física de Partículas,* Laboratorio europeo di fisica delle particelle). *Tempora mutantur...*

che a un supercalcolatore, il cui prezzo esorbitante e il cui costosissimo mantenimento (l'apparecchio occupava un piano intero e dava lavoro a un piccolo esercito di tecnici e operai) potevano essere sostenuti solo da istituti potenti come il CIEMAT. E, questo, appena venticinque anni fa. Il piccolo computer portatile con cui sto scrivendo queste righe ha una potenza di calcolo, memoria e velocità che ha portato all'ennesima potenza le capacità di quel bestione. Eppure i due marchingegni, differenti tra loro quanto una diligenza e la navetta spaziale, hanno qualcosa in comune: entrambi hanno bisogno della corrente elettrica per funzionare.

Nel giro di pochi decenni, la Spagna è passata dal Medioevo al Secolo dell'informazione, le linee ADSL ad alta velocità si allargano come una ragnatela raggiungendo milioni di case e non c'è una sola attività che non sia legata a Internet in un modo o nell'altro, al punto che le cose, almeno per quanto riguarda i più giovani, esistono solo se Google le trova. Scrivere una lettera cartacea è un romantico anacronismo; le transazioni bancarie, le prenotazioni di alberghi e voli, il paniere della spesa, gli appuntamenti medici e la dichiarazione dei redditi vengono tutti gestiti tramite la Rete che, a sua volta, è alimentata da quell'energia invisibile che chiamiamo elettricità.

Energia invisibile che viene generata in centrali termiche (a carbone, a gas naturale o nucleari), generalmente lontane dai centri urbani, oppure a partire da fonti rinnovabili (bacini idroelettrici, energia eolica, parchi solari), e poi viene trasportata fino alle case o alle industrie tramite la rete elettrica (figura 7.3).

Si tratta di un sistema complesso e fragile, da cui pretendiamo un funzionamento perfetto ventiquattr'ore al giorno e trecentosessantacinque giorni all'anno. Poche cose alterano la vita quotidiana quanto un blackout eppure, se si pensa a quante migliaia di kilometri di cavi ad alta tensione, all'infinità di stazioni di trasformazione, alle decine di centrali di generazione che devono funzionare in maniera impeccabile, ai temporali, al vento e ai fulmini che possono danneggiare i pali della luce, o causare avarie alle turbine eoliche, sembra quasi un miracolo che questi blackout non si producano. Il problema si aggrava

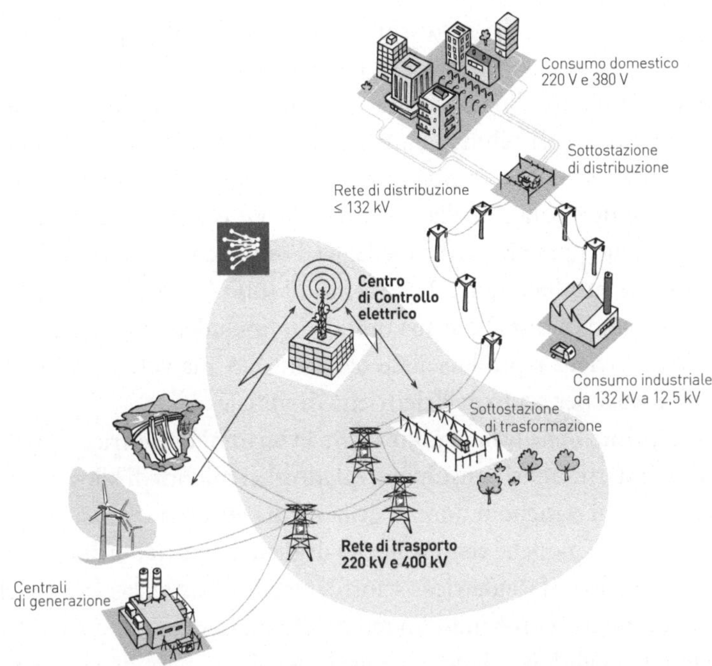

Figura 7.3 Schema di base della distribuzione della rete elettrica spagnola. [REE]

ancor di più se ricordiamo che *la corrente elettrica non può essere stoccata, ma deve essere trasmessa e utilizzata nel momento stesso in cui viene generata*. I grandi impianti non possono servirsi di accumulatori o batterie, a differenza delle automobili e dei sistemi fotovoltaici, poiché sono in grado di conservare solo piccole quantità di energia, e per un tempo molto limitato. L'unico modo pratico di immagazzinare grandi quantità di elettricità consiste nell'utilizzare bacini idraulici di pompaggio (capitolo 12), però nella maggior parte dei Paesi, e sicuramente in Spagna, questa tecnica fornisce riserve molto modeste.

L'elettricità nel mondo

Il grafico 7.1 mostra la produzione di elettricità nel 2007, suddivisa nelle solite regioni ed espressa in unità di terawattora (o, che poi è lo stesso, miliardi di kilowattora). Probabilmente il paesaggio risulta già familiare al lettore. La produzione di elettricità nelle regioni europee e nordamericane è quasi identica, e si aggira intorno ai cinquemilatrecento miliardi di kilowattora per regione. L'Asia, Cina in testa, si posiziona a quasi seimilaquattrocento terawattora, con un'enorme curva di crescita che ricorda quella del consumo di carbone (e che è sicuramente legata a quella), mentre l'Africa e il Sud America si fermano molto più in basso. La medaglia d'oro va come sempre agli Stati Uniti, che producono il 22 per cento di tutta l'elettricità mondiale, un po' meno di tutta l'Europa unita (che, includendo la Russia e l'ex Unione Sovietica, produce il 28 per cento). A sua volta, la Cina fornisce il 16,5 per cento dell'elettricità mondiale.

Il "primo della lista" è noto anche in termini di elettricità pro capite. Gli statunitensi consumano quattordici milioni di kilowattora a persona, più o meno il doppio della media europea e quasi sei volte più dei cinesi, nonché venti volte più degli indiani e trentacinque volte più degli africani (Sudafrica escluso). Ora, è abbastanza evidente che gli statunitensi non hanno un tenore di vita migliore di quello degli spagnoli, degli italiani, dei francesi o dei giapponesi, né parrebbero più felici, longevi, istruiti o buongustai. Eppure consumano il doppio, in quanto a energia elettrica, rispetto agli altri Paesi sviluppati. Pare

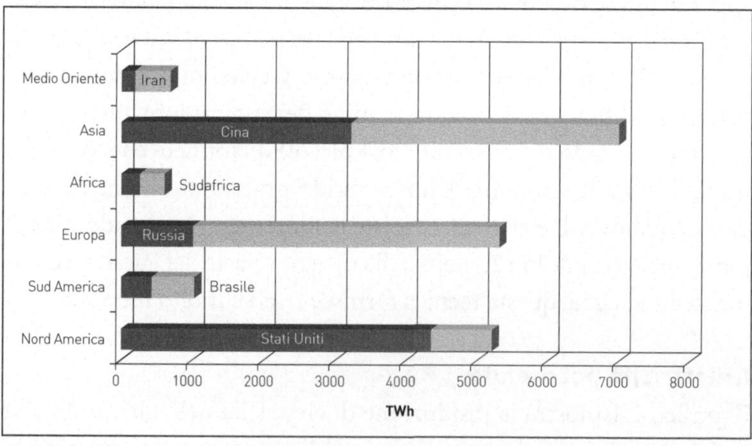

Grafico 7.1 Produzione mondiale di elettricità per regioni, insieme al maggior produttore. [BP, 2008]

quindi che i ragionamenti a favore dell'efficienza energetica non siano da trascurare. Un mondo in grado di cavarsela con 5 MWh a testa (al posto dei quasi 15 scialacquati dagli statunitensi) riuscirebbe a risparmiare in carbone e, di conseguenza, a inquinare meno il pianeta.

Il problema, come già abbiamo visto, arriva dalla seconda parte dell'equazione poiché, se vogliamo essere almeno un minimo onesti, sarebbe giusto concedere quegli stessi 5 MWh ai cinesi (il che significa raddoppiare il consumo elettrico di milletrecento milioni di persone), agli indiani (moltiplicando così per sette l'elettricità a cui hanno diritto altri mille milioni di persone) e agli africani (moltiplicando per oltre dieci l'elettricità attualmente destinata a ottocento milioni di persone).

In altre parole, mettere sulla bilancia un mondo sviluppato *che non sperpera* (4 MWh pro capite, quasi un quarto di quanti se ne consumano attualmente negli Stati Uniti, la metà che in Francia, il 50 per cento in meno che in Spagna) ed *è giusto* (4 MWh pro capite per quasi sette miliardi di persone) porterebbe a un consumo elettrico di quasi 30.000 TWh, più alto di quello attuale del 50 per cento. Di nuovo, l'unica conclusione possibile è che il mondo ha bisogno di più energia di quella che consuma attualmente se aspiriamo a togliere i poveri dalla miseria.

Infine, il grafico 7.2 ci mostra la composizione del mix elettrico (vale a dire la proporzione tra le diverse fonti energetiche primarie nel totale della produzione di elettricità) per i cinque Paesi che consumano più energia elettrica. Come si può vedere, la dipendenza di tutti questi Paesi dai combustibili fossili è molto elevata, con l'unica eccezione del Brasile. Le energie alternative (nucleare e idroelettrica) occupano frazioni similari, che variano tra il 5 e il 20 per cento, mentre il contributo delle rinnovabili è molto basso. Questo ci porta alla domanda chiave che ci poniamo in questo libro: come aumentare l'energia elettrica disponibile (un mondo più giusto) riducendo il consumo della risorsa fondamentale che utilizziamo per produrla, vale a dire i combustibili fossili?

Altrettanto importante è la domanda: quando? Come abbiamo visto, non disponiamo di un tempo illimitato prima che la scarsità di

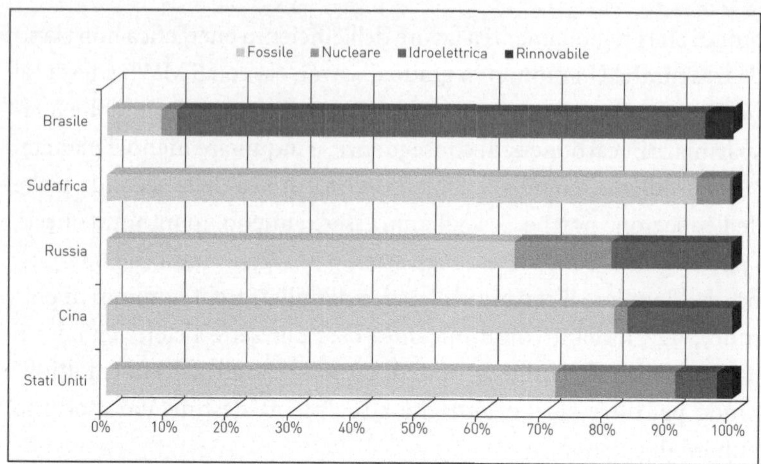

Grafico 7.2 Mix elettrico nei Paesi di maggior consumo elettrico. [EIA, 2008]

petrolio e di gas naturale siano tangibili e il consumo di carbone si traduca in un aumento dell'indesiderabile effetto serra.

L'elettricità in Europa

Come va nella vecchia Europa? Quali formule utilizzano i Paesi sviluppati che ci circondano? Il grafico 7.3 mette a confronto la nostra situazione con quella di alcuni di questi Paesi. La lunghezza totale delle barre corrisponde alla produzione assoluta (in TWh), che si suddivide in quattro categorie: elettricità d'origine fossile, nucleare, idroelettrica e rinnovabile.

Come si può vedere, in ogni Paese la formula è differente, con diversi casi estremi interessanti. Così, per esempio, la Francia produce quasi l'80 per cento della propria elettricità a partire dall'energia nucleare, energia completamente assente in Italia e in Polonia (in cambio di una dipendenza dell'80 per cento dai combustibili fossili nel caso dell'Italia e di quasi il 100 per cento in Polonia). Non ha energia nucleare nemmeno la Norvegia, un Paese la cui energia elettrica è (come quella dell'Uruguay e del Paraguay) quasi completamente di origine idroelettrica. Gli altri Paesi mescolano nel cocktail ingredienti diversi. La Svezia si serve per il 50 per cento del nucleare e per il 50 per

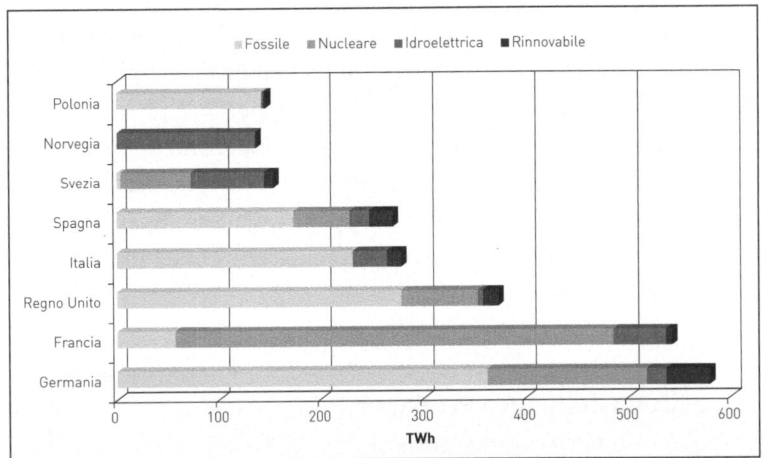

Grafico 7.3 Produzione di energia elettrica in diversi Paesi europei. [EIA, 2008]

cento dell'idroelettrico, mentre la Germania e il Regno Unito scommettono su miscugli simili a quello della Spagna, con un 60-70 per cento di elettricità di origine fossile, un 20-30 per cento di origine nucleare e un 10-20 per cento di rinnovabile, inclusa quella idroelettrica.

Non dobbiamo scordarci, però, che il Regno Unito possiede molto petrolio e gas naturale provenienti dal Mare del Nord, mentre la Polonia può contare su importanti giacimenti di carbone. Da parte loro, la Svezia e la Norvegia beneficiano di impressionanti risorse idroelettriche. La Germania e l'Italia ne hanno meno, e la Spagna e la Francia meno ancora. La Spagna ha bisogno di importare praticamente il 100 per cento del petrolio e del gas naturale che consuma, e quasi il 70 per cento del carbone. La Francia si trova in una situazione simile, ma con ancora meno risorse idroelettriche che, in Spagna, non sono disprezzabili.

Negli anni Settanta, il governo francese riassunse la situazione del proprio Paese con una frase celebre: "Senza gas, senza carbone, senza petrolio: senza scelta". Seguirono quindici anni di potenziamento intensivo dell'energia nucleare e, nel 1990, la Francia produceva l'80 per cento della propria elettricità a partire dall'atomo, riducendo in maniera spettacolare sia le importazioni di carbone sia le emissioni di CO_2.

Al contrario, in Italia le centrali nucleari sono proibite per legge (per quanto questo Paese importi grandi quantità di energia nucleare dalla Francia, energia che, presumibilmente, perde la propria radio-attività quando attraversa la frontiera). I risultati sono un mix dominato dai combustibili fossili e la dipendenza energetica più forte dell'Europa, seguita da vicino dalla Spagna. Questa dipendenza, in particolare dal gas naturale russo, di recente è diventata fonte di non pochi grattacapi nel Paese.

La bolletta della luce in Spagna

Il grafico 7.4 mostra come le diverse fonti di energia primaria si dividono la torta della produzione di elettricità in Spagna. Il 76 per cento circa corrisponde al cosiddetto "regime ordinario", che si applica alla maggior parte dei salti idroelettrici, così come a tutta la produzione termica ad alta potenza, indipendentemente dal combustibile utilizzato (carbone, gas naturale, olio combustibile/gas o nucleare). Il prezzo dell'elettricità nel regime ordinario si fissa in base alle leggi di mercato, mentre quello del "regime speciale" (24 per cento del totale) beneficia di ingenti sovvenzioni pubbliche, la cui formula abituale consiste nel

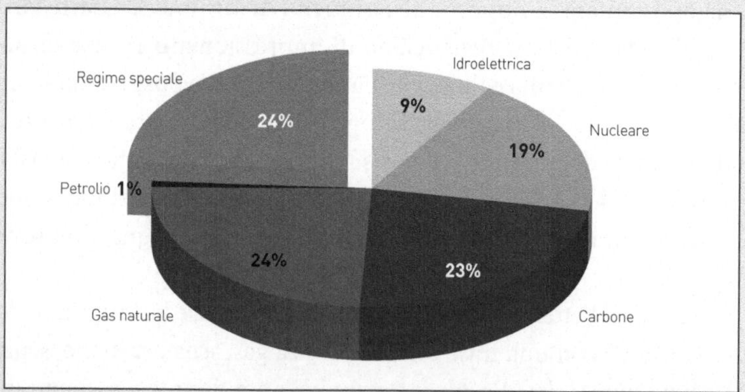

Grafico 7.4 Produzione di energia elettrica nella parte continentale della Spagna. Il "regime speciale" gode di tariffe speciali e comprende tutte le energie rinnovabili, piccoli salti idraulici e la cogenerazione. [REE, 2008]

vendere l'elettricità prodotta a una tariffa prefissata, più alta di quella del mercato. Questo regime si applica a fonti rinnovabili (energia proveniente dal trattamento dei rifiuti, biomassa, idraulica, eolica e solare) così come alle centrali in cui si pratica la "cogenerazione" (produzione simultanea di elettricità e calore utile che può essere usato, per esempio, per il riscaldamento cittadino). Si applica anche ai piccoli salti idraulici.

All'interno del regime speciale, un 14 per cento della produzione elettrica totale proviene dalla cogenerazione, il 9 per cento dall'energia eolica, l'1 per cento dai piccoli salti idroelettrici e meno dello 0,15 per cento dai parchi solari.

Per quanto riguarda il regime ordinario, le centrali termiche si accaparrano il 50 per cento del mix, distribuendolo in maniera più o meno equa tra le centrali a gas naturale e quelle a carbone. L'energia nucleare apporta un rispettabile 19 per cento e quella idroelettrica un altro 9 per cento.

Ricapitolando, tenendo conto del fatto che anche la cogenerazione è di origine termica (è stata inclusa nel regime speciale allo scopo di incentivare installazioni che producano simultaneamente elettricità e riscaldamento), la frazione di mix spagnolo dovuta ai combustibili fossili si attesta intorno al 65 per cento circa, mentre il 35 per cento si deve a energie alternative (nucleare, eolica, idraulica, biomassa e rifiuti), nessuna delle quali rilascia CO_2 o altri inquinanti nell'atmosfera. Nonostante ciò, la nostra dipendenza energetica è tra le più alte in Europa, a causa della scarsità di risorse fossili nel nostro Paese.

Possiamo consumare meno energia elettrica? Be', forse. Però quel che è certo è che una ventina d'anni fa consumavamo *metà dell'elettricità* che consumiamo ora. Il consumo elettrico non ha smesso di crescere anno dopo anno, nonostante le crisi economiche degli anni Settanta e Ottanta. Ciò che sta diminuendo, fortunatamente, è il tasso di crescita di questo consumo, che è passato dal 7 per cento del 2000 al 3 per cento del 2006 e del 2007. Aumentare il nostro risparmio energetico può significare ridurre ancora di più questo tasso, forse anche fino a un 2 per cento. Se ci riusciremo, di qui a vent'anni staremo consumando "solo" un 50 per cento in più di elettricità rispetto a ora. Le proiezioni dell'Energy Information Administration [EIA, 2008] incarnano questa previsione.

L'attuale politica energetica della Spagna prevede di incrementare il contributo apportato al mix dalle energie rinnovabili, almeno fino al 2010 [MICIYT, 2005]. Se questo piano verrà realizzato, un terzo dell'elettricità totale sarà di origine "verde". Perché questo avvenga, però, è necessario che nel giro di tre anni gli impianti di energia eolica vengano raddoppiati (dai 26.315 GWh del 2007 ai 45.511 GWh previsti nel progetto). Sarà anche necessario quadruplicare il consumo di biomassa e quintuplicare lo sfruttamento di energia solare.

In contrasto con l'aggressiva politica di sviluppo delle energie rinnovabili, la Spagna ha mantenuto da una ventina d'anni una moratoria sulla costruzione di nuove centrali nucleari. Niente sembra indicare che il governo attuale abbia intenzione di rivedere questa politica, nonostante il non farlo implichi continuare a scommettere sui combustibili fossili, come vedremo nel capitolo 13.

8. Eredità della supernova

Come falò di notte/ una al secondo/ l'ultima a eseguire la sua danza di combustione nella galassia/ scatenò l'estasi di Giovanni Keplero/ eternamente studioso del mistico/ un'esplosione più vicina sarebbe stata la fine/ del vecchio pianeta.
Tuttavia/ questo particolare canto/ di onde sonore e raggi gamma/ questo abbagliante e sconvolgente modo di morire/ (denso cigno di carbonio, silice e ossigeno)/ lasciò in eredità alla notte dei tempi/ una traccia nutriente.
Oggi gli scienziati proclamano/ per il giubilo degli antichi poeti/ nei giorni del totem e della sfera:/ siamo figli/ di una stella.

Natalia Carbajosa

Fiore di fuoco

Hanabi. La traduzione in italiano sarebbe "fuochi d'artificio", però in giapponese questa parola nasce dall'unione di due kanji: *Hana*, una delle cui traduzioni è "fiore", e *Bi*, "fuoco". Letteralmente: "fiore di fuoco".

I giapponesi, come anche i cinesi e gli spagnoli, sono grandi appassionati di pirotecnica. Ricordo uno di quei festival, perfetto e minimalista come i giardini che adornavano la città che ci ospitava, Takayama, un'enclave turistica situata nel cuore delle Alpi giapponesi, a circa trecento kilometri da Tokyo.

Era il giugno del 1998, e mi trovavo a Takayama per assistere alla conferenza "Neutrino98"[1], dedicata, allora come adesso, alla fisica dei neutrini, il settore in cui lavoro.

Tra le particelle elementari stabili, i neutrini sono le più leggere e inafferrabili. Durante le reazioni nucleari, in particolare nella disintegrazione dei nuclei radioattivi e nei processi di fissione di cui par-

---

[1] http://www-sk.icrr.u-tokyo.ac.jp/nu98/

leremo brevemente in questo capitolo, ne vengono prodotti in abbondanza. A malapena dotati di massa, si muovono praticamente alla velocità della luce e la materia per loro è, a tutti gli effetti, trasparente. Sono quanto di più simile a un fantasma, un esile e minuscolo frammento di realtà[2].

Eppure, i neutrini hanno un ruolo essenziale in uno dei processi più violenti e cruciali dell'universo: l'esplosione di una supernova.

Ci sono stelle, come il nostro stesso Sole, che quando muoiono si espandono, trasformandosi in giganti rosse che, nella loro agonia, divorano tutti i pianeti che orbitano intorno a loro. Altre, più massicce e orgogliose, terminano la propria vita con un tremendo scoppio, un'esplosione così straordinaria che per settimane, o anche mesi, la luce emanata dall'astro moribondo si vede più di quella di tutta la sua galassia. Ogni secolo nella Via Lattea scoppiano una o due supernove. Nel 1998 si festeggiava il decimo anniversario della prima (e, fino a quel momento, unica) osservazione dei neutrini provenienti da una di quelle, grazie al rivelatore Super-Kamiokande[3], un immenso strumento per studiare quelle particelle situato, appunto, nei pressi di Takayama.

Democrito rivisitato

Due millenni e mezzo prima della nostra conferenza, il filosofo Democrito azzardava una delle idee più feconde mai prodotte dal pensiero umano, teorizzando che tutta la materia è composta da entità estremamente piccole e indivisibili, chiamate atomi (dal greco ατο-μος, letteralmente "impossibile da dividere").

Come accade a ogni pensatore in anticipo sulla propria epoca (e questo greco era in anticipo di duemilacinquecento anni), le sue idee vennero ignorate dalla maggior parte dei suoi contemporanei, con l'unica e notevolissima eccezione di Aristotele. Va detto, però, che gli

---

[2] Per i curiosi: http://www.madrimasd.org/cienciaysociedad/mediateca/default.asp?videoID=960

[3] http://www-sk.icrr.u-tokyo.ac.jp/sk/index-e.html

atomisti ellenici di fatto si muovevano sul terreno della metafisica, e che le loro idee erano tanto impossibili da dimostrare nella realtà quanto l'esistenza degli arcangeli.

Intorno al 1661, il "filosofo naturale" (come si autodefinivano i primi scienziati) Robert Boyle suggerì che la materia fosse composta da diverse combinazioni di "corpuscoli", in alternativa agli elementi classici (aria, terra, fuoco e acqua). Un secolo più tardi (1789) Antoine Lavoisier, sventurato scienziato destinato a scomparire prematuramente[4], precisò meglio il concetto, definendo gli atomi come sostanze impossibili da dividere con metodi chimici. Nel 1810, l'inglese John Dalton fece un ulteriore passo avanti, suggerendo che ciascun elemento fosse composto da atomi di un unico tipo.

Nel 1897, J.J. Thomson, un altro inglese, scoprì l'elettrone, dimostrando che si trattava di una particella subatomica e incrinando, di conseguenza, l'idea che gli atomi fossero indivisibili. Thomson se li immaginava come un "panettone" alle uvette, all'interno della cui "pasta" (dotata di carica positiva) erano disseminate le "uvette" con carica negativa (elettroni). Dodici anni più tardi, tuttavia, lo storico esperimento di Ernest Rutherford dimostrava che gli atomi erano formati da un nucleo con carica positiva intorno al quale ruotano elettroni dotati di carica negativa. Il nucleo è diecimila volte più piccolo dell'atomo. Una metafora che illustra bene il concetto è quella dell'arena. Immaginiamo una piazza come quella in cui si svolgono le corride: gli elettroni orbitano sulle gradinate esterne, mentre quasi tutta la massa dell'atomo occupa lo stesso posto di un granello di sabbia al centro dell'arena.

La figura 8.1 mostra la concezione moderna dell'atomo. Nel nucleo troviamo i *protoni* (particelle dotate di carica positiva e di una massa di circa duemila volte superiore a quella degli elettroni) e i *neutroni*, la cui massa è quasi identica a quella dei protoni ma che, a differenza di questi, non hanno carica elettrica.

---

[4] I suoi giorni terminarono in maniera piuttosto brusca sotto la ghigliottina della Rivoluzione francese.

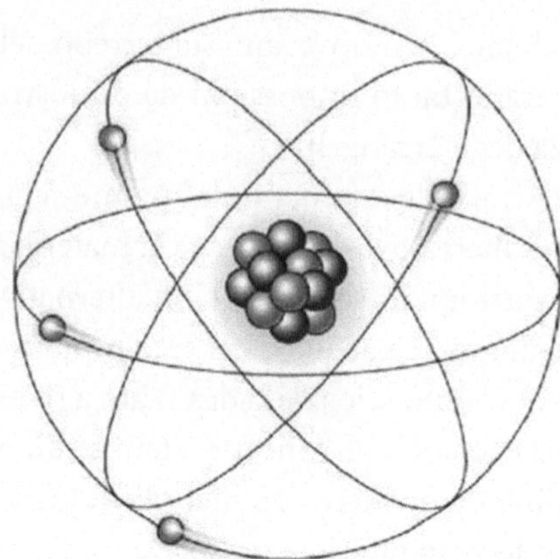

Figura 8.1 Concezione moderna dell'atomo: il nucleo contiene neutroni e protoni intorno ai quali orbitano gli elettroni

Il nucleo atomico

Perché il nucleo atomico contiene protoni *e* neutroni anziché soli protoni? Dopotutto, le proprietà chimiche di un elemento dipendono unicamente dal numero di elettroni che si trovano nell'atomo (numero che chiameremo Z). Quando andiamo a ordinare gli elementi in base al loro valore di Z, otteniamo la famosa *tavola periodica* (figura 8.2). Z = 1 corrisponde all'idrogeno, l'elemento più leggero del creato, con un elettrone e un protone solitario nel nucleo. Z = 2 è l'elio, altro gas leggero e abbondante. Z = 3 è il litio, Z = 4 il berillio, e così via. Aggiungere un solo elettrone può cambiare completamente le caratteristiche chimiche di un elemento. Così Z = 10 è il neon, un gas nobile (così chiamato per la sua natura chimicamente inerte, che lo porta a non mescolarsi con elementi più... plebei), mentre il sodio (Na), un metallo molto reattivo, ha numero atomico Z = 11.

Ingenuamente potremmo aspettarci che se l'idrogeno (Z = 1) ha un elettrone e un protone (le due cariche si compensano a vicenda, motivo per cui l'idrogeno, come tutta la materia ordinaria, è elettricamente neutro), l'elio (Z = 2) abbia a sua volta due protoni per compensare i suoi due elettroni, il berillio (Z = 3) tre protoni, e così via.

Figura 8.2 La tavola periodica degli elementi

Se però ci ragioniamo a fondo, manca qualcosa. Proviamo a pensare all'elio, per esempio, come all'arena di prima: i due protoni del suo nucleo (entrambi con carica positiva) si stringono nel centro dell'arena, mentre gli elettroni ruotano lontani, sulle gradinate. *Ma le cariche elettriche dello stesso segno si respingono.* Se osserviamo la gradinata in lontananza abbiamo l'impressione che la carica dei due elettroni compensi quella dei due protoni, ma se ci posizioniamo proprio nel centro dell'atomo non c'è niente che impedisca ai due protoni di respingersi a vicenda. E la situazione è addirittura peggiore nel caso del litio e del berillio, per non parlare del ferro ($Z = 26$) o del piombo ($Z = 82$), autentici grappoli di acini tutti intenti a respingersi l'un l'altro. Basta pensarci un attimo per giungere alla conclusione che l'unico atomo stabile è quello dell'idrogeno (un solo protone) e che il resto della materia non esiste.

Ovviamente, davanti all'evidenza che la realtà era un'altra, i fisici dovettero trovare una spiegazione per giustificare la loro stessa esistenza. Questa spiegazione è la cosiddetta *forza nucleare*, o *interazione forte*, che agisce tra protoni e neutroni, ma non tra protoni (o neutroni) ed elettroni. La forza nucleare non distingue fra protoni e neutroni, e ha un effetto per cui questi si attraggono tra di loro con un'intensità di circa cento volte superiore alla repulsione elettrica. Bisogna però ammettere che tale forza, così intensa all'interno del nucleo, viene meno non appena usciamo dallo spazio ristretto occupato dal nucleo atomico.

Ricapitolando, la forza nucleare è il cemento che tiene uniti i protoni all'interno del nucleo, nonostante la repulsione elettrica che cerca di separarli.

E i neutroni? Possiamo immaginarli come mastice extra che andiamo aggiungendo al nucleo per mantenerne la coesione. I neutroni non hanno carica elettrica, per cui non si respingono tra di loro, né respingono i protoni. La loro funzione è quella di "attutire" la repulsione elettrica avvertita dai protoni, contribuendo così alla stabilità dell'atomo.

Nell'elio, la presenza di due neutroni extra insieme ai due protoni intensifica l'azione dell'interazione forte contro la repulsione elettrica. Analogamente il litio (Z = 3), che ha tre protoni nel nucleo, dovrà aggiungere tre neutroni, e così via... no?

Isotopi

Non proprio. Gli elementi leggeri (idrogeno, elio, berillio, boro, carbonio) hanno, in effetti, un numero di protoni e neutroni identico (o quasi). Via via che ci spostiamo verso nuclei più pesanti, però, abbiamo bisogno di sempre più mastice per compensare l'enorme repulsione presente in grappoli numerosi come quelli con ventisei protoni (ferro), ottantadue (piombo) o novantadue (uranio). Nel caso dell'uranio, per esempio, servono *oltre centoquaranta neutroni* per "stabilizzare" i novantadue protoni.

Un momento. Come, *oltre centoquaranta*? Sarà un numero preciso, tipo centoquarantadue o centoquarantatré o centoquarantasei, giusto?

Il fatto è che, quando si tratta di aggiungere neutroni, la natura non si serve di una formula rigida. Nel caso dell'elio si accontenta di due protoni e due neutroni, però già nel litio introduce due varianti:

una con tre protoni e tre neutroni (che chiamiamo litio-6, o Li-6, o ancora ^{6}Li, dove il 6 indica la somma di neutroni e protoni) e un'altra con tre protoni e quattro neutroni (litio-7, o Li-7, o ^{7}Li). Queste due versioni del litio sono identiche dal punto di vista chimico, poiché le proprietà chimiche sono condizionate solo dal numero di elettroni (in questo caso, Z = 3), ma le loro proprietà fisiche sono diverse. In natura, l'elemento litio contiene circa il 92,5 per cento di ^{7}Li e il 7,5 per cento di ^{6}Li. Queste due versioni vengono chiamate *isotopi* del litio.

L'uranio naturale è una miscela di tre isotopi. Quello proporzionalmente più importante (99,3 per cento) è l'isotopo ^{238}U, con 92 protoni e 146 neutroni. Uno 0,7 per cento circa è costituito dall'isotopo ^{235}U, con 143 neutroni, e una frazione molto piccola è di ^{234}U, con 142 neutroni. La chiave dell'energia nucleare è che l'isotopo ^{235}U può *fissionarsi*, vale a dire dividersi in due frammenti più piccoli, quando viene colpito da un neutrone lento, liberando energia durante il processo.

Polvere di stelle

Lasciamo da parte per dopo l'energia nucleare da fissione, e torniamo ora all'interno delle stelle, dove avviene una reazione che libera molta più energia di quanta ne produca l'isotopo ^{235}U frammentandosi. Si tratta della *fusione nucleare*, durante la quale due protoni e due neutroni si uniscono per formare l'elio. Durante questo processo, si libera un milione di volte più energia che nel corso di una reazione chimica convenzionale. Tuttavia, affinché queste fusioni avvengano è necessario prima vincere la repulsione elettrica tra i due protoni che si vogliono unire, ragion per cui è necessario somministrare molta energia. In una bomba H, questa energia iniziale viene fornita dall'esplosione di una bomba atomica convenzionale; in una stella, invece, è fornita dall'elevata temperatura a cui si trova il plasma di cui è fatta.

L'elio, essendo più pesante dell'idrogeno, tende ad accumularsi negli strati inferiori dell'atmosfera di una stella. Se immaginiamo una cipolla siderale, l'idrogeno si trova nella buccia più esterna. Sotto a questo c'è l'elio, che, a sua volta, può andare incontro a reazioni di fusione durante le quali viene a crearsi il litio, e poi si formano il berillio, il carbonio e altri elementi sempre più pesanti, che vanno disponendosi in strati sempre più profondi fino a giungere al ferro, che si va accumulando al centro della stella.

In ogni reazione di fusione si libera energia perché il nucleo figlio è più stabile dei nuclei genitori che si fondono. Il ferro, però, è l'elemento più stabile esistente in natura, e quindi lì è dove si ferma il meccanismo che opera in quel colossale calderone da alchimista che è una stella.

Arriva un momento in cui l'enorme energia liberata dai processi di fusione non è più in grado di sostenere la massa smisurata della stella, e quest'ultima collassa. Nel corso del processo si produce un'infinità di neutroni le cui reazioni nel cuore della supernova vanno formando successivamente gli elementi più pesanti del ferro. Si produce anche un'"onda d'urto" di neutrini. Paradossalmente, queste particelle praticamente inerti sono capaci, nelle infernali condizioni dell'astro in ebollizione, di distruggere gli strati esterni della stella. Come una granata che esplode, nei suoi rantoli finali la supernova vomita tonnellate e tonnellate di materia che includono la quasi totalità degli elementi chimici. I neutrini fuggono, portando con sé il ricordo del moribondo fiore di fuoco.

Milioni di anni più tardi i resti della supernova, attratti dall'implacabile gravità, iniziano a condensarsi e, a volte, si forma una nuova stella, talvolta accompagnata da un sistema solare. La polvere stellare si solidifica e appaiono pianeti letteralmente fatti della materia creata al proprio interno dalla supernova. La Terra è uno di quei pianeti, e tutti i metalli di cui la nostra civiltà si serve con tanta abbondanza sono stati generati da una stella madre anteriore al Sole. Tra questi l'uranio, il torio e gli altri elementi radioattivi la cui disintegrazione, tra l'altro, fa sì che il nucleo del nostro pianeta continui a essere incandescente.

La scoperta della radioattività

Nel 1896, mentre studiava la fluorescenza dei sali d'uranio, Henri Becquerel scoprì casualmente il fenomeno della radioattività. Lo scienziato aveva posto dei sali d'uranio tra due lastre fotografiche come preparazione per poter poi realizzare il proprio esperimento, ma prima di giungere a compierlo si rese conto che le lastre, che erano perfettamente isolate dalla luce grazie a una copertura scura, si erano annerite come se fossero state esposte al sole. L'unica spiegazione plausibile del fenomeno era che i sali d'uranio emettessero spontaneamente radiazioni.

Marie e Pierre

Trent'anni prima, nel 1867, nasceva a Varsavia Maria Sklodowska, la quinta e ultima figlia di una nota coppia di professori, Bronislawa e Wladyslaw Sklodowski. Nel 1891, a ventiquattro anni e con il cuore spezzato[5], Marie giungeva a Parigi e si iscriveva alla Sorbona, frequentando le lezioni durante il giorno e dando ripetizioni private la sera per tirare avanti. Due anni più tardi iniziava a lavorare nel laboratorio industriale di Lippman con una laurea in fisica, cosa che non le impedì di continuare a studiare fino a ottenere una seconda laurea, in matematica, nel 1894.

Marie, Marie. Qualche decennio più tardi, il suo frustrato primo amore, all'epoca già rettore dell'Università di Cracovia, ancora trascorreva le ore buche davanti alla sua statua, ricordandola. Cenerentola povera, senz'altra fata madrina che la propria intelligenza (e la propria forza d'animo). Alla fine del diciannovesimo secolo in Francia, dove la ragazza (già quasi una vecchia zitella per i canoni dell'epoca) si sforzava di proseguire i propri studi con una tesi di dottorato, non c'erano associazioni femministe né il Ministero per le pari opportunità. Donna, povera e straniera. Nei ritratti dell'epoca veste di nero, ha i capelli raccolti e lo sguardo intenso, quasi tragico. Una fanciulla fragile, tutta cordoglio, ossa e coraggio.

Nel 1896 conosce Pierre Curie, fisico come lei, ma non si fa illusioni. Vuole tornare a Varsavia e lavorare nella propria patria, e non

---

[5] A causa di un amore impossibile con quello che diventerà l'eminente matematico Kazimierz Zorawski. Marie lavorava come governante in casa degli Zorawski, lontani cugini del padre, e la famiglia del giovane si oppose al fidanzamento del figlio con una parente povera.

nutre speranze che lui la segua. Fortunatamente, l'establishment dell'Università di Cracovia le dà una mano, negandole un impiego (con la comoda argomentazione che era una donna). Torna a Parigi, e si sposa con Pierre. Cenerentola ha trovato il suo principe e costui, anziché donarle delle scarpette di cristallo, le offre uno strumento scientifico che lui stesso ha inventato, l'elettrometro di Curie. Si trattava di un dispositivo in grado di misurare correnti elettriche molto deboli, grazie al quale Marie scopre che i sali d'uranio elettrizzano l'aria che li circonda. A partire da questo risultato poté stabilire che l'*attività* dei sali dipendeva solo dalla quantità di uranio che contenevano e, pertanto, la radiazione era un fenomeno atomico, non di tipo molecolare.

Durante gli anni che seguirono, Marie studiò la pechblenda, o uraninite (un minerale composto fondamentalmente da ossido di uranio, UO_2). Il suo elettrometro dimostrò che il minerale in questione era quattro volte più attivo dello stesso uranio. A partire da questo, la donna dedusse che la pechblenda doveva contenere tracce di qualche elemento molto più radioattivo di questo. Secondo il suo biografo, Robert Reid [Reid, 1974]:

> L'idea fu sua; nessuno l'aiutò a formularla e, pur consultandosi con il marito, fu molto attenta a stabilire chiaramente la sua proprietà intellettuale [...] È molto probabile che anche in queste tappe iniziali della sua carriera si rendesse conto che [...] molti scienziati avrebbero faticato a credere che una donna fosse in grado di svolgere l'innovativo lavoro a cui si stava dedicando.

Quale fu la reazione del principe azzurro davanti alle idee folli di quella sua discola Cenerentola? Se questa storia non fosse una fiaba, probabilmente sarebbe stato geloso, oppure avrebbe cercato di appropriarsi dei meriti che spettavano alla moglie o, ancora peggio, non avrebbe preso sul serio le sue idee. Invece, Pierre lasciò in sospeso il proprio lavoro sulla cristallografia per aiutarla. Nell'aprile del 1898 iniziarono i loro esperimenti, lavorando su cento grammi di uraninite in cerca del nuovo elemento la cui esistenza era stata postulata da

Marie. Illusi! Le tracce di quel materiale erano talmente minime che dovettero processare *tonnellate* di minerale prima di arrivare finalmente a isolare, nel luglio del 1898, il polonio (così chiamato da Marie in ricordo della propria patria) e, qualche mese dopo, il radio.

Ci volle una tonnellata di uraninite per ottenere un decigrammo di cloruro di radio (nel 1902) e solo nel 1910 Marie, già senza Pierre, riuscì a isolare il radio come metallo puro. Nonostante gli sforzi improbi e la creazione di una tecnica assolutamente innovativa, madame Curie decise di non brevettarla, così da consentire alla comunità scientifica di continuare a studiare le sostanze radioattive.

Marie senza Pierre. Nel 1906 lo scienziato, sposo e compagno inseparabile, morì travolto da una carrozza a cavalli. Prima, nel 1903, lui e la moglie avevano ricevuto il premio Nobel per la fisica, insieme a Henri Becquerel. Forse, dopotutto, non era proprio una fiaba, o forse la verità è che se si desidera un finale felice bisogna troncare per tempo il racconto[6].

Probabilmente questi paragrafi tradiscono l'ardente ammirazione che ho nutrito per tutta la vita nei confronti di questa signora unica, capace, decenni prima che si iniziasse a parlare di liberazione della donna, di vincere due premi Nobel (nel 1911 le venne concesso anche quello per la chimica) e che sarà la prima donna a occupare una cattedra alla Sorbona. Anche sua figlia Irene e suo genero Frederic otterranno l'ambito trofeo.

E adesso, per quelli che non sopportano le storie troppo rosa. Nel 1911, cinque anni dopo la morte del marito, si scoprì che Marie aveva una relazione con il fisico Paul Langevin, il quale in seguito abbandonò la moglie. Tutta la statura scientifica di questa grande donna e tutta la sua generosità personale e professionale non poterono evitare che la stampa si infiammasse di *giusta* ira. Venne accusata di es-

---

[6] O forse ha ragione Stephen Mitchell, il grande traduttore di Rainer Maria Rilke in inglese, quando sostiene che, dopo aver ricevuto la visita di Dio (il riferimento al poeta non è meno valido per questa coppia di scienziati geniali), un finale felice non è necessario.

sere una mangiauomini (aveva cinque anni più di Paul), una rovina-famiglie, un'ebrea (l'affare Dreyfus era ancora nell'aria). Ma tutto passa. Marie Curie continuò con la sua vita, con la sua carriera e con i suoi contributi per un mondo migliore, tra cui lo sviluppo di unità mobili di radiografia come mezzo di diagnosi per i soldati feriti durante la Prima guerra mondiale. Ricevette innumerevoli premi eppure, secondo le parole dello stesso Albert Einstein, fu "L'unica persona che conosco che non è stata guastata dalla fama". Morì nel 1934, a 67 anni, una morte prematura probabilmente legata all'enorme esposizione radioattiva a cui sia lei sia Pierre si erano sottoposti nel corso dei loro anni di ricerca. Il suo lavoro segnò un'epoca.

Particelle alfa, beta e gamma

I nuclei radioattivi come quelli del radio e del polonio si disintegrano (vale a dire, si trasformano in nuclei più leggeri) emettendo diversi tipi di radiazioni, che ancora chiamiamo con i loro nomi storici corrispondenti alle prime tre lettere dell'alfabeto greco: radiazioni alfa (nuclei di elio, composti da due protoni e due neutroni), radiazioni beta (elettroni) e radiazioni gamma (radiazioni elettromagnetiche, come la luce, ma con una maggiore concentrazione di energia). Per quanto riguarda il loro potere di penetrazione, le particelle alfa sono le più facili da bloccare (bastano un semplice foglio di carta, qualche centimetro d'aria o la pelle umana). Le particelle beta, o elettroni, pur essendo più penetranti di quelle alfa si possono comunque fermare con pochi millimetri di alluminio. Possono causare ustioni della pelle, però non arrivano a penetrare nei tessuti. Di conseguenza, né le particelle alfa né quelle beta sono un problema per la salute a meno che non venga *ingerita* una sostanza fortemente radioattiva, nel qual caso possono provocare ferite interne.

Infine, le radiazioni gamma sono simili ai raggi X, però possono essere molto più energetiche. Per fermarle servono svariati centimetri di piombo o di ferro, ragion per cui possono causare lesioni se il corpo umano è esposto direttamente a una fonte molto concentrata (grafico 8.1).

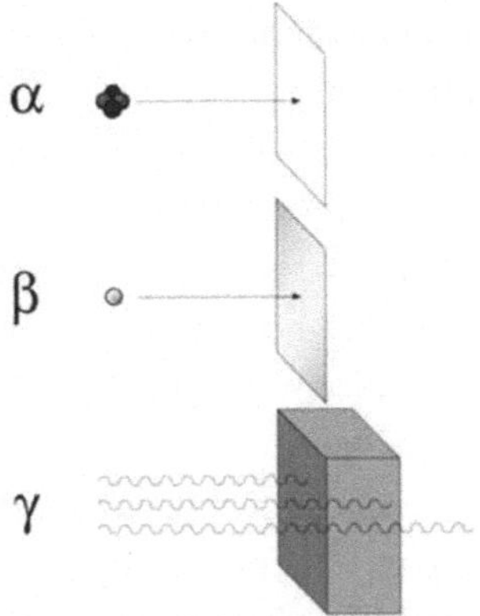

Grafico 8.1 Potere di penetrazione delle radiazioni alfa, beta e gamma

Disintegrazione radioattiva

Come abbiamo visto, esiste una competizione tra l'interazione forte (attrattiva), che tende a mantenere stabile il nucleo atomico, e la forza elettromagnetica (repulsiva tra protoni), che cerca di romperlo. Negli elementi leggeri l'interazione forte vince di gran lunga, ma via via che il numero di protoni va aumentando è necessario ricorrere a del "mastice" extra (ovvero, sempre più neutroni) affinché il nucleo resista.

Arriva un momento in cui nemmeno l'azione dei neutroni basta più per mantenere la stabilità a lungo termine del nucleo, e questo si trasforma in un altro più leggero, emettendo particelle alfa, beta o gamma. Questi elementi vengono chiamati *radioattivi*[7]. Tutti gli atomi più pesanti del bismuto (con 83 protoni e 126 neutroni) presentano questa proprietà.

La parola "attività" indica la quantità di disintegrazioni (e, quindi, di particelle) emesse da un campione di materiale.

Leggiamo spesso, di solito nell'ambito della propaganda antinucleare, del grave rischio associato a scorie "altamente radioattive" che "possono rimanere nocive per migliaia (o milioni) di anni". Da lì deriva una delle paure più diffuse tra la gente: l'idea che le scorie pos-

---

[7] La radice della parola, *radio*, rimanda chiaramente all'elemento scoperto dai Curie.

sano terrorizzarci non solo appena escono dal reattore nucleare, ma anche diecimila anni più tardi.

La verità è che se un elemento è altamente radioattivo, per definizione smette di essere pericoloso dopo un lasso di tempo relativamente breve, per la semplice ragione che scompare, disintegrandosi e trasformandosi in un altro. Al contrario, se un campione di materiale è ancora attivo dopo diecimila anni è perché l'elemento che lo costituisce è debolmente radioattivo.

Per chiarire meglio questo concetto, ricorrerò a una metafora.

Due signori, H. Avaro e C. Spendaccione, ricevono eredità identiche dai rispettivi, e proverbiali, zii d'America. La quantità di denaro è fissa, un milione di euro, e il testamento specifica che i beneficiari riceveranno una parcella mensile *equivalente a una percentuale fissa del totale del denaro disponibile ciascun mese*, anziché una cifra prefissata. Insieme alla notifica dell'eredità, il notaio invia un questionario in cui chiede ai beneficiari di indicare il valore di questa percentuale.

Il signor Avaro, dopo averci pensato per bene, opta per l'1 per cento. Spendaccione, invece, che sta già programmando di acquistarsi un appartamento e un'automobile nuova, chiede il 5 per cento. Analizziamo la quantità di denaro che riceve ciascuno dei due.

Il primo mese, Avaro riceve l'1 per cento di un milione di euro, vale a dire diecimila euro. Il capitale rimanente, dopo che avrà ritirato l'assegno, sarà $1.000.000 - 10.000 = 990.000$ euro. Il secondo mese riceve l'1 per cento *del capitale rimanente*, vale a dire 9.900 euro, che vanno nuovamente sottratti a ciò che resta, e così via. Dal momento che la frazione che Avaro ritira non è molto grande, il capitale iniziale diminuisce lentamente e, di conseguenza, le parcelle mensili vanno riducendosi poco a poco. Al sesto mese riceve ancora 9.509 euro; a un anno, 8.953; a due anni, 7.936; a quattro anni, 6.235, eccetera.

Dall'altra parte, Spendaccione riceve invece il 5 per cento di un milione, nientemeno che 50.000 euro (con i quali si affretta ad acquistare una decappottabile). A sei mesi riceve 38.689 euro, molto più dei miseri 9.509 di Avaro, e l'allegro Spendaccione se ne va di corsa in vacanza ai Caraibi. Allo scadere del primo anno, intascherà ancora la bella cifra di 28.440 euro (con cui arrederà il nuovo appartamento) e allo scadere dei due anni riceverà 15.367 euro, ancora il doppio di Avaro, anche se già non gli basteranno per pagare le rate dello yacht. Al quarto anno, orrore!, starà incassando meno di Avaro (4.487), e avrà i creditori alle calcagna.

Il grafico 8.2 (sopra) mostra come va ai nostri eroi. Il primo mese, Spendaccione fa onore al proprio cognome e spende molto più di Avaro. Via via che passa il tempo, però, il suo tenore di vita gli presenta il conto, e dopo quattro anni gli sarà rimasto talmente poco denaro in banca che la sua parcella sarà leggermente inferiore a quella di Avaro. Dopo otto anni, Avaro riceverà ancora più di metà del suo assegno iniziale, mentre Spendaccione si vedrà chiudere in faccia lo sportello della banca.

Il grafico 8.2 (sotto) mostra la stessa storia, ma osservata da un punto di vista diverso. La differenza tra Spendaccione e Avaro è la rapidità con cui si riduce l'eredità del primo, che in pratica sparisce in quattro anni, mentre il secondo, a quella data, avrà ancora metà del capitale iniziale.

I nuclei radioattivi si comportano allo stesso modo dei nostri ipotetici eredi. Il numero di atomi che si disintegra per unità di tempo (secondi, mesi o anni) è una frazione costante del numero di atomi che si trovano nel campione in ciascun momento, e questa frazione dipende dal tipo di materiale radioattivo.

Un elemento poco radioattivo si comporta come un taccagno. Se il capitale iniziale è il numero iniziale di nuclei del campione e la percentuale che equivale alla parcella mensile è il tasso di disintegrazione, un elemento radioattivo avaro andrà perdendo i suoi nuclei poco a poco e, in cambio, emetterà un numero di particelle alfa, beta e gamma piccolo (in confronto al numero di nuclei contenuto dal campione), che andrà decrescendo lentamente nel tempo. In compenso, però, a questa moderazione corrisponde il fatto che un elemento poco radioattivo continua a emettere particelle anche dopo molto tempo.

Al contrario, un elemento molto radioattivo (o "ad alta attività") ritira una fetta mensile alta all'inizio (vale a dire emette molte radia-

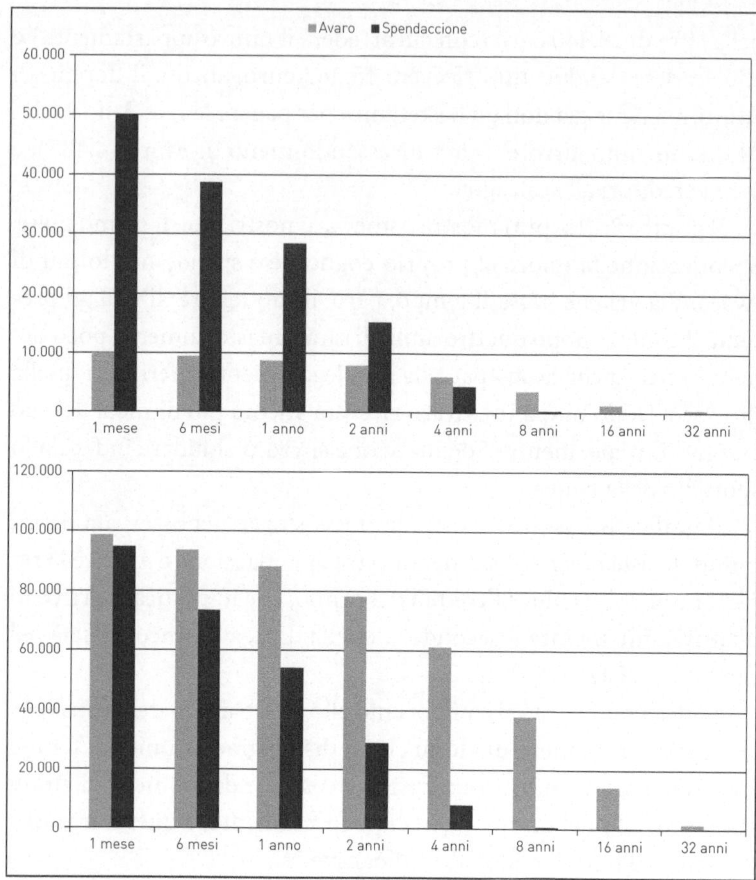

Grafico 8.2 (Sopra) Parcelle ricevute da H. Avaro e C. Spendaccione; (sotto) Capitale rimanente nei due casi

zioni alfa, beta o gamma) ma rimane senza capitale (vale a dire senza nuclei) molto rapidamente, ragion per cui smette di rilasciare radiazioni dopo meno tempo. Quanto più radioattivo è un elemento, quanto prima smette di esserlo.

Se osserviamo il grafico 8.4 (sotto), possiamo vedere che il tempo necessario al signor Avaro per ridurre il capitale a metà è di circa nove anni, molto più dell'anno che serve a Spendaccione per scialacquare metà della sua fortuna. Noi fisici chiamiamo *emivita* il tempo necessario affinché un campione radioattivo si riduca della metà. Ovviamente, quanto meno radioattivo è un elemento e tanto più lunga sarà la sua emivita. Nel nostro esempio, la differenza tra un tasso mensile dell'1 per cento (Avaro) e uno del 5 per cento (Spendaccione) si traduce in emivite di nove anni per il taccagno e di un anno per lo sprecone.

Per concludere, l'isotopo ^{238}U è, per quanto concerne gli elementi radioattivi, l'avaro di Molière in persona. La sua emivita è niente meno che di *4.500 milioni di anni*, un terzo dell'età dell'Universo e più o meno quella della Terra. Questo significa che ci rimane in banca ancora metà dell'isotopo ^{238}U depositato per noi dalla supernova quando ha creato il nostro pianeta. Al contrario, elementi come il cesio-137 (^{137}Cs) o lo stronzio-90 (^{90}Sr) hanno emivite di trent'anni, il che li qualifica come grandi spendaccioni. Entrambi si accumulano nel combustibile usato, come vedremo nei prossimi capitoli, e, durante i primi anni, la loro breve emivita (elevato tasso di disintegrazione) si traduce in una fortissima emissione di particelle gamma. Tuttavia, dopo cento anni la loro attività si è ridotta di un fattore 10 (la parcella mensile, vale a dire il numero di particelle che rilasciano) e, dopo trecento anni, di un fattore 1.000.

Una fonte radioattiva può essere contraddistinta a partire dal numero di particelle che emette al secondo. L'unità di misura dell'attività è il Bequerel, Bq (in onore di Henri Bequerel), che corrisponde a una disintegrazione (o decadimento) al secondo. L'attività di un grammo di ^{238}U è di circa 12.000 Bq, mentre quella di un grammo di ^{235}U è parecchio più alta (essendo la sua emivita molto più breve, 700 milioni di anni), ovvero 79.000 Bq. Però entrambi sono *peccata minuta*, paragonati all'attività di un grammo di ^{137}Cs nel primo anno successivo alla sua produzione: quasi *duemila miliardi* di Bq (1,8 TBq). Per produrre questa quantità di particelle avremmo bisogno di 1.500 tonnellate di uranio[8].

---

[8] Sempre che ignoriamo il fatto che l'isotopo ^{238}U si disintegra in altri elementi che sono a loro volta radioattivi, alcuni con una vita piuttosto breve, così che ciascuno contribuisce all'attività totale del campione.

Una sorpresa inaspettata

Come la coppia Curie aveva compreso fin dall'inizio, la scoperta della radioattività comportava una rivoluzione nell'interpretazione scientifica delle proprietà della materia. Qualche anno più tardi, a Roma, Enrico Fermi, uno dei più grandi fisici del ventesimo secolo, si mise a bombardare diversi elementi con i neutroni e osservò che, in quasi tutti i casi, il risultato era un nucleo radioattivo che si disintegrava rilasciando particelle beta. Di fatto, Fermi stava riproducendo i meccanismi che avvengono durante l'esplosione di una supernova, creando elementi successivamente più pesanti tramite la cattura di neutroni. Alla fine giunse all'uranio e a elementi ancor più pesanti (i cosiddetti transuranici, su cui ci soffermeremo a lungo nei prossimi capitoli).

Subito altri grandissimi scienziati iniziarono a replicare i suoi esperimenti. Tra di loro, il chimico tedesco Otto Hahn e la sua collega, la fisica Lise Meitner. Contemporaneamente, a Parigi, la coppia composta da Frederic e Irene Joliot-Curie seguiva i passi della generazione precedente, effettuando complessi esperimenti per analizzare la composizione dei materiali irradiati dai neutroni. Nel 1938, i Curie divulgarono una scoperta particolare: tra i prodotti derivati dall'uranio irradiato avevano trovato del lantanio.

Che cosa c'era di particolare? Il fatto che la massa atomica del lantanio (58 protoni) è quasi la metà di quella dell'uranio! Come era arrivato a formarsi questo materiale? Come abbiamo visto, l'uranio è leggermente radioattivo e si disintegra trasformandosi in torio e rilasciando una particella alfa. A sua volta, il torio si disintegra in altri elementi più leggeri tra cui il radio, il bismuto e il polonio, fino ad arrivare all'isotopo stabile del piombo (piombo-206), che ha una massa di gran lunga maggiore a quella del lantanio. La presenza di quest'ultimo tra i prodotti dell'uranio irradiato era, pertanto, inesplicabile quanto delle pepite d'oro che fossero comparse per *ars magica* in un blocco di cemento.

Come se non bastasse, Otto Hahn e il collega Friedrich Strassmann riuscirono a dimostrare, nel 1939, l'esistenza di un elemento ancora più leggero del lantano, il bario. Otto aveva un'idea di quale potesse essere la spiegazione ma non si fidava di se stesso, ragion per cui decise di scrivere all'amica Lise.

Lise e Otto

Lise Meitner era nata nel 1878, figlia di un avvocato viennese di origini ebraiche. A quell'epoca alle donne austriache era interdetto l'accesso agli studi superiori, ma la giovane ebbe la fortuna di poter contare sull'appoggio di una famiglia progressista, influente e facoltosa. Nel 1901 si iscrisse all'università per studiare fisica. All'inizio del secolo, Vienna era una delle capitali culturali, scientifiche e artistiche del mondo. Tra gli altri, era la città di Klimt, Gödel, Witgenstein e Freud. La cattedra di fisica era occupata dall'illustre Ludwig Boltzmann, e l'istituto ferveva di attività connesse alla nuova scienza della radioattività. Non era esattamente il luogo dove ci si sarebbe aspettati di incontrare una timida ragazzina ebrea. C'era però il piccolo dettaglio che la fanciulla era la miglior studentessa della sua classe, il che le permise di conseguire il dottorato nel 1905, seconda donna a raggiungere un risultato simile nel suo Paese.

Nemmeno nella Vienna che abbiamo descritto, però, esistevano i Ministeri della pari opportunità, e la miglior offerta che Lise poté ottenere dopo aver terminato la tesi fu un lavoro in una fabbrica di lampade a gas. Dopo averla rifiutata, con l'appoggio del padre si trasferì a Berlino, dove regnava un altro dei grandi mostri della scienza, Max Planck. Il grand'uomo non era esattamente un femminista e, fino a quel momento, non aveva concesso a nessuna donna di assistere alle sue lezioni. Nel caso della giovane viennese, però, fece un'eccezione e, nel giro di poco tempo, la ragazza finì per diventare la sua assistente.

A Berlino, Lise conobbe Otto Hahn e i due iniziarono una relazione fatta di amicizia e cameratismo professionale che in un certo modo rieccheggia quella di Pierre e Marie anche se, come vedremo, questa storia ha un finale più amaro.

Nel 1912, dopo aver lavorato con Lise per molti anni e dopo aver pubblicato insieme a lei numerosi articoli scientifici, Hahn ottenne una cattedra al nuovissimo Kaiser Wilhelm Institut, che era appena stato fondato a Berlino. Anche lei ottenne un impiego, come "ospite" senza diritto a una retribuzione, situazione che si protrasse fino al 1913, quando, ormai trentacinquenne, si era costruita una solida reputazione scientifica.

Nel 1917 Lise e Otto scoprirono il primo isotopo di lunga durata del protoattinio. Nel 1923, fu lei a scoprire la causa di un importante effetto chiamato emissione di elettroni Auger. Il nome ricorda Pierre Auger, un fisico francese che scoprì lo stesso fenomeno *due anni dopo*. Questa non sarà l'unica volta in cui l'establishment scientifico negherà a Lise il riconoscimento che si meritava.

Nel 1933, quando Hitler ascese al potere, Lise ricopriva una carica direttiva. La sua nazionalità austriaca la protese dall'inquisizione nazista, mentre la maggior parte degli scienziati ebrei, inclusi suo nipote Otto Frisch e altre figure eminenti quali Fritz Haber e Leo Szilard, venivano rimossi dai rispettivi incarichi e la maggior parte di loro lasciava la Germania. Lise scelse di ignorare la situazione seppellendosi nel lavoro, scelta di cui si sarebbe pentita per il resto della vita.

Cinque anni più tardi, la trappola nazista era sul punto di catturarla. Nel luglio 1938 riuscì a fuggire dalla Germania e si recò in Olanda, con l'aiuto dei fisici olandesi Coster e Fokker e, per dirla con le sue stesse parole, dieci marchi in tasca. Aveva con sé anche un anello di diamanti che il suo amico Otto Hahn aveva ereditato dalla madre. Gliel'aveva dato per corrompere, qualora si fosse rivelato necessario, le guardie al confine. Era riuscita a scappare per un pelo, denunciata alla Gestapo da Kurt Hess, un collega chimico nonché avido nazista.

Trovato un impiego a Stoccolma, iniziò a lavorare con Niels Bohr. Nel frattempo continuava a corrispondere con Hahn e altri scienziati tedeschi. In effetti, Lise e Otto si incontrarono clandestinamente a Copenhagen, in novembre, per indulgere alla loro particolare passione proibita: pianificare insieme una nuova serie di esperimenti. All'incontro seguirono le lettere. Come abbiamo visto, Otto era riuscito a isolare il bario e aveva intuito una possibile causa che, però, non osava articolare. Scrisse allora all'amica e collega: "Forse lei riuscirebbe a suggerire una qualche soluzione fuori dall'ordinario[9]".

Lise Meitner e il nipote Otto Frisch, di fatto, giunsero alla spiegazione "fuori dall'ordinario" richiesta da Hahn. Non era altro che il meccanismo della *fissione nucleare*, che qualche anno più tardi avrebbe portato alla fabbricazione della bomba atomica, ma avrebbe anche aperto la porta all'uso dell'energia nucleare con fini pacifici. L'isotopo minoritario dell'uranio, ^{235}U, quando viene irradiato con dei neutroni si divide in frammenti più leggeri, tra cui il bario. Durante questo processo vengono rilasciati più neutroni che, a loro volta, possono fissionare altri nuclei di ^{235}U, liberando un'enorme quantità di energia, proprio come previsto dalla formula di Einstein: $E = mc^2$.

Questa, tuttavia, non è una fiaba. Otto Hahn non fu generoso quanto Pierre Curie e si attribuì tutto il merito della scoperta della fissione, nonostante fossero stati Meitner e Frisch a dare la spiegazione dei suoi risultati sperimentali.

Nel 1944, Hahn ottenne il premio Nobel per la chimica per la sua scoperta della fissione nucleare. Se i meriti di Marie Curie vennero riconosciuti con due premi Nobel, quelli di Lise non bastarono a far sì che il comitato di Stoccolma decidesse di ricompensarla insieme al suo vecchio amico. Durante il resto della sua vita, però, bisogna dire che la donna ricevette numerosi riconoscimenti che, almeno in parte, ridimensionarono quella palese ingiustizia (tra cui il premio Enrico Fermi, nel 1966). Forse, però, il riconoscimento più importante l'avrebbe avuto nel 1997, quando l'elemento 109 venne chiamato meitnerio in suo onore.

La sua amicizia con Otto non ebbe un lieto fine. Dopo la guerra, Lise criticò aspramente Hahn e altri scienziati tedeschi, accusandoli di aver collaborato con i nazisti e di non essersi opposti ai crimini del regime di Hitler. In una lettera a Hahn, la nostra scrive:

---

[9] Bernstein Jeremy (2005) *Il club dell'uranio di Hitler. I fisici tedeschi nelle registrazioni segrete di Farm Hall*, traduzione di A. Fabbri, M. Fabbri e M. Winters, Sironi editore. (N.d.T.)

Avete lavorato tutti per il regime nazista e non avete osato opporre nemmeno una resistenza passiva. Certo, per tranquillizzare la vostra coscienza di tanto in tanto avete aiutato qualche fuggitivo, però milioni di innocenti sono stati assassinati senza che vi si sia sentiti protestare... avete tradito prima di tutto i vostri amici, poi i vostri figli ai quali avete permesso di rischiare la propria vita in una guerra criminale, e infine avete tradito la stessa Germania poiché quando la guerra era ormai persa non avete avuto il coraggio di alzarvi contro la distruzione senza senso del Paese.

Lise ottenne la cittadinanza svedese nel 1949, ma a partire dal 1960 visse in Gran Bretagna dove morì, a Cambridge, nel 1968. Il nipote, Otto Robert Frisch, compose l'iscrizione della sua lapide: "Lise Meitner: una scienziata che non perse mai la propria umanità".

Cinque minuti a mezzanotte

Il grafico 8.3 mostra in modo chiaro il processo di fissione dell'isotopo ^{235}U. Quando questo nucleo cattura un neutrone, si trasforma in un isotopo instabile (^{236}U), il quale, a sua volta, si disintegra immediatamente in due frammenti più piccoli, per esempio cripto (^{92}Kr) e bario (^{141}Ba). Durante il processo si liberano più neutroni che, a loro volta, possono colpire altri atomi di ^{235}U, producendo una *reazione a catena*. A ogni fissione si libera una piccola quantità di energia, dell'ordine di $3,2 \times 10^{-11}$ joule. Ma il numero di atomi che formano la materia è molto elevato: un kilogrammo di ^{235}U contiene $2,56 \times 10^{24}$ atomi. Pertanto, la fissione di questo kilogrammo dà come risultato:

$$3,2 \times 10^{-11} \times 2,56 \times 10^{24} = 82 \times 10^{12} \, J = \textbf{82 TJ} \sim \textbf{20 kt}$$

Vale a dire, l'equivalente di bruciare ben tremila tonnellate circa di carbone.

C'è un altro modo, più sinistro, di esprimere questa energia fuori dal comune. Il kiloton (kt) esprime l'energia equivalente a quella sviluppata dall'esplosione di mille tonnellate di dinamite (o, per essere

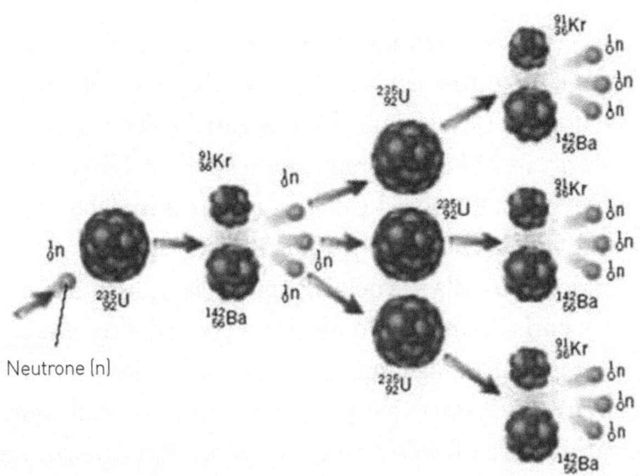

Grafico 8.3 Reazione a catena della fissione dell'isotopo ^{235}U

più precisi, di TNT). L'energia liberata dalla fissione di un kilogrammo di uranio equivale a ventimila tonnellate di dinamite, o 20 kt.

Nel loro articolo del 1939, Lise Meitner e Otto Frisch facevano già notare l'enorme quantità di energia che si liberava durante la fissione dell'uranio. I fisici francesi, inglesi, statunitensi, russi e tedeschi compresero subito le implicazioni di un processo fisico che era in grado di liberare all'istante l'energia di migliaia di tonnellate di dinamite. Negli Stati Uniti, Leo Szilard, Edward Teller e Eugene Wigner convinsero Albert Einstein, all'epoca già una celebrità, a scrivere la famosa lettera al presidente degli Stati Uniti, Franklin D. Roosevelt, che sfociò nel progetto Manhattan. Lise si rifiutò di partecipare. Per dirla con le sue parole: "Non avrò niente a che fare con una bomba".

Altri non la pensavano alla stessa maniera. È difficile non dar loro ragione. La Germania aveva alcuni dei migliori fisici nucleari del mondo e aveva accesso ai giacimenti di uranio dell'occupata Cecoslovacchia. Negli Stati Uniti, la paura che i nazisti giungessero per primi alla bomba diede il via a uno degli sforzi intellettuali e tecnologici più spettacolari della storia. Tra i partecipanti al progetto Manhattan c'erano otto premi Nobel per la fisica e dodici degli scienziati coinvolti l'avrebbero ricevuto nei decenni successivi. Nel giro di soli ventotto mesi, la fissione passò da semplice fantasia a – terribile – realtà. Il 16 luglio 1945, ad Alamogordo, nel New Mexico, scoppiava la prima bomba atomica della storia. L'esplosione, che aprì anche l'era dei test nucleari a cielo aperto, liberò 21 kt di energia, un po' meno del doppio di quanto venne rilasciato dalla bomba che distrusse Hiroshima il 6 agosto 1945, e tanto quanto quella che annientò Nagasaki il 9 agosto.

Nel secondo libro della sua bella trilogia, *Queste oscure materie*, Philip Pullman ci parla di un coltello magico, capace di farsi strada tra numerosi universi paralleli tagliando il tessuto stesso della realtà. Si tratta di uno strumento necessario per salvare il mondo, però al contempo la sua stessa natura lo rende pericoloso. Senza prestare attenzione all'uso che intendono farne gli uomini, l'arma cerca, soprattutto, di ferire.

Analogamente, le bombe che furono sviluppate per evitare in tempo la tirannia di un Hitler nucleare finirono per essere utilizzate per uno scopo molto diverso. È possibile che abbiano accelerato la fine della guerra, ed è anche possibile che abbiano salvato più vite di quante ne abbiano distrutte. Però si potrebbe anche dire che dovevano esplodere *perché erano state costruite per quello*. Era nella loro natura.

O forse era nella *nostra* natura avvicinarci all'orlo del precipizio, senza sapere se la vertigine avrebbe finito per farci precipitare nell'abisso. Le bombe di Hiroshima e Nagasaki diedero il la a uno degli episodi più strani della storia, giustamente denominato "MAD" (*Mutual Assured Destruction*, o distruzione reciproca assicurata), la cui traduzione letterale in italiano è "pazzia". Il 29 agosto 1949, i sovietici testavano la loro prima bomba atomica, il cui progetto si deve soprattutto allo spionaggio (le informazioni arrivavano da Klaus Fuchs, un fisico britannico che prese parte al progetto Manhattan) [Smil, 2006]. La prima bomba a fusione (o bomba H, in cui la H si riferisce all'idrogeno la cui fusione per produrre elio genera l'esplosione) venne fatta detonare nel 1952 e liberò un'energia di 10,4 megaton (Mt), all'incirca duemila volte la potenza della bomba di Hiroshima. A questa esibizione di potere distruttore avrebbe risposto l'Urss nel 1961, con l'esplosione della bomba più potente mai fatta detonare fin lì, equivalente a cinquanta *milioni* di tonnellate di dinamite. L'esplosione fu visibile a migliaia di kilometri e sprigionò venti volte più energia di tutte le bombe lanciate durante la Seconda guerra mondiale insieme. Quindici mesi più tardi, il leader sovietico Nikita Kruscev rivelò che il suo Paese era in possesso di una bomba ancora più potente, capace di liberare 100 Mt.

Tra il 1959 e il 1961, gli Stati Uniti fabbricarono diciannovemilacinquecento testate nucleari, al ritmo vertiginoso di settantacinque al giorno. In totale, tra il 1945 e il 1990 gli Stati Uniti costruirono circa settantamila bombe, mentre l'Unione Sovietica dovette accontentarsi della modesta cifra di cinquantacinquemila. Più di un terzo di queste bombe aveva una capacità distruttiva compresa tra i 100 e i 550 kt, ed era puntata sulle città più importanti così come sulle installazioni militari più rilevanti. Nei circoli militari, all'epoca, i congedi erano nell'ordine delle decine di milioni. Una rivista, il *Bollettino dello scienziato atomico*, su cui spesso scrivevano fisici di tutto il mondo preoccupati dall'enorme stupidità della corsa agli armamenti, elaborò un logo che definisce perfettamente quei decenni: l'orologio della fine del mondo, la cui lancetta delle ore era posizionata sulle 12. La lancetta dei minuti segnava il tempo che mancava a mezzanotte, ovvero alla fine della civiltà. Nel 1953, mentre le bombe H venivano fatte esplodere di continuo negli Stati Uniti e in Unione Sovietica, le lancette arrivarono a due minuti dall'ora fatidica. Nel 1991, alla fine della guerra fredda, i redattori tirarono indietro l'ago della rovina fino a meno diciassette minuti. Il cambiamento climatico, il terrorismo e le preoccupazioni ambientali sono responsabili del fatto che, nel 2009[10], siamo di nuovo a soli cinque minuti dalla mezzanotte.

La possibilità che Stati nucleari come l'India e il Pakistan finiscano per impelagarsi in una guerra atomica, lo spettro di un possibile attacco israeliano all'Iran (per prevenire lo sviluppo di una sua bomba da parte di questo Paese) o la paura che gruppi terroristici riescano in qualche modo a mettere le mani su una testata nucleare sembrano giustificare lo scarso margine di minuti che ci separa dal disastro.

---

[10] Ricordiamo che il libro è stato scritto nel 2009 (N.d.T.)

Un reattore nucleare non è una bomba atomica

Consapevolmente o meno, la convinzione che il nucleo di un reattore nucleare sia una potenziale bomba atomica, pronta a esplodere qualora si commetta un errore operativo o qualora una banda di audaci terroristi costringesse gli operatori a estrarre le barre di controllo minacciandoli a mano armata, è conficcata nell'immaginazione di molte persone. La verità è che, per quanto la bomba e il reattore siano basati sullo stesso principio fisico, il modo in cui l'una e l'altro liberano la propria energia è radicalmente diverso.

Il punto di partenza è lo stesso: l'avvio di una reazione a catena. Un neutrone spezza un atomo di ^{235}U, liberando dai due ai tre neutroni che, a loro volta, possono fissionare altri atomi di uranio e amplificare il processo (grafico 8.5).

Tuttavia ricordiamo che soltanto l'isotopo ^{235}U si fissiona. L'isotopo principale dell'uranio, ^{238}U, non solo non è fissile ma addirittura, al contrario, tende ad assorbire i neutroni veloci (vale a dire, con molta energia) liberati dall'isotopo ^{235}U durante la propria fissione. Nell'uranio naturale, la proporzione di ^{235}U è molto piccola e la reazione a catena non può mantenersi poiché l'isotopo ^{238}U, molto più abbondante, assorbe i neutroni prima che questi possano produrre nuove fissioni.

Una bomba atomica non è altro che un frammento di ^{235}U quasi puro. Per ottenerlo, è necessario separare l'isotopo ^{235}U e l'isotopo ^{238}U che compongono la quasi totalità dell'uranio naturale, e continuare ad accumulare l'isotopo ^{235}U fino a ottenerne una quantità sufficientemente grande. In assenza di ^{238}U, i neutroni veloci non vengono più assorbiti e, di conseguenza, finiscono per fissionare gli atomi di ^{235}U.

Tuttavia, i neutroni possono ancora sfuggire dall'uranio senza incontrare un nucleo di ^{235}U se il volume (e, quindi, la massa) dell'oggetto non è sufficientemente grande. O, in altre parole, è necessaria una certa *massa critica* al di sotto della quale la reazione non avviene, nemmeno nel caso di ^{235}U puro.

Una bomba atomica convenzionale si ottiene a partire da due

frammenti di ^{235}U o di plutonio ciascuno dei quali non arriva alla massa critica (ma che però, messi insieme, la superano). Per farla esplodere si può ricorrere a una carica esplosiva convenzionale che ricopre i due frammenti, facendo sì che si inneschi la reazione.

Nel combustibile di un reattore nucleare, la proporzione di ^{235}U è solo del 3 per cento circa. La reazione a catena non può mai finire fuori controllo come nel caso di una bomba atomica perché il 97 per cento di uranio è ancora ^{238}U e, di fatto, è necessario potenziarla, come vedremo nel capitolo 9. Per giunta il combustibile è ripartito su un volume molto grande, ragion per cui è impossibile che si raggiunga la massa critica necessaria per una detonazione nucleare. Ciò che invece potrebbe accadere, in caso di incidente, è che la temperatura salga molto, dando luogo alla fusione del nucleo, con la possibilità che si produca un'esplosione (chimica) causata dall'emissione di gas surriscaldati. Nel capitolo 9 e nell'Appendice parleremo anche di incidenti.

Plutonio

Quando l'isotopo ^{238}U assorbe un neutrone, si trasforma in un nuovo elemento, il plutonio-239 (^{239}Pu). Anche il ^{239}Pu è radioattivo, e la sua emivita è molto lunga, nell'ordine di ventiquattromila anni. In un reattore nucleare, la cattura di neutroni da parte dell'^{238}U si traduce nella formazione di ^{239}Pu, che si va accumulando lentamente nelle barre di combustibile.

Il ^{239}Pu è un elemento particolare (e alcuni direbbero particolarmente maligno) per tre motivi. Il primo è che non esiste in natura poiché, per quanto la sua emivita sia molto lunga rispetto alla scala umana, in confronto alle ere geologiche è esigua. L'unico plutonio che c'è nel mondo è quello che gli uomini hanno prodotto artificialmente. Il secondo è che si può fissionare con i neutroni, come l'isotopo ^{235}U, però, a differenza di questo, non richiede che i neutroni siano lenti (poco energetici) e, di conseguenza, è più efficiente dell'isotopo ^{235}U per mantenere una reazione a catena. Di conseguenza è uno straordinario combustibile e una non meno straordinaria materia prima per fabbricare armi nucleari. Infine, in un reattore nucleare convenzionale è impossibile non produrre ^{239}Pu e altri isotopi di massa maggiore rispetto all'uranio (chiamati transuranici). Alcuni transuranici, tra cui lo stesso plutonio, hanno emivite dell'ordine di migliaia o decine di migliaia di anni e sono la ragione per cui le scorie radioattive devono essere stoccate a lungo nei depositi geologici. Tutto ciò ha fatto diventare il plutonio e i suoi amici *personae non gratae* in vasti ambienti sociali. Eppure, come vedremo, è possibile riscattare questi paria grazie a un'invenzione che ricalca da molto vicino le ambizioni degli antichi alchimisti: i reattori a neutroni veloci, autentica pietra filosofale dell'energia nucleare (capitolo 9).

Usi pacifici della radioattività e dell'energia nucleare

È innegabile che un coltello miri a ferire. Però è altrettanto innegabile che un bisturi punti a guarire. Un pezzo di ferro può essere forgiato in una spada o in un aratro. Non c'è niente di fatidico, soprannaturale o inevitabile che ci costringa a rinunciare agli usi pacifici dell'energia nucleare per scontare gli errori passati o espiare i nostri peccati. Alcuni di questi usi sono invisibili ma molto importanti, come l'impiego dell'isotopo radioattivo ^{241}Am nei rivelatori antincendio installati in tutti gli edifici pubblici e in molte residenze private. Altri hanno salvato milioni di vite, a partire dai raggi × (la cui natura è identica a quella dei temuti raggi gamma) per continuare con quella vasta branca che, ai tempi in cui ero studente di fisica, era nota come *medicina nucleare*, nome usato molto raramente nella nostra era politicamente corretta. La famosa, ma ancora avveniristica, "economia dell'idrogeno" può trovare nell'energia nucleare un pilastro essenziale, e le future astronavi avranno dei propulsori atomici[11].

Ricapitoliamo brevemente alcune di queste applicazioni.

Medicina nucleare

Sotto questo nome, oggi in disuso, comprendiamo in realtà due tipi

---

[11] O forse non tanto avveniristica, per es.: http://www.telegraph.co.uk /science/sciencenews/3322276/Star-Trek-style-ion-engine-to-fuel-Mercury-craft.html

di attività: la diagnostica e il trattamento delle malattie. Soltanto in Europa si registrano approssimativamente dieci milioni di interventi all'anno che possono essere classificati come medicina nucleare, e una delle industrie attualmente più floride è quella dei radiofarmaci.

Diagnostica

Le tecniche diagnostiche sono basate su un'apparente blasfemia. Al paziente viene fatta ingerire o viene iniettata una sostanza radioattiva che emette raggi gamma. Questi raggi gamma vengono rilasciati all'interno del suo corpo, attraversano i tessuti e arrivano fino a una camera in cui vengono registrati. La camera usa queste informazioni per costruire, con l'aiuto di programmi sofisticati, un'immagine tridimensionale della zona o degli organi sotto esame.

Ma come è possibile? Che ne è del *potere distruttore della radioattività*? La risposta era nota già ai nostri trisavoli: il veleno è nella dose, non nella sostanza. Un bicchiere di vino ingerito con la cena fa bene alla salute. Una bottiglia di whisky come colazione, non tanto. Qualche goccia di laudano aiuta a dormire, una boccetta intera ci spedisce all'altro mondo. Le *dosi* (capitolo 10) di queste sostanze radioattive ingerite dai pazienti sono, dal punto di vista della salute, minime, però sono sufficientemente elevate da permettere di fare una diagnosi.

Oggigiorno, la procedura più sofisticata è la tomografia a emissione di positroni, o PET (dalle iniziali inglesi di *Positron Emission Tomography*). Per sottoporre il paziente a questo tipo di esame, gli si inietta un radionuclide che emette positroni. Il positrone è una particella di antimateria, l'immagine dell'elettrone in uno strano specchio cosmico. Come amanti fatali, l'incontro di un positrone e di un elettrone porta al loro reciproco annientamento, con l'emissione di due raggi gamma che fuggono in direzioni opposte e vengono rilevati dalla strumentazione che circonda il paziente. L'applicazione più comune della PET è nella diagnosi non invasiva dei tumori, anche se viene usata pure per ricostruire immagini del cuore e del cervello.

La dose tipica che si riceve durante un trattamento di medicina nucleare quale quello della PET è di 4,6 mSv (vedere capitolo 10), circa il doppio della radiazione annuale media dovuta a cause naturali.

Terapia

Un tumore non è altro che un gruppo di cellule che si dividono rapidamente. La tecnica per controllare e, spesso, curare molti tipi di cancro consiste nello scatenargli contro in pieno (questa volta sì) tutto il potere distruttore della radiazione.

Tale irradiazione può essere esterna (utilizzando sorgenti di cobalto-60 o acceleratori con i quali si crea un fascio di raggi gamma molto mirato, che viene concentrato sulla zona malata) o interna, impiantando una sorgente di raggi gamma o beta nella zona che si vuole trattare. Uno degli ioni più utilizzati per curare il cancro alla tiroide è lo iodio-131. L'iridio-192 si usa per tumori della testa e della mammella. Veleno localizzato per curare il paziente. Ancora più drastico è il trattamento della leucemia, che spesso richiede un trapianto di midollo. Prima si somministra al paziente una dose *letale* di radiazioni, allo scopo di distruggere il midollo canceroso. Naturalmente il paziente evita la morte grazie al successivo trapianto.

Cosa sono e come si producono i radioisotopi

Ricapitolando, la medicina nucleare utilizza, sia per la diagnosi sia per la cura, un ampio spettro di *radioisotopi*. Chiamiamo così gli isotopi radioattivi di un determinato elemento (stesso numero di protoni, diverso numero di neutroni). Il trattamento medico, insieme ad altre applicazioni, utilizza oggigiorno più di duecento radioisotopi, la maggior parte dei quali deve essere prodotta artificialmente. La tecnica più comune per fabbricare radioisotopi consiste nel bombardare un nucleo stabile (iodio, stronzio, cesio, eccetera) con neutroni, all'interno di un reattore nucleare.

Questi reattori non sono gli enormi impianti commerciali destinati a produrre elettricità, ma dispositivi speciali progettati appositamente a questo scopo, chiamati reattori di ricerca, molto più piccoli e meno complessi da gestire dei loro giganteschi cugini di primo grado.

Il veleno è nella dose

L'isotopo ^{241}Am è un elemento radioattivo, con un'emivita di quattrocentotrentadue anni, che compare tra i prodotti della fissione nucleare (viene sviluppato in seguito alla disintegrazione di un isotopo del plutonio). La sua attività è nientemeno che centoventisettemila milioni di becquerel per grammo.

Il funzionamento di un rivelatore di fumo ad americio si basa sul fatto che l'isotopo ^{241}Am emette particelle alfa che, scontrandosi con gli atomi di ossigeno e azoto dell'aria, danno vita a particelle cariche chiamate ioni. Applicando un basso voltaggio tra due elettrodi si riesce a catturare questi ioni, producendo così una leggera corrente elettrica. Quando il fumo entra nel rivelatore, la radiazione alfa viene assorbita dalle minuscole particelle di cenere che fluttuano nel fumo e la corrente si interrompe, cosa che fa scattare un allarme.

Buona parte dei rivelatori di fumo utilizza questo pericolosissimo radioisotopo, scoperto durante il progetto Manhattan. Potresti averne, amico lettore, uno installato sopra il capo, che ti sta inviando senza sosta raggi gamma. Prima di scappare a gambe levate, però, lascia che ti spieghi che le quantità di ^{241}Am utilizzate dai rivelatori di fumo sono piccolissime, dell'ordine del microgrammo. La dose che stai ricevendo non supera gli 0,001 mSv all'anno, quattrocento volte di meno della radiazione naturale. Puoi stare tranquillo.

Il veleno è nella dose, non nella sostanza.

9. Reattori nucleari

> La preferenza manifestata dalla vita selvatica per i siti contaminati da scorie nucleari [riferendosi a Chernobyl] suggerisce che i luoghi più indicati per lo smaltimento di queste ultime possano essere le foreste tropicali e altri habitat bisognosi di un guardiano affidabile che ne impedisca la distruzione per mano di agricoltori famelici e di altri soggetti interessati allo sviluppo a ogni costo.
>
> *James Lovelock*, La rivolta di Gaia[1]

L'energia nucleare, fonte di elettricità

Non si può negare che l'uso pacifico dell'energia nucleare si sia sempre portato appresso lo stigma delle sue origini belliche. Il primo reattore nucleare è stato costruito da Fermi e Leo Szilard nell'ambito del progetto Manhattan, per dimostrare la formazione della reazione di fissione a catena, e il progetto del reattore LWR, oggigiorno il più diffuso, è basato sui reattori sviluppati per i sottomarini nucleari. Anche la diffusione iniziale dell'energia nucleare ha coinciso con lo sviluppo delle superpotenze nucleari. Gli Stati Uniti, l'Unione Sovietica, la Francia e il Regno Unito si sono dati contemporaneamente alla costruzione di centrali per produrre sia elettricità che un arsenale di bombe atomiche. Due processi a cui si può ricorrere sia per produrre combustibile nucleare sia per produrre materia prima per testate atomiche sono l'arricchimento dell'uranio e il ritrattamento del combustibile usato in un reattore. Vediamo perché.

---

[1] James Lovelock (2006) *La rivolta di Gaia*, traduzione di Massimo Scaglione, Rizzoli, pag. 128. (N.d.T.)

Arricchimento dell'uranio

Nella maggior parte dei reattori nucleari, è necessario che l'isotopo ^{235}U sia presente nel combustibile in una proporzione del 3 per cento. Nella bomba classica a uranio, invece, serve ^{235}U quasi puro.

In entrambi i casi, è necessario separare l'isotopo ^{235}U dall'isotopo ^{238}U tramite un processo che viene chiamato *arricchimento* (grafico 9.1). L'uranio si trova in molti giacimenti sparsi per il pianeta (anche se l'Australia da sola si accaparra più del 20 per cento delle riserve) e, una volta estratto, viene processato in raffinerie specializzate per dar vita a un ossido di uranio (U_2O_3) chiamato "torta gialla" (*yellow cake*). In un impianto di arricchimento, il primo passo consiste nel trasformare l'ossido in esafluoruro di uranio (UF_6), che può venire convertito in forma gassosa a temperature moderate. A quel punto, il gas viene introdotto in centrifughe in cui i due isotopi vengono separati grazie alle diverse masse. Una volta arricchito, l'UF_6 si trasforma in diossido di uranio, UO_2.

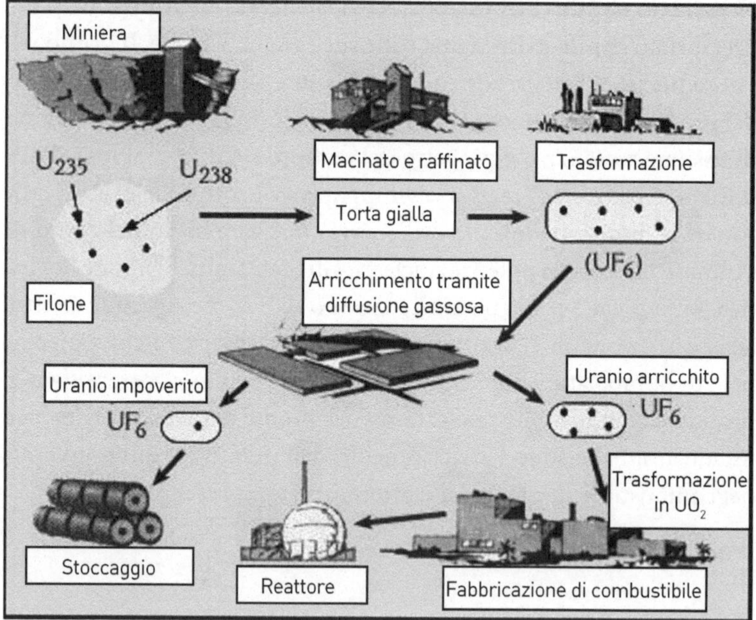

Grafico 9.1 Arricchimento dell'uranio

Naturalmente le potenze nucleari hanno utilizzato i propri impianti di arricchimento per produrre ^{235}U sia a fini commerciali sia a fini bellici. Altri Paesi, che hanno sviluppato più tardi l'energia nucleare con fini strettamente pacifici (come la Spagna), non hanno avuto bisogno di realizzare tutta quell'infrastruttura, poiché risulta economicamente più conveniente acquistare l'uranio già arricchito. Tuttavia, ce ne furono altri che si affrettarono a costruire i propri impianti. Cina, India, Israele, Sudafrica, Pakistan: in tutti questi casi, il risultato finale è stata la produzione di bombe atomiche. Ecco perché ci sono pochi dubbi sulle reali intenzioni del programma nucleare dell'Iran, uno dei Paesi con le maggiori riserve di gas naturale della Terra, in particolare data la sua insistenza nel controllare la tecnica dell'arricchimento dell'uranio.

Il combustibile nucleare si prepara a partire dall'uranio arricchito, con cui si fabbricano capsule cilindriche poco più grandi di una compressa multivitaminica (circa 2,5 cm di diametro per 2 cm di lunghezza) che, a loro volta, vengono collocate in lunghi tubi di metallo (normalmente zirconio, un metallo duro e resistente alla corrosione, con proprietà simili all'acciaio) di circa 3 m e mezzo di lunghezza e 2,5 cm di larghezza (figura 9.1, a sinistra). A loro volta, questi tubi si assemblano in *elementi* che contengono all'incirca da 50 a 100 unità (figura 9.1, a destra). Questi elementi di combustibile sono l'unità base che viene introdotta nel nucleo del reattore.

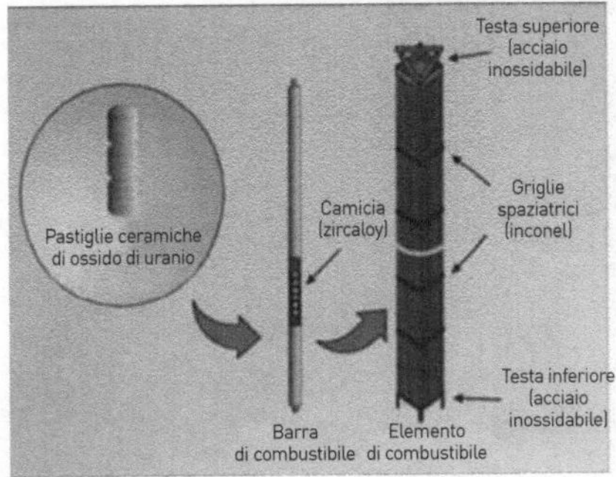

Figura 9.1 Un elemento di combustibile

Come funziona un reattore nucleare

Una centrale nucleare assomiglia molto a una centrale termica in cui il combustibile siano il carbone o il gas naturale. Tutte sono provviste di una grande turbina di Parsons che si muove grazie a un getto di vapore acqueo ad alta pressione e temperatura. La turbina, a sua volta, fa girare un generatore di corrente. La differenza con le centrali termiche convenzionali è nel combustibile usato per produrre il calore necessario per generare il vapore acqueo. Anziché bruciare carbone o gas naturale, una centrale nucleare mantiene all'interno di un reattore una reazione di fissione controllata.

La figura 9.2 mostra uno schema del tipo di reattore più diffuso oggigiorno, quello cosiddetto ad acqua leggera in pressione o LWR (dalle iniziali inglesi di *Light Water Reactor*), di cui esistono due varianti: il PWR (o acqua in pressione, *Pressure Water Reactor*) e il BWR (*Boiling Water Reactor*). Il nucleo del reattore è costituito da un reticolo di circa duecento elementi di combustibile, collocati in un cilindro di circa 3,5 m di diametro e 3,5 m d'altezza, contenuti in un contenitore pressurizzato fatto d'acciaio spesso all'incirca dai 15 ai 20 cm.

Il contenitore viene chiuso in un guscio o bunker di cemento che agisce da scudo contro le radiazioni e che a sua volta è chiuso in un edificio di cemento armato, progettato per prevenire le fughe di gas

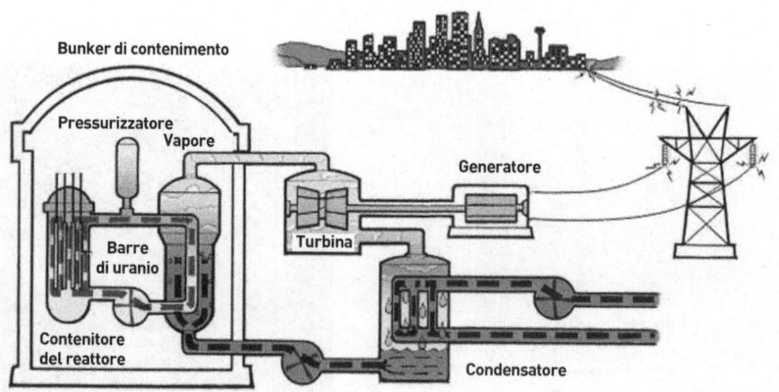

Figura 9.2 Schema di un reattore ad acqua leggera in pressione LWR/PWR

o di fluidi radioattivi in caso di incidente. Per controllare la reazione a catena si usano barre di controllo, fatte di materiali capaci di assorbire i neutroni, come il cadmio o il boro. Le barre di controllo possono salire o scendere all'interno del nucleo. In caso di incidente, o quando è necessaria una ricarica di combustibile, le barre di controllo vengono abbassate completamente, in modo che la reazione a catena si blocchi. Oltre alle barre di controllo, esistono sistemi d'emergenza che permettono di iniettare direttamente nel moderatore una sostanza in grado di assorbire neutroni in caso sia necessario arrestare immediatamente la reazione a catena.

Tra gli elementi che contengono il combustibile circola dell'acqua che, in un reattore di tipo LWR, ha due funzioni molto diverse. Da un lato agisce come *refrigerante*, convogliando il calore prodotto come conseguenza delle fissioni nucleari fino a un circuito secondario, come si può vedere nella figura 9.2. In un reattore di tipo PWR, l'acqua viene pompata all'interno del nucleo a una temperatura di 290° C ed esce a 325° circa (senza raggiungere il punto di ebollizione, a causa dell'alta pressione a cui è sottoposta). Una volta fuori dal nucleo, passa attraverso uno scambiatore di calore, dove cede il proprio calore a un circuito secondario che opera a una pressione più bassa e nel quale si produce vapore acqueo la cui espansione muove una potente turbina collegata a un generatore. Dopo essere passato per la turbina, il vapore si condensa e viene introdotto di nuovo nello "scaldabagno" per chiudere il ciclo. Un dettaglio importante è che l'acqua del circuito secondario non entra in contatto con gli elementi radioattivi posti all'interno del nucleo e, quindi, la parte di centrale legata alla produzione di elettricità non necessita di precauzioni particolari.

Il secondo compito dell'acqua nel nucleo è agire come *moderatore*. Non si sarebbe potuto scegliere un termine peggiore, poiché suggerisce che l'acqua moderi o mitighi la reazione a catena. In realtà succede l'esatto opposto: in un reattore nucleare, senza l'azione del moderatore la reazione a catena non potrebbe avvenire. Ciò che l'acqua modera non è la reazione, ma la velocità dei neutroni che si producono durante le fissioni dell'isotopo ^{235}U.

Perché è necessario moderare la velocità dei neutroni? Un modo di rappresentarsi il fenomeno è immaginare il nucleo dell'isotopo ^{235}U come una grossa goccia d'acqua appiccicata su un vetro in una sera di pioggia. Altre goccioline molto più piccole (i neutroni) le passano accanto. Se una di queste si avvicina abbastanza lentamente da far sì che la sorella maggiore la catturi, il risultato sarà una goccia troppo grande, che non è in grado di mantenersi e si divide (o fissiona) in due. Se però le gocce piccole passano troppo in fretta, non le danno il tempo di catturarle, e la goccia grande non si divide.

Se il combustibile fosse ^{235}U puro, i numerosi neutroni, circolando tra i nuclei di uranio, prima o poi finirebbero per fissionarli. Ma ricordiamo che *il 97 per cento del combustibile non è ^{235}U, bensì ^{238}U*. Immaginiamo di nuovo il cristallo di prima, la serata di pioggia e le piccole goccioline che vagano sul vetro. Però, adesso, per ogni gruppo di tre gocce grandi di ^{235}U bisogna aggiungere 97 dischetti fatti di materiale assorbente. Le goccioline, accelerate dal vento, si muovono molto in fretta ed è raro che rimangano accanto a una delle gocce grandi abbastanza a lungo da venire catturate. In compenso, i dischetti assorbenti non hanno alcun problema a mangiarsele ogni volta che si scontrano con una di loro. Dal momento che ci sono molte più biglie (di ^{238}U) che gocce grandi (di ^{235}U), le goccioline rapide (vale a dire i neutroni energetici prodotti dalla fissione) finiscono divorate dal materiale assorbente, e il processo di fissione si estingue.

Il modo per contrastare questo effetto è aggiungere un moderatore, vale a dire un agente che costringe i neutroni a muoversi lentamente (possiamo immaginarlo come un sottilissimo velo di colla che obbliga le goccioline a girare molto piano, rendendo possibile la loro entrata in contatto con le gocce grandi prima che vengano catturate dai dischetti di spugna).

I neutroni liberati da un nucleo di ^{235}U che si fissiona sono ad alta energia, e, di conseguenza, sono molto veloci. Se il mezzo in cui si muovono contiene elementi leggeri (come l'idrogeno, l'elio e il carbone), i neutroni urtano ripetutamente contro i nuclei di questi elementi (la colla della nostra metafora) e vanno poco a poco perdendo energia "per attrito", fino a trasformarsi in neutroni lenti (con poca energia).

Abbiamo già visto che le barre di combustibile sono immerse in acqua, che circola in pressione tra le pastiglie di uranio arricchito, portando via con sé il calore prodotto dalla fissione per condurlo al circuito in cui si produce il vapore acqueo. Ma l'acqua è anche l'elemento in cui si muovono i neutroni prodotti durante la fissione dell'isotopo ^{235}U. Ogni molecola di liquido contiene due atomi di idrogeno, vale a dire due protoni che servono a moderare (frenare) i neutroni che li urtano. Quanto più si fermano i neutroni, più è facile che vengano catturati dall'isotopo ^{235}U anziché venire eliminati dall'isotopo ^{238}U. Ne risulta quindi che la funzione del moderatore (in questo caso, dell'acqua) non è quella di moderare, bensì quella di rendere possibile la reazione a catena.

L'acqua è un moderatore ragionevolmente buono, ma non perfetto, poiché l'idrogeno tende a catturare i neutroni per produrre deuterio (un isotopo dell'idrogeno con un protone e un neutrone) e, quindi, in un reattore di tipo LWR i due processi (rallentamento dei neutroni e formazione del deuterio) competono. Altri elementi leggeri, come il carbonio (sotto forma di grafite pura), sono moderatori di gran lunga migliori, però, come vedremo, il loro uso comporta rischi maggiori rispetto a quello dell'acqua.

Composizione del combustibile usato

Che cosa succede al combustibile durante i tre anni in cui rimane nel reattore? Tanto per cominciare, l'isotopo ^{235}U va diminuendo via via che si fissiona. Contemporaneamente, nelle pastiglie di combustibile vanno accumulandosi gli elementi che si creano in ciascuna fissione. L'uranio tende a esaurirsi, però si produce una gran varietà di isotopi di vari elementi, inclusi cripto, stronzio, zirconio, molibdeno, tecnezio, rutenio, rodio, palladio, tellurio, iodio, xenio, cesio e bario. Alcuni di questi isotopi costituiscono le famigerate "scorie altamente radioattive". La discussione sulla radioattività presente nel capitolo 8 può aiutarci a precisare meglio questo concetto un po' vago.

Tanto per cominciare, gli isotopi più radioattivi sono, come abbiamo visto, quelli che durano meno. Molti hanno emivite (il tempo impiegato da una certa quantità di materiale radioattivo a ridursi della metà) che vanno da minuti a settimane, per cui scompaiono dopo un tempo relativamente breve. Altri, al contrario, hanno emivite molto lunghe e si posizionano all'altro estremo. Quanto più tempo impiegano a disintegrarsi, meno radiazioni emettono per grammo di materiale (il caso estremo è quello dell'isotopo ^{238}U). In un certo senso, le scorie più problematiche sono quelle che hanno emivite abbastanza lunghe da durare molto tempo e abbastanza brevi da emettere molte radiazioni per grammo di materiale.

Inoltre, non tutti gli isotopi vengono prodotti in uguale quantità. Tra gli isotopi di "media durata", gli unici che si producono in quantità apprezzabili sono il cesio-137 (^{137}Cs) e lo stronzio-90 (^{90}Sr), ambedue con emivite di trent'anni. Tra gli isotopi di lunga durata, i più abbondanti sono il tecnezio-99 (circa 211.000 anni di emivita) e il cesio-135 (2,3 milioni di anni).

Infine, il punto più importante. Non sono tutti altrettanto pericolosi. Quasi tutti gli elementi con una vita lunga emettono solo radiazioni beta, il che li rende innocui a meno che vengano ingeriti in quantità consistenti (ne parlerò più approfonditamente nel prossimo capitolo). Non meno importante è la facilità con cui un isotopo può venire assorbito dal corpo umano. Il cripto-85, per esempio, è un gas nobile (perciò respirabile) con un'emivita di un po' più di dieci anni (ragion per cui trascorre un secolo prima che un certo campione perda la maggior parte della sua attività) ed emette particelle gamma, motivo per cui può danneggiare i tessuti dei polmoni. Però, a volte, questi effetti nocivi possono essere usati a nostro favore. Lo stronzio è un elemento che possiamo incorporare alle nostre ossa (ha la capacità di "imitare" chimicamente il calcio). Approfittando di questa sua qualità, lo stronzio-89 viene usato in radioterapia per combattere i tumori delle ossa.

Oltre ai prodotti da fissione (derivati dall'isotopo ^{235}U), l'assorbimento di neutroni da parte dell'isotopo ^{238}U crea ^{239}Pu e altri elementi situati a destra dell'uranio nella tavola periodica, che chiamiamo transuranici.

Quando estraiamo le barre di combustibile usato dal reattore, il 94 per cento della massa delle pastiglie è costituito da uranio in cui l'eccedenza di ^{235}U ha subito la fissione (quindi assomiglia maggiormente all'uranio naturale originale). Il 5 per cento circa è costituito dai prodotti della fissione dell'isotopo ^{235}U, molti dei quali hanno emivite molto brevi e, di conseguenza, perdono la propria attività nel giro di alcuni anni. Dopo un decennio, l'attività è dominata dal ^{137}Cs e dall'isotopo ^{90}Sr che ammontano, tra tutti e due, allo 0,3 per cento circa del combustibile usato. Infine, il combustibile contiene circa uno 0,9 per cento di plutonio e circa uno 0,1 per cento di altri transuranici quali il plutonio-230 e l'americio-241.

Bilancio dei materiali per alimentare una centrale nucleare da 1.000 MW per un anno

Giacimento	20.000 t di minerale (1% di U)
Raffinato	230 tonnellate di yellow cake 195 t U
Trasformazione	288 tonnellate di UF_6 195 t U
Arricchimento	35 t di UF_6 24 t U arricchito
Combustibile	27 t di UO_2 24 t U arricchito
Combustibile usato	27 tonnellate 23 t U, 240 kg Pu, 720 kg prodotti fissione

La tabella mostra i numeri relativi al tipico reattore da mille MW di potenza. A partire dalle ventimila tonnellate di minerale di uranio se ne ottengono ventiquattro di uranio arricchito, con cui si alimenta la centrale per un anno. Il combustibile esausto contiene ventitré tonnellate di uranio, in cui la proporzione di ^{235}U è diminuita fino allo 0,9 per cento (appena più alta che nell'uranio naturale), duecentoquaranta kilogrammi di plutonio e settecentoventi kilogrammi di prodotti da fissione.

Il grafico 9.3 mostra l'evoluzione dell'attività delle scorie in funzione del tempo trascorso da quando il combustibile viene estratto dal reattore. La linea orizzontale indica la radioattività naturale della quantità equivalente di minerale di uranio e ci serve per farci un'idea di quando le scorie non sono più pericolose di una vena naturale di uranio. I prodotti da fissione (^{137}Cs e ^{90}Sr) dominano la radioattività durante i primi cento anni ma, dopo tre o quattro secoli, il loro livello di attività è precipitato al di sotto della radioattività naturale del combustibile originale. Tuttavia il contributo, molto meno alto però più persistente, degli elementi transuranici (capeggiati dall'isotopo ^{241}Am) va ad aggiungersi a quello dei prodotti da fissione, così che la radioattività totale permane al di sopra di quella dell'uranio per circa diecimila anni. Da qui, la necessità di stoccare il combustibile esausto in depositi geologici.

Quando il combustibile viene estratto dal reattore, la sua attività è altissima e, di conseguenza, produce moltissimo calore a causa dell'emissione di raggi gamma. Questo è il motivo per cui viene stoccato in piscine, all'interno della centrale nucleare stessa. L'acqua serve

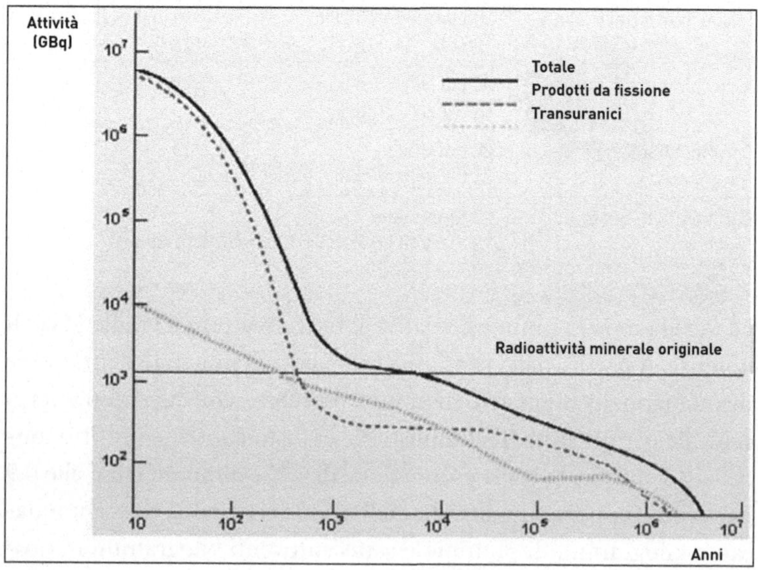

Grafico 9.3 Variazione dell'attività delle scorie al passare del tempo. [WNA, 2007]

a bloccare le radiazioni gamma e a disperdere il calore prodotto dalle disintegrazioni. In questo senso, è importante insistere sul fatto che le radiazioni gamma, pur essendo molto intense, hanno una portata corta, e pochi metri di acqua sono sufficienti per smorzarle. Ecco perché, all'esterno dell'edificio blindato che contiene le piscine, il livello di radioattività non è superiore al normale.

Dopo dieci anni, gli isotopi a vita breve sono scomparsi, l'attività delle scorie è diminuita di un fattore 100 e le barre di combustibile possono già venire estratte per essere stoccate o riprocessate, anche se spesso vengono lasciate nella piscina per alcuni decenni aggiuntivi, una soluzione "provvisoria" che in Spagna si è prolungata fino a oggi. La capacità delle piscine delle centrali spagnole al momento[2] è al 75 per cento e giungerà a saturazione nel giro di altri dieci anni, il che a breve costringerà a estrarre le barre.

Che fare, allora, con queste scorie? Ci sono tre possibilità: a) riprocessarle; b) chiuderle in barili a secco, come quello della figura 9.2; c) vetrificarle, per stoccarle (temporaneamente o definitivamente) in un deposito geologico.

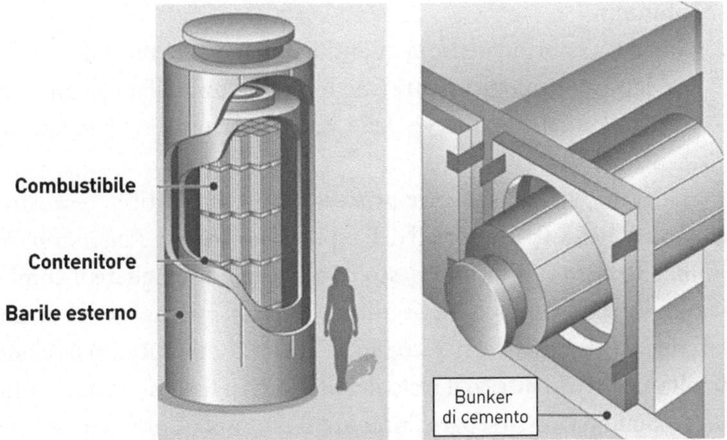

Figura 9.2 Barili a secco per lo stoccaggio temporaneo delle scorie. [WNA, 2007]

---

[2] Ricordiamo che il libro è stato scritto nel 2009 (N.d.T.)

Le ultime due opzioni hanno a che fare con lo stoccaggio delle scorie, di cui ci occuperemo nel capitolo 10. Della possibilità di riprocessarle (secondo me, una necessità) parliamo qui di seguito.

La trasformazione delle scorie

Perché riprocessare il combustibile esausto? Tanto per cominciare perché, delle ventiquattro tonnellate che abbiamo estratto dal reattore, ventitré sono di uranio naturale, che può essere nuovamente utilizzato come combustibile o venire stoccato in depositi che non richiedono particolari misure di sicurezza, poiché la sua radioattività è molto bassa. Per quanto riguarda i duecentoquaranta kilogrammi di plutonio, niente ci impedisce di usarli come combustibile. Di fatto, in un reattore convenzionale quasi il 30 per cento dell'elettricità è prodotto grazie alle fissioni del plutonio accumulato in seguito alla trasformazione dell'isotopo ^{238}U. Da qui nasce l'idea di processare il combustibile usato, separando le vere scorie della fissione (il 5 per cento circa) dall'uranio e dal plutonio. I vantaggi sembrano evidenti:

1. Si sfrutta meglio il combustibile, guadagnando approssimativamente un 25 per cento di energia extra a partire dall'uranio e dal plutonio.

2. Si riduce enormemente la quantità di scorie che bisogna stoccare in depositi geologici sicuri (meno di una tonnellata all'anno per centrale nucleare, invece delle ventiquattro tonnellate annue a centrale).

La tecnica più usata per processare il combustibile esausto si chiama PUREX (dalle iniziali dell'espressione inglese *Plutonium Uranium Extraction*). Il primo passo consiste nel disciogliere il combustibile in acido nitrico. In seguito si usa un miscuglio di solvente organico e cherosene per recuperare l'uranio e il plutonio lasciando sciolto nell'acido nitrico il resto dei prodotti di fissione. A quel punto, un secondo processo separa l'uranio e il plutonio. L'uranio può essere stoccato, oppure destinato a fabbricare nuovamente uranio arricchito, mentre il plutonio può essere utilizzato come base di un combustibile chiamato MOX (un ossido in cui si miscelano plutonio e uranio). Da ultimo, i settecentoventi kilogrammi di prodotti radioattivi di fissione vengono vetrificati per essere inviati a un deposito permanente.

In effetti diversi Paesi, tra cui la Francia, il Regno Unito, gli Stati Uniti e l'Unione Sovietica, hanno costruito impianti di riprocessamento negli anni Sessanta. La Francia continua a riprocessare il combustibile, così come lo fa il Giappone che, di recente, si è costruito i propri impianti. In compenso, gli Stati Uniti hanno interrotto il ritrattamento civile di combustibile nel 1977.

C'è qualche ragione per non riprocessare il combustibile dato l'ovvio vantaggio di sfruttare il plutonio e ridurre il volume delle scorie? Sfortunatamente, una di queste ragioni (e, secondo me, la più importante) è economica. Il prezzo dell'uranio è molto basso. A meno di cento dollari al kilo, risulta circa tre volte più economico utilizzare il combustibile solo una volta piuttosto che riprocessarlo. La conseguenza è che l'industria nucleare non è particolarmente motivata ad assumersi le complicazioni associate a un "ciclo chiuso" (riciclaggio e ritrattamento degli elementi) invece di accontentarsi di un "ciclo aperto" (un unico uso), soprattutto se, come nel caso della Spagna, il problema di stoccare le scorie viene posposto lasciandole nelle piscine per decenni.

La questione economica non dovrebbe prevalere, a mio parere, sulle considerazioni ecologiche. Il grafico 9.3 mostra la radiotossicità (RT). La RT si misura in unità di dose, che quantificano il danno che può infliggere all'organismo (capitolo 10). Come nel caso dell'attività, è importante confrontare la RT di un determinato elemento con quella dell'uranio naturale. I transuranici sono molto più pericolosi, e per un tempo molto più lungo, degli altri prodotti di fissione, come il ^{137}Cs. Il più pericoloso di tutti è il plutonio, il cui livello di radiotossicità non raggiunge quello dell'uranio naturale se non dopo centomila anni, seguito dall'americio (diecimila anni).

La conclusione è inequivocabile: è necessario riprocessare il combustibile, non solo per sfruttare meglio l'energia e ridurre il volume delle scorie da stoccare ma anche, soprattutto, per eliminare i residui più pericolosi e di maggiore durata. Nonostante la sicurezza dei de-

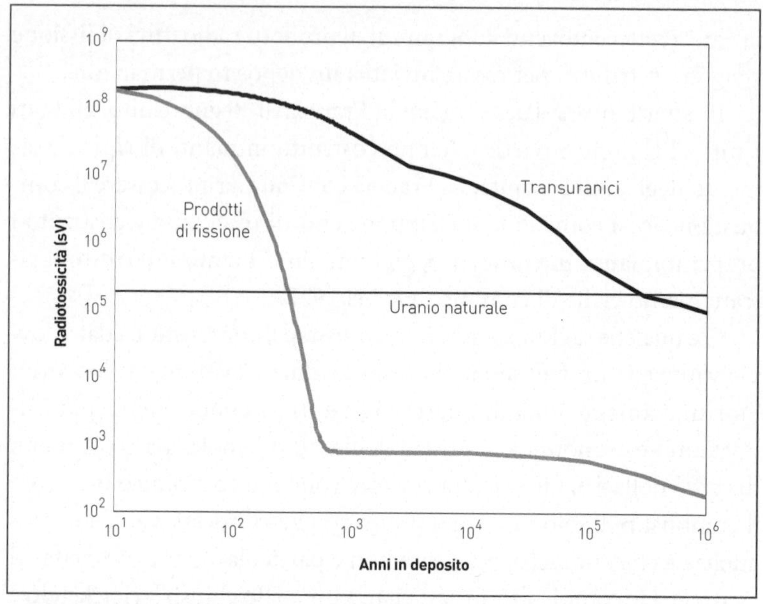

Grafico 9.3 Radiotossicità (RT) del combustibile usato confrontata con quella dell'uranio naturale. Gli elementi più pericolosi sono i transuranici. [WNA, 2007]

positi geologici (capitolo 10), se non sotterriamo il plutonio (e gli altri transuranici che possono a loro volta venire separati dai prodotti di fissione), il tempo necessario affinché le scorie cessino di essere pericolose si riduce da diecimila anni a tre o quattro secoli.

La cattiva fama del plutonio

Tuttavia, la cosa si complica quando entrano in gioco altre considerazioni, legate ai potenziali impieghi distruttivi del plutonio. Sono state proprio queste considerazioni a portare l'amministrazione Carter a chiudere gli impianti *civili* di riprocessamento degli Stati Uniti negli anni Settanta.

Il plutonio, senza dubbio, è idoneo a fabbricare bombe, e tutte le grandi potenze nucleari si sono servite del PUREX per separare questo materiale allo scopo di costruire testate nucleari. Durante i decenni Sessanta e Settanta queste stesse potenze, Stati Uniti in testa, hanno iniziato a temere che un gran numero di Paesi si dotasse di armamenti nucleari (pur senza smettere, per quello, di costruirsi il proprio). Nacque allora il cosiddetto "problema della proliferazione nucleare", che si potrebbe formulare come segue: un Paese interessato a sviluppare la bomba finge che la sua unica motivazione sia quella di generare corrente elettrica. Costruisce un reattore nucleare e, dopo un anno, dispone niente meno che di duecentocinquanta kilogrammi di plutonio. Costruisce anche un impianto per riprocessare il combustibile usato nel reattore durante quell'anno, vi separa il plutonio e può così fabbricarsi alcune testate nucleari. Suona familiare? Stiamo parlando degli anni Settanta, e sembra che ci stiamo riferendo all'attuale situazione iraniana. La storia è una fonte irresistibile per qualunque romanziere[3].

Perché gli Stati Uniti hanno dismesso il riprocessamento civile del combustibile? Per evitare il rischio di cui abbiamo appena parlato. Se un Paese non possiede impianti per separare il plutonio non può costruire armi atomiche pur avendo reattori nucleari. Pertanto, la soluzione "politica" al problema della proliferazione era, secondo l'amministrazione Carter, chiudere tutti gli impianti di riprocessamento civile, a partire da quelli del suo stesso Paese, per dare un "esempio morale" e poter così esercitare una certa pressione sugli altri Stati.

Per inciso, la moralità dell'esempio era discutibile, dal momento che gli Stati Uniti non hanno mai chiuso gli impianti di riprocessamento *militare*, nei quali hanno continuato a utilizzare il PUREX per separare il plutonio e fabbricare decine di migliaia di testate nucleari. Né è servito a molto, visto che altre potenze nucleari, come per esempio la Francia, non hanno seguito le direttive del loro potente alleato.

Di fatto, il famoso problema della proliferazione è un ulteriore esempio di fino a che punto le applicazioni pacifiche dell'energia nucleare devono scontare peccati che non hanno commesso. Se la si esamina attentamente, la questione del Paese che costruisce un reattore nucleare e un impianto di riprocessamento (per trattare il combusti-

---

[3] Incluso, ahimè, il sottoscritto: vedere, pubblicato da Espasa, http://www.planetadelibros.com/materia-extrana-libro-2700.html.

bile che esce da questo reattore) con l'unico scopo di fabbricare una bomba è quasi ridicola.

Perché? In primo luogo, perché il ciclo di un reattore civile è approssimativamente di un anno. Ogni dodici mesi il nucleo viene aperto e si cambia un terzo del combustibile. È ovvio che in questo terzo c'è plutonio in abbondanza (circa novanta kilogrammi), però in un anno non si forma soltanto ^{239}Pu (a partire dall'^{238}U), ma anche ^{240}Pu (a partire dal ^{239}Pu), in una proporzione di circa il 10 per cento del plutonio totale.

Ricordiamo il meccanismo di base di una bomba. Due pezzi di plutonio di massa subcritica si uniscono bruscamente e la reazione a catena che non potrebbe sussistere in nessuno dei due singoli frammenti scatta al superamento della massa critica e all'aumentare esponenziale del numero di neutroni. Ma che cosa succede se, prima di unire questi due pezzi di plutonio, li bombardiamo con dei neutroni? Succede che si producono molte fissioni, senza che l'esplosione arrivi a prodursi perché nessuno dei due raggiunge la massa critica, così che si consuma abbastanza plutonio perché la bomba si trasformi in un petardo bagnato.

Ora, il ^{240}Pu è un prolifico emettitore di neutroni e un 10 per cento mescolato al ^{239}Pu è sufficiente per rovinare l'esplosivo. Quanto più tempo impieghiamo ad arrestare la reazione a catena, più ^{240}Pu si forma. L'unica alternativa è aprire il reattore dopo un mese o due, momento in cui la massa di plutonio inizia a essere scarsa per i nostri scopi. Abbiamo anche il piccolo problema di spiegare agli ispettori dell'Agenzia internazionale per l'energia atomica[4] perché abbiamo fermato per un mese la centrale per estrarre del combustibile appena introdotto...

---

[4] AIEA dalle iniziali italiane, IAEA da quelle inglesi. Il suo obiettivo è velocizzare e incrementare a livello mondiale l'impiego dell'energia atomica per fini pacifici, di salute e di prosperità, assicurandosi che l'assistenza prestata non venga usata a scopi militari. A questo fine, l'AIEA stabilisce norme di sicurezza nucleare e protezione ambientale, aiuta i Paesi membri tramite attività di cooperazione tecnica e incoraggia lo scambio di informazioni scientifiche e tecniche sull'energia nucleare.

Romanzesco, no? Tanto più quando ci rendiamo conto che, se il nostro obiettivo è produrre plutonio, non abbiamo assolutamente bisogno di un grande reattore da 1.000 MW.

È molto più pratico puntare su un reattore destinato esclusivamente alla produzione di plutonio, che, tra gli altri vantaggi, può operare a basse temperature e a bassa pressione, oltre a servirsi di uranio naturale (tutto ciò che interessa, in questo caso, è trasformare ^{238}U in ^{239}Pu, non produrre energia elettrica). Un congegno del genere costa un decimo di un reattore commerciale e si costruisce molto più in fretta. Naturalmente, tutto il plutonio utilizzato nelle testate nucleari degli Stati Uniti e della Francia è stato fabbricato in impianti militari. I reattori russi furono l'unica eccezione, il che ha comportato un progetto poco sicuro che ha portato all'incidente di Chernobyl (vedere oltre).

E veniamo all'impianto di riprocessamento. Perché costruire un'installazione cara e complessa quando è sufficiente una piccola fabbrica dedicata, come gli impianti militari che gli Stati Uniti non hanno mai chiuso? Se un Paese vuole davvero fabbricare una bomba atomica è molto più facile ricorrere a impianti militari (clandestini, se necessario) che cercare di ingannare gli ispettori dell'AIEA.

Credo che molti detrattori dell'energia nucleare confondano lo strumento con il suo impiego. Il giorno in cui hanno inventato il coltello, gli uomini si sono costruiti contemporaneamente uno strumento e un'arma. Vietare ai boscaioli l'uso delle asce per abbattere gli alberi per paura che dei terroristi si impossessino di quelle stesse asce per tagliare teste è un po' ingenuo. Per i violenti, è quasi sempre più facile forgiarsi da sé le proprie armi piuttosto che usare gli altrui strumenti pacifici.

Il plutonio serve per fabbricare bombe e per produrre energia elettrica. Proibire il riprocessamento delle scorie di un reattore commerciale mi sembra una strategia equivalente a proscrivere le asce ai taglialegna. Chiunque volesse ottenere plutonio può ricorrere a metodi più efficaci, sicuri, economici e discreti del procurarselo rubandolo dalle centrali nucleari.

In ogni caso, esistono alternative al PUREX che eliminano il problema. Per esempio, l'UREX permette di separare l'uranio da una parte e tutti i transuranici insieme dall'altra. Per motivi simili a quelli che abbiamo appena visto, se il ^{239}Pu è mescolato a questi altri isotopi non può essere utilizzato per produrre bombe, però continua a essere utile come combustibile in un reattore. Molti transuranici possono anche venire "bruciati" (vale a dire, fissionati) in speciali reattori nucleari, come vedremo qui di seguito.

Spesso si adduce anche l'ipotesi che un gruppo terrorista possa arrivare a dotarsi di abbastanza plutonio da costruire una bomba atomica. In pratica, però, il plutonio è una delle sostanze più sorvegliate al mondo e, come abbiamo la sfortunata possibilità di sperimentare quotidianamente, ci sono alternative molto più fattibili e a buon mercato per commettere attentati. Tra parentesi, la tecnologia necessaria per fabbricare una bomba non è alla portata di chiunque. Anche una bomba "fatta in casa" necessita di una squadra composta da diversi fisici e ingegneri nucleari, oltre che di una buona quantità di tecnici e degli appositi impianti. È molto più semplice ricorrere alla dinamite.

Il rischio che un gruppo terrorista ottenga il plutonio e impari a fabbricarci una bomba è equiparabile ad altre minacce analoghe? È più o meno difficile che creare una variante letale del virus dell'influenza e diffonderla nei luoghi pubblici di tutta Europa? Più o meno probabile di un attacco di hacker che, utilizzando dei virus informatici, avvelenino l'acqua potabile? O di far saltare in aria una diga, provocando un'inondazione gigantesca nella città vicina? Ucciderebbe più gente una bomba nucleare a bassa potenza fabbricata in casa o qualche tonnellata di napalm (molto più facile da trovare) rilasciata in un centro urbano all'ora di punta? L'elenco, come sa bene ogni sceneggiatore di film tecnocatastrofisti, è infinito, e il danno che molti di questi potenziali attentati possono causare si avvicina (o supera, come nel caso di un'epidemia letale) all'effetto di un'esplosione nucleare.

Il terrorismo è una delle grandi piaghe che ci troviamo ad affrontare nel ventunesimo secolo e combatterlo va ben oltre il lasciarsi ossessionare da scenari alquanto improbabili. Fino ad ora, indubbiamente, le paure legate al plutonio e ai reattori civili si sono rivelate ingiustificate.

Anzi, si è verificato il fenomeno opposto. Una grande quantità di armi nucleari sta venendo smantellata e il plutonio ivi contenuto viene convertito in combustibile per produrre elettricità. Perfino un elemento il cui nome evoca l'Averno può smettere di essere una spada per trasformarsi in un aratro. Dipende da noi.

Paracelso e la rosa

In uno dei racconti più belli di Jorge Louis Borges, Paracelso, il grande alchimista, è seduto in casa sua a contemplare il fuoco. È già molto anziano, e non vuole morire senza trasmettere a qualcuno le proprie conoscenze. Perciò chiede a Dio (a qualunque dio) di inviargli un discepolo. Subito dopo, qualcuno bussa alla sua porta. Nella casupola entra un apprendista giovane e istruito, che lo prega di permettergli di seguirlo sulla via del sapere. La gioia di Paracelso, tuttavia, non è destinata a durare molto. Sorpreso di non vedere le provette e le storte che si aspettava (la casa dell'anziano è vuota come la cella di un monaco), il ragazzo pretende una prova. Le sue parole sono suadenti e i suoi modi squisiti, ma dietro essi si percepisce la sfiducia.

Con rammarico del saggio, il ragazzo si impossessa di una rosa che rallegrava l'umile tavolo, la getta nel fuoco e, quando si è consumata, chiede all'alchimista di farla risorgere dalle sue ceneri. Paracelso si dichiara incapace di operare quel prodigio e il ragazzo se ne va, vergognandosi di se stesso ma anche sollevato per aver scoperto in tempo la frode del vecchio ciarlatano.

Questa storia mi ricorda la reputazione dell'applicazione pacifica dell'energia nucleare, nella quale l'alchimista (ovvero gli scienziati, convinti che si tratti di una forma pulita, abbondante e concentrata di energia) viene interrogato da questo giovane incredulo che esige sempre più prove senza mai ritenersi soddisfatto, al punto che, alla fine, scaglia il fiore nel fuoco e pretende un miracolo.

È vero che, come nel caso del mancato discepolo di Paracelso, la diffidenza non è infondata. Il giovane non riesce a concepire che un vecchio senza nemmeno un alambicco possa essere il mago di cui si dice che abbia trovato la pietra filosofale che trasforma il piombo in oro; i detrattori del nucleare mischiano realtà innegabili (estrarre energia dall'atomo è un processo complesso, che richiede grandi investimenti, una tecnologia sofisticata e un rigoroso protocollo di sicurezza) con angosce infondate, buona parte delle quali ha origine, come ho già ripetuto diverse volte, dalla lunga ombra proiettata dalle applicazioni belliche di questa tecnologia.

Negli ultimi decenni, i detrattori dell'energia nucleare si sono opposti da una parte al riprocessamento delle scorie, adducendo il rischio della proliferazione di armi atomiche, e dall'altra allo stoccaggio delle scorie in depositi geologici, sostenendo, tra le altre cose, che il plutonio (che non si è potuto riprocessare) potrebbe venire rubato a scopo terroristico. Il risultato è una partita persa in partenza per l'energia nucleare. Per definizione, a furia di bloccare tutte le soluzioni si ottiene che il plutonio sia un "problema senza soluzioni", quando la verità è che il problema è perlopiù immaginario. Il plutonio stoccato nei depositi temporanei o geologici proviene da combustibile che è stato in un reattore per tre anni e contiene un'alta percentuale di ^{140}Pu e altri transuranici che lo rendono essenzialmente inutile per fabbricare armi.

Alchimia nucleare: i reattori a neutroni veloci

Quando il potenziale discepolo lancia la rosa nel fuoco e supplica il vecchio alchimista di farla risorgere, quest'ultimo si dichiara incapace di farlo. Come non capirlo? Non è facile compiere un prodigio del genere. Eppure, qualcosa di simile avviene all'interno di un tipo di reattore nucleare chiamato reattore a neutroni veloci, o RNR.

Al posto dell'uranio arricchito al 3 per cento di ^{235}U, un RNR utilizza come combustibile fissile il MOX (miscela a base di plutonio). Intorno agli elementi di MOX si dispone uno strato di uranio impoverito (con una percentuale di ^{235}U inferiore a quella contenuta nell'uranio naturale). Il nucleo di un RNR contiene, logicamente, un refrigerante, per convogliare il calore verso la turbina, ma *non impiega un moderatore*. Funziona, come indica il suo stesso nome, a neutroni veloci, dato che questi sono in grado di fissionare il ^{239}Pu che sostituisce l'isotopo ^{235}U come combustibile.

Oltre a ciò, i neutroni veloci sono particolarmente adatti a trasformare l'isotopo ^{238}U dello strato esterno in ^{239}Pu. Questo fenomeno ha luogo all'interno di un reattore convenzionale, ma in un RNR avviene in modo molto più marcato, grazie al fatto che i neutroni veloci vengono catturati più facilmente dall'isotopo ^{238}U.

Il risultato? Quando recuperiamo il combustibile usato, ci troviamo ad *aver prodotto più plutonio* (grazie alla trasformazione dell'uranio) di quanto ne abbiamo consumato durante la fissione.

Il vecchio sogno di Paracelso si è realizzato. La fisica nucleare agisce alla lettera come una pietra filosofale capace di trasformare il piombo (vale a dire l'isotopo ^{238}U che non si può fissionare e, pertanto, non serve a produrre energia) in quell'oro energetico che è il ^{239}Pu.

Questa pietra filosofale ci permette di utilizzare tutto l'uranio come combustibile (trasformandolo in plutonio) e non solo l'isotopo ^{235}U, il che significa aumentare le riserve di minerale di un fattore 100 (attualmente usiamo meno dell'1 per cento dell'uranio che estraiamo). Come vedremo più avanti, oggigiorno si stima che le riserve di uranio *a buon mercato* siano sufficienti ad alimentare i reattori convenzionali per circa un centinaio d'anni (anche se, probabilmente, sono molte di più e, se consideriamo quelle a un prezzo più alto, sono, di fatto, infinite). Pertanto, usando gli RNR ci sarebbe combustibile per $100 \times 100 = 10.000$ anni. Tanto quanto ci separa dalla fine dell'ultima glaciazione e dai primi insediamenti agricoli.

Come eliminare le scorie più radioattive

Servendosi di reattori di tipo RNR, l'uranio e il plutonio si consumano completamente e, quindi, le ceneri radioattive si riducono ai prodotti di fissione (meno di una tonnellata all'anno per una centrale da 1.000 MW, la cui attività smette di essere preoccupante non appena sono trascorse alcune centinaia d'anni) e agli altri transuranici, che si limitano a poche decine di kilogrammi per ogni anno di funzionamento, ma il cui contributo alla radiotossicità (è il caso dell'isotopo ^{241}Am) è significativo. È decisamente frustrante che meno di cinquanta kilogrammi di materiale per ogni anno di operazione costringano al complesso protocollo richiesto da un deposito geologico garantito per diecimila anni.

Una soluzione al problema (che, en passant, mette a tacere la litania della proliferazione) è sostituire il PUREX con nuove tecniche di riprocessamento quali l'UREX o le interessanti tecniche pirometallurgiche che si stanno sviluppando negli Stati Uniti (vedere per esempio [Hanun et. al., 2005]), che permettono di separare da un lato l'uranio e dall'altro *tutti* i transuranici (incluso il plutonio) e, da ultimi, i prodotti di fissione. In questo modo si prendono i proverbiali due piccioni con una fava:

1. Il ^{239}Pu non viene isolato dal resto dei transuranici. Ogni rischio che venga utilizzato come arma scompare (a causa della contaminazione degli altri isotopi);

2. Si può produrre un nuovo tipo di combustibile che mescola l'uranio con tutti i transuranici (anziché solo con il ^{239}Pu). I neutroni veloci hanno la capacità di fissionare la maggior parte di questi isotopi. Il risultato è che il reattore di tipo RNR può essere utilizzato come "inceneritore di scorie", distruggendo quelle a emivita più lunga.

Con questa strategia si ottiene uno sfruttamento razionale delle risorse al posto dello spreco comportato dal ciclo aperto; la virtuale eliminazione di ogni possibile rischio di proliferazione e l'eliminazione dei transuranici. Il risultato è che le scorie perdono la maggior parte dell'attività in alcune centinaia d'anni, il che a sua volta elimina la maggior parte dei problemi relativi al loro stoccaggio.

Araba Fenice

L'idea dei reattori a neutroni veloci non è nuova, anzi, di fatto sono state investite grandi quantità di denaro nel loro sviluppo senza che, fino a ora, la tecnologia sia risultata del tutto soddisfacente.

Gli RNR sono più delicati da far funzionare rispetto ai reattori convenzionali, in parte perché la reazione a neutroni veloci può andare fuori controllo più rapidamente e in parte perché il materiale refrigerante più adatto (sodio liquido) reagisce violentemente con l'acqua e l'aria e, quindi, necessita di speciali misure di sicurezza. Queste complicazioni tecniche non sono insormontabili, però fanno sì che il costo degli RNR sia elevato rispetto a quello degli LWR. A questo bisogna aggiungere che riprocessare il combustibile è dispendioso. L'industria nucleare non è diversa da quella petrolifera o da qualunque altra grande attività commerciale. Il suo obiettivo è ricavare profitti. Così come attualmente risulta più economico divorare il petrolio dei giacimenti del Medio Oriente che sfruttare le spiagge bituminose del Canada, allo stesso modo è più conveniente utilizzare il ciclo aperto e i reattori convenzionali che investire nei più costosi e complessi RNR.

Gli RNR iniziarono a vedersi negli anni Settanta, allorché i Paesi sviluppati, strangolati dall'Opec, prendevano più seriamente di oggi la necessità di abbandonare i combustibili fossili. All'epoca, inoltre, c'era la paura che le riserve di materie prime (e, in particolare, quelle di uranio) iniziassero a scarseggiare da un momento all'altro (ne parlerò più approfonditamente nel capitolo 11). Uno dei reattori a neutroni veloci più importanti degli scorsi decenni, Superphenix, venne approvato nel 1972, in piena crisi petrolifera.

Sfortunatamente, però, il reattore non venne completato fino al 1984, e i costi di costruzione furono elevati. In parte non c'è da sorprendersi, dato che utilizzava una tecnologia più complessa di quella dei reattori convenzionali che funzionavano alla perfezione nello schema nucleare francese, essendo stati replicati nel medesimo modo per ben cinquantasei volte. Però è anche vero che l'industria nucleare spesso è stata eccessivamente ottimista. Visto in retrospettiva, sarebbe stato molto meglio cercare di capire nei dettagli i problemi associati all'operazione degli RNR con un intenso lavoro di ricerca e sviluppo come quello che si sta concludendo in questo periodo per la cosiddetta IV generazione, di cui parlerò tra poco. All'epoca, però, era parso che i reattori a neutroni veloci e l'"economia del plutonio" fossero un buon affare. Per quando il reattore fu completato, invece, non lo era già più così tanto. Il prezzo del greggio aveva iniziato a scendere, cominciava a essere evidente che non c'era alcuna scarsità di uranio e, ciliegina sulla torta, il Superphenix divenne il nemico pubblico numero uno dell'opposizione verde all'energia atomica, situazione che vide perfino, nel 1982, uno dei pochi episodi di attacchi terroristici contro le centrali nucleari (con missili gentilmente offerti dal terrorista internazionale Carlos "lo sciacallo"). L'autore fu C. Nissim, che nel 1985 venne eletto membro del governo cantonale di Ginevra per il partito ecologista svizzero.

Superphenix entrò in funzione e arrivò a operare al 90 per cento della sua potenza nominale, risolvendo la maggior parte dei suoi problemi tecnici, ma alla fine venne chiuso nel 1998, dopo numerosi diverbi con i movimenti ecoattivisti. Curiosamente, in un Paese in cui l'energia nucleare era ed è tuttora ampiamente accettata, la battaglia dei gruppi antinucleari contro Superphenix fu feroce e, alla fine, vittoriosa. Per il governo francese era molto più redditizio offrire il reattore come capro espiatorio e lasciare che si calmassero gli animi.

Ricapitolando: una tecnologia immatura, un cattivo calcolo economico e un'irrazionale opposizione "verde" hanno mandato a monte la pietra filosofale. La rosa è stata gettata nel fuoco, e vi si è consumata.

Il futuro dell'energia nucleare

Come abbiamo visto, la storia dei reattori nucleari è cominciata più di sessant'anni fa, con il primo prototipo sviluppato durante il progetto Manhattan. Tra il 1945 e il 1970 sono stati costruiti diversi reattori (soprattutto negli Stati Uniti, in Canada e in Unione Sovietica) basati sull'uranio naturale e moderati a grafite, simili al primo reattore di Fermi. Questi reattori sono stati chiamati la I generazione dell'industria nucleare. Il più famoso, sfortunatamente, è quello di Chernobyl.

Dal 1970 fino alla metà del 1990 c'è stata la grande espansione dell'energia nucleare, con la costruzione di più di quattrocentocinquanta reattori, quasi tutti di tipo LWR, che funzionavano con uranio arricchito e usavano l'acqua come moderatore. Questa è la cosiddetta II generazione.

La III generazione è quella che comprende i reattori attualmente in fase di costruzione o di progettazione. In sostanza, si tratta di versioni migliorate (più sicure o più economiche) dei reattori di II generazione.

Quando si parla di IV generazione si fa riferimento a un programma di ricerca e sviluppo firmato da dieci Paesi, oltre che dalla Comunità europea per l'energia atomica (EURATOM), allo scopo di costruire reattori più economici, sicuri e flessibili. I grandi obiettivi della IV generazione sono: conseguire un ciclo "sostenibile" (o, in altre parole, eliminare i transuranici e sfruttare tutto l'uranio utilizzando gli RNR) e facilitare le applicazioni dell'energia nucleare alla futura economia dell'idrogeno. Inoltre si vuole potenziare e migliorare la sicurezza, già eccellente, della III generazione, e ridurre i costi (introducendo progetti standardizzati che permettano una produzione massiva dei reattori, riducendone pertanto il prezzo) al punto di renderli competitivi con le centrali a carbone.

A quando questi nuovi e migliorati reattori? Probabilmente non prima del 2030, il che significa che i reattori che verranno costruiti nel corso dei prossimi vent'anni saranno ancora di III generazione. Ciò implica che il combustibile usato nei prossimi due decenni potrebbe venire riciclato e utilizzato direttamente dai reattori di IV generazione, che estrarrebbero il rimanente 95 per cento di energia ancora disponibile nell'uranio mentre, al contempo, eliminerebbero i transuranici e, con loro, i problemi più gravi legati allo stoccaggio delle scorie.

È possibile che i decenni di cocciutaggine antinucleare (che, curiosamente, hanno coinciso con gli anni in cui il combustibile era a buon mercato e c'era una forte incoscienza ecologica, almeno per quanto riguarda il cambiamento climatico, da anni un segreto di Pulcinella) abbiano avuto un effetto positivo. L'industria nucleare è caduta molte volte, imbarcandosi in progetti mal pianificati i cui costi salivano più del previsto o inciampando in problemi che si sarebbero potuti risolvere con una maggiore attenzione alla fase di ricerca e sviluppo prima di passare alle applicazioni commerciali. La IV generazione potrebbe essere la prima i cui concetti saranno stati vagliati dalla ricerca per ben tre decenni prima di varare la produzione commerciale. *Questo* è il modo corretto di fare le cose.

Reattori naturali

Una delle superstizioni più zoppicanti che sento con frequenza dipinge le energie rinnovabili come fonti "naturali", in contrapposizione all'energia nucleare, prodotto "innaturale" della tecnologia umana.

Eppure, all'incirca 2.000 milioni di anni fa, Gaia ha fatto un esperimento in piena regola per conto proprio[4].

La storia è bellissima. Nel maggio del 1972, un addetto a un impianto di riprocessamento di combustibile nucleare in Francia ha individuato un fenomeno sospetto mentre faceva delle analisi di routine su quello che sembrava un ordinario minerale di uranio. La percentuale di ^{235}U presente nell'uranio naturale è stata misurata nei giacimenti di tutto il pianeta e, addirittura, anche in rocce provenienti dalla Luna e meteoriti, ed è sempre la stessa, esattamente lo 0,720 per cento del totale. E, invece, nei campioni in questione, provenienti dalla miniera di Oklo, in Gabon (un'ex colonia francese nell'Africa equatoriale), l'isotopo ^{235}U era solo lo 0,717 per cento.

Una discrepanza di appena poco più di tre particelle per mille non sembra granché, eppure è stata sufficiente per allertare gli scienziati francesi: stava accadendo qualcosa di strano. Analisi successive hanno mostrato che il minerale di uranio in altri punti del giacimento conteneva percentuali ancora più basse dell'isotopo fissile. Il computo totale ammontava a circa 200 kg di ^{235}U... *scomparsi!*

La risposta al mistero era stata anticipata, di fatto, dai fisici statunitensi George W. Wetherill e Mark G. Inghram, i quali, nel 1952, avevano avanzato l'ipotesi che certi depositi di uranio avessero operato in passato come versioni naturali di reattori a fissione.

Nel corso di questo capitolo, abbiamo visto che cosa serve per costruire un reattore nucleare: uranio arricchito, contenente più o meno il 3 per cento di ^{235}U, un moderatore per rallentare i neutroni pro-

---

[4] Vedere, per esempio, http://www.ocrwm.doe.gov/factsheets/doeymp0010.shtml.

dotti durante la fissione (l'acqua è una buona scelta) e barre di sicurezza fatte di boro o altri materiali con la tendenza a catturare neutroni, per arrestare la reazione a catena quando necessario.

L'emivita dell'isotopo ^{235}U è di 700 milioni di anni, o, detta in altre parole, ogni 700 milioni di anni la quantità di ^{235}U immagazzinata nel pianeta si riduce della metà. All'incirca 2.000 milioni di anni fa, quindi, ce n'era abbastanza perché l'uranio naturale contenesse l'isotopo in questione al 3 per cento. Una civiltà che avesse abitato la Terra all'epoca non avrebbe avuto bisogno di arricchire l'uranio per alimentare i propri reattori nucleari.

E nemmeno Gaia. Però avrebbe avuto bisogno di un moderatore, e di una zona dove non fossero presenti "barre di controllo" naturali, vale a dire una zona priva di boro, litio o altri elementi affamati di neutroni.

Nella regione di Oklo, una corrente d'acqua filtrata in un giacimento di uranio ha svolto il ruolo del moderatore. Le prove archeologiche indicano che i reattori hanno funzionato per un paio di milioni di anni prima di esaurire l'isotopo ^{235}U della vena, portandolo sotto al livello necessario a mantenere la reazione.

Una volta che i reattori si sono spenti, il giacimento si è trasformato in un deposito di scorie radioattive. I residui contenevano plutonio, e ne è rimasto abbastanza per provare che negli ultimi 2.000 milioni di anni i materiali sono rimasti inerti (sepolti sotto granito e terra), nonostante l'abbondanza di acqua della zona (senza la quale la reazione non si sarebbe potuta mantenere). Si direbbe che Gaia, oltre ad aver inventato l'energia nucleare migliaia di milioni di anni prima della comparsa dell'uomo, abbia risolto anche il problema di stoccare le scorie radioattive, problema di cui ci occuperemo nel prossimo capitolo.

10. Nucleare, no grazie?

> Alcuni esperti temono che i rischi connessi all'uso dell'LHC[1]
> eccedano in maniera sproporzionata i benefici che la scienza
> potrà trarre da tale esperimento[...] Anche gli scienziati del
> CERN ammettono che esiste una reale possibilità di creare ano-
> malie distruttive quali buchi neri in miniatura o bolle di mate-
> ria strana. Tali esiti sono potenzialmente in grado di alterare
> l'essenza della materia e di distruggere il nostro pianeta.
>
> *Pagina dei cittadini contro l'LHC*
> *http://www.lhcdefense.org/*

Società ipocondriaca

Il più grosso malinteso legato all'energia nucleare (nonché quello
sfruttato in continuazione da coloro che vi si oppongono) riguarda
proprio la natura della radioattività. Pierre e Marie Curie portavano
nelle tasche dei propri camici da laboratorio provette colme di materiali altamente radioattivi, ignorando che, in dosi così massicce, le radiazioni gamma potevano essere dannose. Al contrario, la propaganda antinucleare è stata talmente efficace che la maggior parte dei
cittadini è convinta che qualunque "fuga" radioattiva sia letale, o che
le scorie radioattive debbano essere sotterrate a kilometri di profondità per evitarne gli effetti nocivi (mentre, di fatto, bastano pochi metri di terra per assorbire anche le radiazioni gamma più intense), o, ancora, che il rischio di tumori aumenti esponenzialmente per colpa
delle centrali nucleari (cosa che, fortunatamente per i francesi, non avviene).

Tumore. In una società come la nostra, basta nominarlo perché ini-

---

[1] Large Hadron Collider, un grande acceleratore di protoni ubicato presso il CERN, il Laboratorio europeo di fisica delle particelle.

ziamo tutti a tremare come i bambini di una volta alla menzione dall'uomo nero. Indubbiamente abbiamo buone ragioni per temerlo, dal momento che, conti alla mano, uccide una persona su quattro nei Paesi ricchi. Tra i poveri non ha tanto successo perché si vede costretto a competere con la malaria, il tifo, l'inquinamento, l'AIDS, la denutrizione e la violenza pura e dura di una vita di stenti. Il mercato è molto meno competitivo in Occidente, invece, dove deve spartirsi la piazza solo con le malattie cardiache e gli incidenti stradali. Eppure ci fa più paura di entrambe queste cose, non fosse altro perché pensiamo sempre tutti che l'incidente automobilistico o l'infarto sono cose che accadono agli altri. E invece il tumore... come evitare che alla lotteria venga estratto proprio il nostro numero? Smettendo di fumare? Indubbiamente. Evitando le abbuffate e limitando il consumo di alcol? Sarebbe meglio. Consumando solo prodotti macrobiotici? Si può fare, probabilmente non ci arrecheranno danni. Evitando la saccarina nel caffè? Inutile, a meno che non lo si preferisca nero. E che dire delle onde elettromagnetiche? Se si dà un'occhiata alla stampa degli ultimi trent'anni, il loro ruolo è passato dal causare il cancro al prevenirlo al causarlo nuovamente. E i fertilizzanti, i pesticidi, i conservanti, i telefoni cellulari, gli schermi televisivi, i tubi di scappamento delle auto, l'amianto, il titanio? E, come se tutto questo non bastasse, ci sono anche le radiazioni.

Immaginiamo, per esempio, un povero diavolo costretto a vivere per un anno nelle immediate vicinanze di una centrale nucleare. Come ci spiega dettagliatamente il professor Bernard L. Cohen nel suo eccellente libro [Cohen, 1990], nel corso di quei dodici fatidici mesi l'infelice verrà bombardato dalla bellezza di cinquecentomila milioni di particelle ad alta energia, al ritmo frenetico di quindicimila particelle al secondo.

Certamente nessun lettore vorrebbe trovarsi nei suoi panni, vero? Sfortunatamente, ci siamo tutti. Il numero astronomico di particelle assassine che crivella la nostra sventurata cavia è lo stesso al quale siamo esposti tutti, equivalente alla radioattività naturale (il livello di radioattività nei pressi di una centrale nucleare è lo stesso della radiazione naturale). Questa radioattività naturale proviene da diverse sorgenti: raggi cosmici (particelle ad alta energia che arrivano dallo spazio e penetrano l'atmosfera, senza la quale le dosi a cui siamo sottoposti sarebbero molto più alte) e tracce di materiale radioattivo che ci circondano (che si trovano, per esempio, nel granito, nel mattone e in molti altri materiali) così come le esalazioni naturali di radon.

Un momento. Mezzo bilione di particelle all'anno? Non dovremmo star tutti morendo di cancro? Evidentemente non è così, e la ragione è molto semplice: la probabilità che una particella ad alta energia causi un tumore è dell'ordine di una su trenta milioni di miliardi! [Cohen, 1990]

Il tumore è una roulette russa a cui giochiamo tutta la vita. I dadi non sono solo la radiazione, ma anche innumerevoli processi fisici, chimici e biologici. Tutti questi fattori coprono una probabilità molto bassa, e la radiazione è una delle più basse. Cosa che, detto en passant, non ha nulla di sorprendente. Ci siamo evoluti perché fosse così.

Ovviamente, perché mai correre rischi? Per bassa che sia l'attività delle centrali nucleari sarà pur sempre una dose extra, no?

Dipende. La dose che ricevi, tormentato lettore, varia molto se vivi in una casa di legno o, al contrario, in una di mattoni, cemento o granito (materiali che contengono alcuni grammi di uranio e torio per tonnellata); aumenta notevolmente se viaggi spesso in aereo (dove riceviamo raggi cosmici che ancora non sono stati attutiti dall'atmosfera); e va alle stelle se il dentista ti fa una radiografia di quel dente cariato. Volendo essere cauti, il mio consiglio sarebbe di non salire mai su una montagna (niente sciate) poiché il livello di radiazione aumenta con la quota, di non andare mai in spiaggia per evitare i raggi ultravioletti e, possibilmente, di costruire intorno al letto un sarcofago di piombo. Aiuta anche dormire da soli poiché noi umani siamo, di fatto, piuttosto radioattivi, a causa delle disintegrazioni degli isotopi instabili di potassio nelle nostre ossa.

Oppure potremmo accettare il fatto che vivere è un'attività ad alto rischio. E che, a dispetto di tanto rischio, la speranza di vita in Spagna, per esempio, si aggira intorno agli ottanta anni.

Che dose di radiazioni riceviamo?

Per farci un'idea dei pericoli associati all'esposizione umana alle radiazioni è necessario introdurre una misura quantitativa di tale esposizione. È importante distinguere tra le unità che misurano l'attività di una sostanza radioattiva e quelle che misurano il suo effetto sul corpo umano (o dose effettiva). Come abbiamo visto nel capitolo 8, l'unità di attività è il becquerel, che corrisponde a una disintegrazione al secondo. L'unità per misurare la dose effettiva (che include l'effetto sul tessuto biologico) è il Sievert, o Sv. Spesso si utilizzano anche il millisievert (1 mSv = 0,001 Sv) e il microsievert (1 μSv = 0, 000001 Sv).

Il grafico 10.1 mostra le dosi provenienti da diverse sorgenti radioattive[2]. Le unità sono μSv (un milionesimo di Sievert) e la scala del grafico in basso è molto più piccola di quella del grafico in alto. La dose totale che riceviamo a causa delle radiazioni naturali è di 2.400 μSv all'anno, e l'unica fonte di radiazione dovuta all'uomo che non sia totalmente disprezzabile, per quanto comunque molto più bassa della radiazione naturale, è quella dovuta alle diagnosi mediche, vale a dire le radiografie (la media mondiale è di 400 μSv all'anno, però nei Paesi ricchi, dove c'è una maggiore attenzione medica, riceviamo pro capite circa 1.200 μSv all'anno). La dose media legata ai peccati mortali dell'energia atomica (i test nucleari degli anni Sessanta, Settanta e Ottanta e l'incidente di Chernobyl) sono, come si può vedere, risibilmente basse. Altrettanto interessante è rendersi conto che *la dose media proveniente dalle centrali nucleari è minore di quella dovuta alle centrali termiche a carbone* (che emettono una piccola quantità di uranio e torio presenti nel carbone che bruciano a tonnellate). Ambedue, in ogni caso, sono disprezzabili se paragonate all'effetto di guardare regolarmente la televisione, di portare un orologio da polso luminoso o di viaggiare in aereo di tanto in tanto.

A sua volta, il grafico 10.2 mostra le dosi ricevute dai lavoratori

---

[2] La fonte principale di questo capitolo è la relazione pubblicata dal Comitato scientifico delle Nazioni Unite (UNSCEAR, dalle iniziali inglesi) per lo studio degli effetti delle radiazioni ionizzanti, probabilmente la fonte più affidabile e autorevole su questi effetti, disponibile, oltretutto, anche online (vedere [UNSCEAR, 2000]).

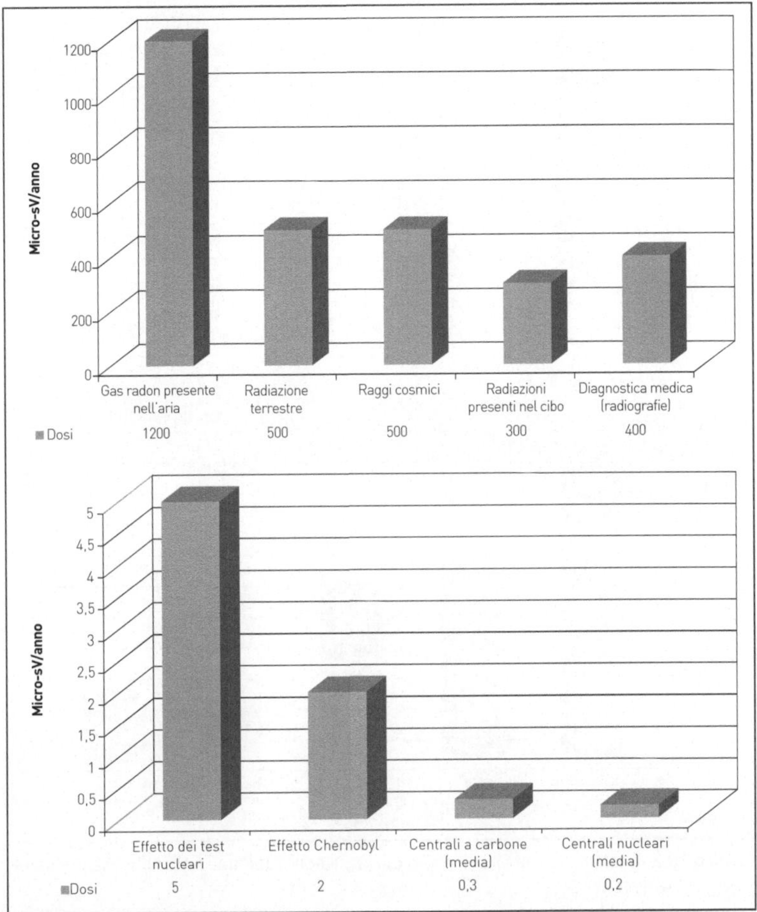

Grafico 10.1 Dosi di radioattività ricevute dalle diverse sorgenti. [UNSCEAR, 2000]

impiegati nell'industria nucleare (minatori, operatori, istruttori ecc.) rispetto ad altri lavoratori. Curiosamente le dosi sono molto più alte tra i membri degli equipaggi aerei (a causa dell'esposizione continuata ai raggi cosmici) o tra i minatori che estraggono materiali diversi dall'uranio (poiché si prendono meno precauzioni, mentre tutti i metalli contengono tracce radioattive). La sorgente più importante continua a essere il gas radon, che proviene da esalazioni naturali e colpisce maggiormente chi lavora ad alta quota.

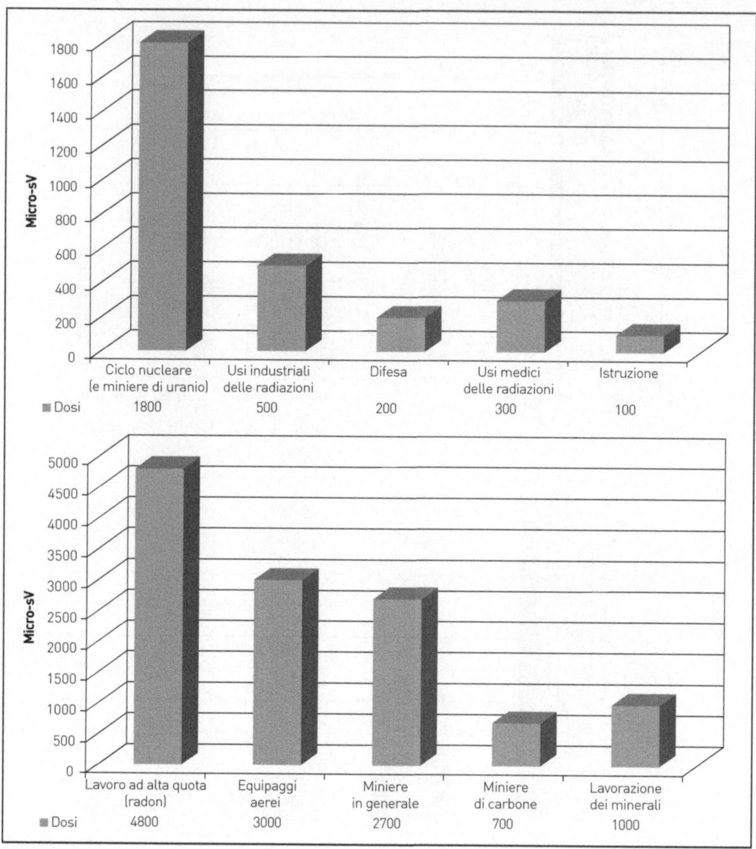

Grafico 10.2 Dosi di radioattività ricevute dai lavoratori impiegati nell'industria nucleare. [UNSCEAR, 2000]

Radiazioni e tumori

Facciamo un esempio concreto. Chi vorrebbe vivere nei pressi di una centrale nucleare? Secondo la propaganda "verde", osar fare una cosa del genere equivale a suicidarsi per cancro. Vediamo quanto c'è di vero in questa idea. Secondo la relazione UNSCEAR [UNSCEAR, 2000], la radiazione annua extra ricevuta dal kamikaze che si incaponisce a piantare la propria tenda alla porta delle centrali nucleari di, mettiamo, Asco o Cofrentes, è dell'ordine di 30 μSv. Di quanto aumenta la sua possibilità di contrarre il temutissimo cancro?

Periti assicurativi, fumatori e perdita di aspettativa di vita

Per farci un'idea, dobbiamo dedicare alcune righe a fornire i rudimenti di una branca della matematica applicata chiamata "valutazione dei rischi". Le compagnie di assicurazione si avvalgono dei servizi di specialisti, chiamati "periti", per calcolare l'ammontare delle polizze in funzione della probabilità che si verifichino l'incidente, il decesso o il disastro contro il quale ci offrono la copertura.

Un esempio semplice: ogni anno in Spagna muoiono circa tremilacinquecento persone in incidenti d'auto. Il numero di automobili presenti sulle strade spagnole è approssimativamente di venti milioni. Perciò, uno spagnolo che si sposti utilizzando questo mezzo di trasporto ha, in media, una probabilità di 3.500 / 20.000.000 = 0,000175, vale a dire quasi due su 10.000, o una su 5.000, di lasciarci la pelle sull'asfalto.

Indubbiamente le probabilità medie sono numeri molto approssimativi. I biglietti nella lotteria di un incidente stradale non sono gli stessi per un prudente sessantenne che prende l'automobile una volta al mese e per un giovanotto che si accinge ad acquistare una motocicletta di 150 cavalli per gareggiare con gli amici. Proprio perché non basta una semplice divisione, le assicurazioni pagano lauti stipendi ai propri matematici. Però, nonostante tutto, una media di questo tipo serve a farci un'idea di quanto sia rischiosa una certa attività, almeno in confronto ad altre.

Qualche esempio: la probabilità di morire di influenza è pari a quella di morire in un incidente automobilistico in Spagna (una su 5.000), però più bassa della probabilità di andare incontro a una morte violenta (che si aggira intorno a una su 3.000, sommando molte possibili cause). La probabilità che sia la leucemia a spedirci all'altro mondo è una su 12.500, ma se invece desideriamo seriamente accorciarci la vita non dobbiamo fare altro che fumare dieci sigarette al giorno (abbiamo una probabilità su 200 che ci costi caro). La probabilità che sia la radioattività a presentarci la sua letale ricevuta, *lavorando nell'industria nucleare,* è una su 57.000, più o meno la stessa che sia un tornado a darci il benservito, alquanto inferiore alla probabilità di decesso per incidente sul lavoro (una su 10.000) e molto più bassa della probabilità di morire in un terremoto in certe parti del mondo (una su 22.000 in Iran) o di venire annientati da un asteroide (nient'affatto disprezzabile, una su 20.000).

Tutte queste probabilità si possono tradurre in una quantità che viene chiamata PAV, in onore del suo scopritore, Pietro Ardito Valenti[3]. All'epoca della sua cruciale scoperta, Valenti, un perito che lavorava in un'importante compagnia di assicurazioni, aveva appena compiuto quarant'anni, godeva di ottima salute e la vita gli andava alla grande, ragion per cui era decisissimo a non correre alcun rischio inutile.

Tutto ebbe inizio il giorno in cui Pietro Ardito, fumatore moderato, decise di scoprire quanto rischiosa fosse la sua abitudine. Iniziò calcolando la propria aspettativa di vita, che risultò essere approssimativamente di altri quaranta anni. Quindi si informò sul numero di decessi associati al fumo in Spagna (la maggior parte dovuta a cancro al polmone), e divise per la popolazione totale (lo stesso calcolo che abbiamo appena fatto per il caso degli incidenti automobilistici), ottenendo così che le probabilità annue di morire a causa del fumo di mezzo pacchetto di sigarette erano di una su duecento. A quel punto, dedusse che la probabilità che il suo vizio lo spedisse all'altro mondo durante i successivi quarant'anni era di 40 / 200 = ¼, che, moltiplicata per i quattro decenni che sperava di avere ancora davanti a sé, ammontavano alla spaventosa cifra di 40 × ¼ = 10 anni. Se avesse ridotto il proprio consumo giornaliero a una misera sigaretta, avrebbe comunque continuato a gettare alle ortiche un anno di PAV. Se avesse fumato una sigaretta all'anno, quel capriccio gli sarebbe costato ancora un giorno di perdita di aspettativa di vita.

Una parentesi. Una PAV di un giorno per ciascuna sigaretta non significa che esiste un registro cosmico in cui ci viene sottratto un giorno per ogni mozzicone che accendiamo. È semplicemente un modo, di sicuro molto eloquente, di esprimere il fatto che nessuna sigaretta è innocua. Se confrontiamo due popolazioni numerose, in

---

[3] PAV sono anche le iniziali di "Perdita di Aspettativa di Vita". Alcune voci infondate sostengono che la triste storia di Pietro Ardito Valenti sia una fandonia inventata dal sottoscritto per illustrare un concetto probabilistico.

condizioni simili, quelli che non fumano per niente vivono in media dieci anni in più di quelli che fumano mezzo pacchetto[4].

Dopo aver scoperto quanto era rischioso, Pietro Ardito Valenti smise di fumare, però non riuscì a convincere la fidanzata, Elena, a fare altrettanto. Il nostro eroe fece i suoi conti, e concluse che vivere accanto a un fumatore significava una PAV di cinquanta giorni, ragion per cui, con il cuore spezzato, decise di lasciare la fidanzata.

Approfittando del tempo che gli avanzava dopo la rottura con Elena, Valenti decise di studiare altre cause di rischio. Scoprì così che ogni kilogrammo di sovrappeso ci costa circa due mesi di PAV e si affrettò a mettersi a dieta, tanto più dopo aver scoperto che per ogni cento calorie extra che assumeva (una mela, due yogurt scremati) gettava a mare quindici minuti di aspettativa di vita.

Approfondendo i propri studi, Pietro Ardito scoprì con orrore che la PAV legata alle malattie cardiovascolari è di 5,8 anni, ragion per cui decise di lasciare il lavoro e restarsene in casa tutto il giorno, per eliminare ogni possibile stress. La PAV legata ai tumori era di 2,7 anni e, per ridurla, si trasferì in campagna, dove si sostentava con una dieta a base di acqua sorgiva (precedentemente bollita e filtrata) e cipolle macrobiotiche.

Durante il proprio ritiro campestre, interamente dedito alle ricerche, scoprì, con sommo dispiacere, che la perdita di aspettativa di vita legata all'essere single era ancora più elevata (sei anni) di quella dovuta alle malattie cardiache. E lui che aveva lasciato Elena per cinquanta miseri giorni! Le telefonò, proponendole una riconciliazione, ma era troppo tardi. La ragazza aveva superato le pene d'amore dedicandosi all'alpinismo e alle gare automobilistiche. Valenti risolse il problema sposando una ragazza del paese vicino. Era un matrimonio "di convenienza": la ragazza proveniva da una famiglia povera ed era priva di istruzione, il che, secondo i calcoli di Pietro Ardito, riduceva

---

[4] Cohen [1990] fornisce dati più precisi e un po' meno devastanti. Un pacchetto al giorno costa agli uomini una PAV di 8,6 anni, e alle donne una di 4,6 anni. Il resto delle cifre relative alla PAV è stato estrapolato da questo eccellente testo.

la sua PAV di circa quattro anni, ma, d'altro canto, la perdita di aspettativa di vita di un uomo rispetto a una donna era più o meno dello stesso tempo, quindi, si disse congratulandosi con se stesso, la loro era un'unione perfetta.

Un giorno, Valenti stava tornando a casa, dopo una delle sue prudenti passeggiate nei campi, quando si scatenò un terribile temporale. Il nostro eroe non si inquietò, ben sapendo che la probabilità di venire colpito da un fulmine era bassissima (meno di una su un milione). Non aveva calcolato, però, lo scivolone sul terreno bagnato, e la sventurata caduta che gli costò la rottura della testa. Una cosa sono le statistiche, e un'altra è la sfortuna.

Il rischio di vivere vicino a una centrale nucleare

Per riassumere tutto ciò che abbiamo detto prima, la tabella seguente ci mostra in dettaglio alcuni dei rischi associati al pericoloso mestiere di rimanere vivi. Imitando Pietro Ardito Valenti, calcoliamo ora il rischio di contrarre un tumore perché viviamo nei pressi di una centrale nucleare.

Vediamo. Ogni 30 µSv extra che riceviamo (più o meno la dose media extra che si riceve vicino a una centrale nucleare, inferiore, tra l'altro, alla dose extra che colpisce in prossimità di una centrale a carbone), le nostre possibilità di contrarre un tumore fatale aumentano di tre su quattro milioni [UNSCEAR, 2000]. Il rischio equivale a ridurre la nostra aspettativa di vita di... *0,04 giorni* [Cohen, 1990].

Davanti a questi numeri, si direbbe che l'educazione ad abbandonare il fumo, una dieta moderata e le agenzie matrimoniali siano più utili alla società delle campagne antinucleari.

Incidenti[5]

L'energia nucleare preoccupa la gente per la possibilità (ribadita fino allo sfinimento dai suoi oppositori) che un incidente provochi la li-

---

[5] Ricordiamo che l'autore ha scitto questo saggio nel 2009. In seguito, colpito dall'incidente avvenuto l'11 marzo 2011 a Fukushima, ha chiesto di poter inserire un'appendice sullo stesso. La trovate in fondo a questo volume (N.d.T.)

Perdita di aspettativa di vita a causa di diverse attività. [Cohen, 2009]

Attività o rischio	PAV (in giorni)
Povertà	3.500
Sigarette	2.300
Malattie cardiovascolari	2.100
Essere single	2.000
Minatore in una miniera di carbone	1.100
Tumore	980
15 kg di sovrappeso	900
Incidenti (complessivi)	400
Alcol	230
Strada (Stati Uniti)	180
Influenza	130
Suicidio	95
Omicidio	90
Inquinamento ambientale	80
Incidenti sul lavoro	74
Strada (Europa)	60
Annegamento	40
Cadute	39
Caffè (due tazze al giorno)	26
Burro a colazione	1,1
Uragani	1
Incidenti aerei	1
Rottura di dighe	1

berazione di una grande quantità di materiale radioattivo nell'atmosfera. Tale preoccupazione è amplificata dalla mancanza di una cultura relativa agli effetti della radioattività sul corpo umano.

Come già abbiamo spiegato, il nucleo di un reattore non può esplodere come una bomba atomica. Gli incidenti possibili sono: una reazione a catena fuori controllo che, alla fine, provochi un'esplosione di tipo chimico (come è accaduto a Chernobyl), oppure un'improvvisa fuoriuscita di liquido o di gas refrigerante (l'acqua, nel caso di un reattore LWR), la cui conseguenza è ancora un rapido aumento della temperatura all'interno del nucleo (in questo caso, a causa della disintegrazione dei nuclei radioattivi che prosegue anche dopo che la reazione a catena si è fermata). Questo è ciò che è accaduto nel caso del reattore di Three Mile Island (TMI), in Pennsylvania, nel 1979. Si tratta del secondo incidente più importante della storia. Chernobyl ha causato delle perdite umane e ha contribuito più o meno quanto i test nucleari e il ricordo di Hiroshima al rifiuto dell'energia nucleare. Da parte sua, l'incidente della Pennsylvania si è chiuso senza vittime e senza fughe radioattive nell'atmosfera. Di fatto, ha irrefutabilmente dimostrato che i reattori nucleari, se correttamente progettati, possono sopportare una situazione tanto grave quanto lo è una parziale fusione del nucleo.

Ma andiamo con ordine.

Il reattore di Chernobyl

A differenza dell'acqua, la grafite (costituita essenzialmente da carbonio puro) è un moderatore tanto efficiente da permettere di utilizzare l'uranio naturale come combustibile, il che evita i costi dell'arricchimento. In effetti nel primo reattore della storia, costruito sotto il campo di calcio dell'Università di Chicago nel 1942, Enrico Fermi ha usato la grafite nella prima reazione a catena.

Dall'altra parte, un reattore che utilizza l'acqua come moderatore e refrigerante allo stesso tempo incorpora un sistema di sicurezza nel suo stesso progetto. La prima conseguenza di una reazione a catena che comincia a sfuggire al controllo nel nucleo è un aumento della temperatura nel nucleo del reattore, il cui effetto immediato è far evaporare l'acqua nella quale sono immerse le barre di combustibile. Se l'acqua evapora, la quantità di moderatore diminuisce e l'uranio-238 si occupa di eliminare l'eccesso di neutroni, anche se non sono state abbassate in tempo le barre di controllo. Pertanto, la reazione a catena si blocca senza bisogno dell'intervento umano, e il sistema è solido rispetto a eventuali errori operativi. La reazione a catena si ferma anche se si rompe una delle tubature o salta una delle valvole del sistema primario ad alta pressione, il che si traduce in una perdita di refrigerante ma anche di moderatore, senza il quale le fissioni non possono continuare.

Il reattore di Chernobyl invece utilizzava grafite come moderatore e acqua come refrigerante. In quel caso, sia se la reazione a catena va fuori controllo sia se si produce una perdita d'acqua, l'effetto è contrario a quel che accade in un reattore LWR, poiché l'acqua si comporta, rispetto alla grafite, come un assorbente di neutroni e, una volta che sparisce, la reazione a catena (spronata dall'efficiente moderatore) accelera anziché fermarsi.

Perché allora i sovietici hanno optato per costruire un reattore come quello di Chernobyl, visti i vantaggi di un reattore LWR? La risposta non è piacevole. Questi progetti erano stati concepiti con il doppio proposito di produrre energia e... plutonio, per le testate nucleari dei missili russi. Quando il reattore funziona a uranio naturale (vale a dire, con il 99,3 per cento di ^{238}U), il ritmo di cattura dei neutroni da parte dell'isotopo ^{238}U è molto più alto di quando funziona a uranio arricchito (dove c'è una competizione tra ^{238}U e ^{235}U) e, quindi, la produzione di plutonio è più rapida.

In un reattore LWR, il combustibile è chiuso in un contenitore pressurizzato, il processo di ricarica dura circa un mese e si fa al massimo una volta all'anno. Il plutonio puro necessario per la bomba atomica, invece, deve essere estratto dal reattore poche settimane dopo essersi formato, per evitare che si contamini con il ^{240}Pu e gli altri transuranici. Per far questo è necessario poter accedere facilmente al nucleo. Nel reattore di Chernobyl, ciascuna delle barre di combustibile era inserita in un tubo che poteva venire aperto dall'esterno del nucleo, il che permetteva di prelevare il combustibile, con il plutonio appena formato, senza bloccare la reazione a catena.

Tuttavia, perché fosse possibile un ricambio rapido e flessibile, *il nucleo non era protetto dal contenitore pressurizzato né dal bunker di cemento che normalmente racchiudono un LWR*, anche se c'era l'edificio di contenimento che, però, non era progettato per resistere a un incidente di una certa portata. Di fatto, numerosi studi [Cohen, 1990] hanno dimostrato che le barriere di un reattore di tipo LWR avrebbero sopportato l'incidente di Chernobyl, senza fughe radioattive nell'atmosfera.

Ricapitolando, contrariamente a quanto afferma la litania antinucleare, un incidente come quello di Chernobyl *non può avvenire* nei reattori LWR utilizzati a fini strettamente pacifici e progettati per essere sicuri (e non per produrre plutonio), in primo luogo a causa della proprietà autoregolatrice dell'acqua che permette di bloccare la reazione (con la scomparsa del moderatore) senza bisogno dell'intervento umano, e in secondo luogo grazie alle successive barriere di contenimento incluse nel progetto.

L'incidente di Chernobyl

Nell'aprile del 1986, l'impianto di Chernobyl aveva in piano un test di ingegneria elettrica per migliorare il rendimento della turbina a vapore. Il test non coinvolgeva minimamente il reattore, la cui unica funzione era fornire vapore acqueo alla turbina (di fatto era richiesta meno potenza del solito) e, di conseguenza, nella squadra non c'erano esperti di fisica nucleare. Le operazioni dovevano iniziare verso l'una del pomeriggio del 25 aprile, però un'urgenza nel servizio le ritardò fino alle undici di sera. Il primo passo consisteva nel ridurre la potenza del reattore fino al basso livello necessario per le prove (circa il 25 per cento della potenza nominale). A questo scopo, gli operatori dovevano abbassare un certo numero di barre di controllo, al fine di assorbire il numero di neutroni giusto perché la potenza diminuisse fino a un quarto. Tra la fretta e la tensione causate dalle dieci ore di ritardo si finì per abbassare troppe barre e la potenza venne ridotta al 6 per cento del valore nominale, il che risultava inaccettabile per l'esperimento.

L'azione corretta (e obbligatoria in base alle strette norme applicate in Occidente) sarebbe stata annullare l'operazione e recuperare poco a poco la potenza del reattore, alzando gradualmente le barre di assorbente nel corso di diverse ore. Anziché procedere così, gli operatori cercarono di forzare un aumento della potenza alzando di colpo troppe barre di controllo e, nonostante quella procedura stesse già violando tutte le regole, i supervisori decisero di procedere con il test fino all'una di notte. Come parte delle prove, vennero collegate diverse pompe che aumentarono il flusso d'acqua nel reattore. Ma in un reattore a grafite l'acqua funziona come assorbente di neutroni (poiché alcuni di loro si combinano con l'idrogeno per formare il deuterio), ragion per cui il flusso supplementare frena ancora di più la reazione. Come se i protagonisti di quella fatidica notte stessero interpretando una tragedia greca in cui gli dei controllano la volontà degli uomini allo scopo di distruggerli, la reazione degli operatori fu la peggiore possibile: anziché sospendere il test, estrassero ancora più barre di controllo.

All'1:22 del mattino il flusso extra di acqua si fermò, ma le barre di controllo non si reinserirono. Mezzo minuto più tardi, uno dei computer di controllo produsse una stampata in cui avvisava che era necessario spegnere il reattore, ma venne ignorato dall'operatore. All'1:23 iniziò l'esperimento, ma, nello stesso tempo, l'acqua del reattore cominciava a evaporare e la reazione a catena accelerava. Le barre di controllo automatico si abbassarono, ma era già troppo tardi. L'acqua iniziò a bollire, al che la reazione a catena accelerò ancor di più, producendo altro vapore acqueo ad alta pressione e ad alta temperatura. Non ci fu tempo per reinserire le barre di controllo manuale (che non avrebbero mai dovuto essere ritirate). La reazione uscì dal controllo e, a differenza di quanto sarebbe accaduto in un LWR, non c'era modo di fermarla. Il calore all'interno del nucleo aumentò di cento volte il suo massimo valore accettabile. Il risultato è il disastro che tutti conosciamo. Le esplosioni furono detonazioni chimiche, probabilmente prodotte dall'esplosione dell'idrogeno formatosi per la reazione dell'acqua con i metalli del reattore.

Intorno all'1:30 del mattino, alla centrale giunsero squadre di pompieri provenienti da Pripyat e Chernobyl e, verso le quattro del mattino, i principali focolai erano stati spenti. Molti di quei pompieri ricevettero dosi altissime di radiazioni, dovute tra le altre cose alla scarsa protezione fornita dalle loro attrezzature.

Oltretutto, la grafite che faceva le veci del moderatore nel nucleo si era incendiata (la grafite brucia bene quanto il carbone) e gli incendi la dispersero nell'atmosfera sotto forma di ceneri. Per spegnere questi fuochi fu necessario sorvolare il pennacchio di ceneri ultraradioattive con degli elicotteri che seppellirono il nucleo sotto tonnellate di boro, sabbia, fango e piombo. Anche i piloti degli elicotteri furono colpiti da dosi letali di radiazioni.

Secondo l'UNSCEAR, morirono in tutto trenta persone (due subito, e ventotto per conseguenza delle radiazioni) e oltre cento riportarono ferite di varia entità.

Le conseguenze sulla popolazione civile furono le seguenti [UNSCEAR, 2000]: fu necessario evacuare centosedicimila persone dalle immediate vicinanze del reattore; ci furono seri problemi economici, sociali e psicologici in tutta la regione; ci furono circa quattromila casi di tumore tiroideo nei bambini e negli adolescenti esposti alla radioattività liberata durante l'incidente, quasi tutti guariti (con l'asportazione della tiroide); secondo l'UNSCEAR non c'è nessuna prova scientifica di altre malattie attribuibili alle radiazioni, in particolare non c'è prova di aumenti della frequenza o malignità dei tumori. Il rischio di leucemia, una delle maggiori preoccupazioni nei primi anni successivi all'incidente, non pare essere aumentato. Non è stato registrato un aumento dei tumori o delle leucemie nemmeno nelle squadre di operai che si sono occupate di sigillare e bonificare la zona del reattore. La conclusione dell'UNSCEAR è che la maggior parte della popolazione non subirà danni gravi alla salute come conseguenza dell'incidente.

Il Comitato scientifico delle Nazioni Unite per lo studio degli effetti delle radiazioni ionizzanti (UNSCEAR) ha trascorso quindici anni a studiare gli effetti della tragedia di Chernobyl. Il suo rapporto (disponibile online)[6] è, probabilmente, la fonte più autorevole di informazioni di cui disponiamo. Le sue conclusioni, indubbiamente,

---

[6] http://www.unscear.org/unscear/en/chernobyl.html.

non vanno prese alla leggera. Molta gente ha sofferto per un incidente che non si sarebbe dovuto verificare. Però è altrettanto certo che il numero di vittime dirette fu di gran lunga inferiore a quello che si ritiene normalmente (non è raro che, domandando la cifra, mi senta rispondere con numeri che variano tra il migliaio e il milione di morti) e che l'incidenza di tumori, leucemie o malformazioni non pare essere aumentata tra la popolazione esposta alle radiazioni.

Uno studio più recente e completamente indipendente, svolto dall'OMS (Organizzazione mondiale della sanità, o WHO secondo le iniziali inglesi), conclude (capitolo 7) [OMS, 2006]:

> Tra i centotrentaquattro membri delle squadre d'emergenza (i cosiddetti liquidatori) che si occuparono del primo intervento per il contenimento dell'incidente di Chernobyl, diciannove sono morti tra il 1987 e il 2004 per cause diverse. Tra la popolazione esposta alle radiazioni, le dosi furono molto più basse (rispetto a quelle ricevute dai pompieri e dai liquidatori) e non si sono verificati casi di sindrome da radiazione acuta.
>
> In base ai dati, la mortalità complessiva tra i liquidatori statisticamente non differisce in maniera significativa [...] dalla normale mortalità della popolazione russa. Tuttavia (esistono indicazioni secondo cui) il 4,6 per cento dei decessi avvenuti tra i liquidatori nei dodici anni successivi all'incidente può essere attribuito a malattie causate dalle radiazioni[7].
>
> Gli studi sui residenti nelle aree contaminate di Bielorussia, Russia e Ucraina, realizzati dal 1986, non hanno rivelato nessuna evidenza significativa di un aumento della mortalità legato alle radiazioni, in particolare per quanto riguarda i decessi causati da leucemie, tumori (non tiroidei) e malattie non cancerose.
>
> Degli oltre quattromila casi di tumori tiroidei diagnosticati tra bambini e adolescenti in Bielorussia, Russia e Ucraina (tra il 1992 e il

---

[7] Il che aggiungerebbe approssimativamente sette vittime alle trenta dirette registrate dopo l'incidente.

2002), la maggior parte è stata trattata con successo, con meno dell'1 per cento di decessi.

A causa dell'incertezza esistente, le previsioni di mortalità futura devono essere avanzate con grande attenzione. In particolare, si registra una significativa riduzione della speranza di vita nei tre Paesi in questione (Russia, Bielorussia e Ucraina) non legata alle radiazioni, il che implica ostacoli notevoli nell'individuare i possibili effetti nocivi delle radiazioni.

Chernobyl è stata una terribile tragedia, però, quasi cinque lustri dopo, è necessario rivedere le statistiche e interrogarsi sul numero di vittime dovute al petrolio, al gas naturale, alle miniere di carbone o agli incidenti aerei. Con questo non sto cercando di sdrammatizzare il disastro, ma solo di vederlo per ciò che è stato: una catastrofe che non sarebbe mai potuta avvenire in un Paese occidentale, e che si è verificata solo a causa di una combinazione di irresponsabilità e sfortuna.

La temuta sindrome cinese

In *Sindrome cinese*, un film del 1978, un incidente provoca la fusione del nucleo di un reattore nucleare, la cui temperatura si alza a tal punto da perforare il bunker di contenimento e le radiazioni penetrano nel sottosuolo, affondando così tanto da raggiungere gli antipodi. La pellicola sarebbe stata solo pioggia che cadeva sul bagnato tema dei disastri (ci hanno fatto subire versioni filmate di guerre atomiche, collisioni con asteroidi, terremoti, eruzioni vulcaniche, tsunami, virus letali di tutti i tipi, naufragi di tutti i generi e invasioni di innumerevoli alieni), se non fosse stato che, nel 1979, si verificò il secondo incidente più importante della storia dell'energia nucleare: la fusione parziale del nucleo del reattore di Three Mile Island (o, abbreviato, TMI).

Nel nostro immaginario collettivo, una catastrofe del genere è quasi altrettanto letale dell'esplosione di una bomba H nel centro di una grande città. Tuttavia l'incidente, per quanto grave, si è concluso senza vittime e senza danni consistenti all'ambiente. Numerosi studi successivi hanno concluso che la situazione a TMI non è stata un'eccezione, bensì la norma. Il reattore era progettato per resistere a quell'eventualità [Cohen, 1990].

La ragione per cui il reattore di TMI ha resistito alla fusione parziale del nucleo è la robustezza del bunker di contenimento. Con più di un metro di spessore e una fitta rete di travi d'acciaio a rinforzarne la struttura, le pareti di cemento armato del bunker sono progettate per resistere alle condizioni estreme di pressione e temperatura che si verificano durante questo tipo di incidenti. Allo stesso tempo, questa corazza protegge il reattore contro forze esterne quali un tornado, l'impatto di un aereo o una carica esplosiva.

Il reattore di Chernobyl difettava di un bunker con queste caratteristiche. Se ci fosse stato, le cose sarebbero andate molto diversamente. Non ci sarebbero state fughe nell'atmosfera, né vittime, né una paura irrazionale propagatasi per decenni.

Perché si è verificato l'incidente di TMI?

In un reattore di tipo LWR, la reazione a catena non può andare fuori controllo, a causa dell'effetto regolatore dell'acqua. D'altro canto, anche quando finisce, il nucleo del reattore rimane ad alta temperatura a causa della disintegrazione dei prodotti radioattivi nel suo interno. In condizioni normali, l'acqua trasporta questo eccesso di calore da un'altra parte. Se c'è una perdita d'acqua o, nel gergo del settore, un LOCA[8], il nucleo continua a scaldarsi a causa dell'assenza di refrigerante, fino a che, eventualmente, le barre di combustibile fondono e la radioattività sigillata all'interno delle capsule di combustibile viene liberata all'interno del reattore. Perché questa radioattività esca all'esterno è necessario che si perforino tre strati di contenimento: il contenitore pressurizzato d'acciaio, spesso venti centimetri, il bunker di cemento armato, spesso un metro, e l'edificio esterno, fatto anch'esso di cemento. Questa situazione non si è mai verificata nel corso della storia.

---

[8] Dalle iniziali inglesi di *Loss of Coolant Accident*, ovvero "Incidente da perdita di refrigerante".

L'incidente di TMI è accaduto a causa di una concatenazione di due fatti improbabili: una valvola non si è chiusa correttamente e gli operatori hanno frainteso l'avvertimento inviato dagli strumenti di controllo. Come risultato di questo incidente (che si è verificato oltre trent'anni fa) i sistemi di controllo sono stati enormemente migliorati, con l'inclusione, negli ultimi anni, di sofisticate innovazioni informatiche insieme a un protocollo d'operazione molto più rigido. La situazione di TMI non si è più ripetuta negli ultimi tredicimilaottocento anni[9].

Il nucleo del reattore di Three Mile Island non arrivò, in ogni caso, a fondere, poiché gli operatori riuscirono a porre rimedio al problema in tempo. Si è trattato di un *near miss*, un "quasi incidente", uno di quelli che accadono a centinaia nel trasporto aereo dei passeggeri e di cui quasi tutti possiamo raccontare qualche esempio che ci ha visti protagonisti al volante della nostra automobile. Per di più, un "quasi incidente" senza vittime né fughe radioattive, che però, come quasi tutto ciò che concerne il nucleare, ha scatenato il panico nell'opinione pubblica ed è stato utilizzato per decenni per "dimostrare" l'insicurezza dei reattori.

Buchi neri

Il funzionamento dei reattori nucleari si basa su protocolli di sicurezza che includono sistemi d'emergenza ridondanti, un personale ben addestrato e tutte le migliorie esistenti di ogni componente e attività possibile grazie a un'esperienza che ammonta già a sessant'anni. In entrambi i casi, la filosofia è preventiva. Si investono molto talento e denaro nell'immaginare *che cosa potrebbe andare male* e nel pianificare azioni che evitino problemi che, spesso, non si sono mai verificati.

Queste misure di sicurezza includono la resistenza ai terremoti, agli attentati e a migliaia di situazioni potenzialmente pericolose. Se moltiplichiamo le centinaia di reattori che hanno operato da quando questa industria è attiva per i sei decenni di attività della stessa, otte-

---

[9] Vale a dire, quattrocentosessanta reattori che operano per trent'anni.

niamo un lasso di tempo che copre oltre quindicimila anni. In questo periodo sono accadute *una* catastrofe (in un reattore non sicuro a causa delle sue applicazioni militari) e una manciata di incidenti relativamente seri che, però, non si sono tradotti né in vittime né in fughe radioattive di una qualche consistenza.

Questo non implica che, se realmente dovesse esserci un terremoto di intensità nove sulla scala Richter il cui epicentro si trovi esattamente sul sito di una centrale nucleare, non possa accadere che il bunker si rompa, così come non si può garantire che riesca a superare un attacco missilistico devastante. Quando si discutono questi scenari, si suole porre l'accento sulle migliaia o sui milioni di vittime che il disastro provocherebbe, senza considerare la *probabilità* che tali eventi si verifichino davvero. Questa mancanza di prospettiva è causa di non poca confusione.

Non è che la gente difetti di intuito nel giudicare l'importanza di una catastrofe. Un caso recente è quello dello tsunami che ha flagellato l'Oceano Indiano nel 2004, causando più di duecentotrentamila vittime. Il numero di fatalità è sconvolgente, eppure in qualche modo siamo capaci di accettare la tragedia senza che la paura di un altro cataclisma simile ci ossessioni, forse perché l'inevitabilità (e insieme la scarsa frequenza) dei disastri naturali è insita nel nostro inconscio collettivo. Se dividiamo il numero di vittime della catastrofe dell'Oceano Indiano per la popolazione del pianeta, otteniamo una probabilità di tre su centomila, parecchio più bassa, di fatto, della probabilità che abbiamo di morire in seguito all'impatto del prossimo asteroide.

Altri tipi di rischio, invece, quasi sempre associati alla tecnologia (da cui dipendiamo in tutto e per tutto, ma della quale diffidiamo sempre più via via che, sempre più, va assomigliando alla magia) o al terrorismo (forse perché, come per la tecnologia, ci consideriamo incapaci di comprenderlo e, ancor più, di controllarlo), ci innervosiscono molto di più. Per esempio, una semplice analisi delle probabilità rivela che la maggior parte delle misure di sicurezza che ci fanno perdere tempo e pazienza all'aeroporto è inutile e contribuisce più a spaventare i passeggeri (aumentando la loro percezione del rischio) che a tranquillizzarli. Un altro esempio degno di nota è il subbuglio scatenatosi di recente per la messa in funzione dell'LHC, il grande acceleratore di protoni del CERN. La probabilità che questo strumento per la ricerca scientifica possa creare un buco nero capace di inghiottire il pianeta è di 10^{-40}, un numero ridicolmente piccolo in confronto alla probabilità della catastrofe esterna più preoccupante per la nostra civiltà (l'impatto di un grosso asteroide), e, senza dubbio, assolutamente irrilevante se paragonato alla minaccia, molto reale, di un grande disastro associato al cambiamento climatico.

Eppure, l'agitazione mediatica e l'isteria collettiva che hanno preceduto l'entrata in funzione della macchina sono state incredibili. L'argomento che si è impugnato allora e che ancora continua a venire brandito tra i cultori dello spavento è che, pur trattandosi di una catastrofe alquanto improbabile, il numero di vite che costerebbe (l'intera umanità presente e futura) è talmente elevato che un fattore compensa l'altro. Come valutare un rischio la cui probabilità è praticamente zero, a un costo praticamente infinito? Non lo sappiamo. Davanti all'imponderabile, non manca chi propone di risolvere il problema con la forza, vietando l'LHC. Le stesse argomentazioni arriverebbero a proibire la ricerca medica su quasi tutti i fronti, inclusi quelli dell'immunologia, della biologia genetica, della neurobiologia e moltissimi altri. Andrebbero vietati anche la nanotecnologia, il volo spaziale, le comunicazioni radio (per evitare che una civiltà aliena aggressiva ci localizzi e ci annienti) e tutta l'informatica (non sia mai che spunti un'intelligenza artificiale che ci riduca in schiavitù, altro classico della letteratura).

La maggior parte della gente, anche se inizialmente può essere un po' intimorita da tutte queste cose (soprattutto grazie all'eco della nostra stampa sensazionalistica), di solito smette di preoccuparsene, e a ragione, dopo poco tempo. Non c'è bisogno di essere un esperto di statistica per separare il grano della realtà dal loglio delle catastrofi immaginarie.

Eppure, buona parte delle argomentazioni che vengono impugnate contro l'energia nucleare è assurda quanto quelle che seminavano il terrore riguardo al buco nero del CERN. In compenso, in questo campo il comune cittadino è facilmente influenzabile. A furia di parlare di Chernobyl in termini apocalittici, abbiamo finito per credere che la vicenda abbia causato più vittime, dirette o indirette, dello tsunami dell'Oceano Indiano. A furia di leggere le continue denunce, perlopiù infondate, dei gruppi più attivisti, abbiamo sviluppato la nozione che le centrali nucleari sono insicure e pericolose. A furia di mostrarci fotografie di barili sinistri, con un'elica gialla a tre pale a sottolinearne il contenuto radioattivo, immaginiamo la radioattività come una specie di corrente letale che si propaga per l'aria come un virus, avvelenandoci.

Non sto dicendo che la radioattività sia innocua. Una fuga di cripto radioattivo dall'interno di un reattore nucleare può avere effetti nocivi sulle persone che si trovino nei pressi (dobbiamo ricordare che qualunque fuga si diluisce rapidamente nell'atmosfera, ragion per cui praticamente non ci sono rimasti resti degli imponenti test nucleari dei decenni della Guerra fredda), e questo è il motivo per cui i reattori vengono progettati perché le fughe non ci siano, con la stessa attenzione con cui si progetta un aereo perché non gli si rompano le ali. L'aviazione è sicura, non perché sia impossibile che andiamo incontro a un incidente mortale, ma perché la probabilità è talmente bassa (in media, potremmo prendere un volo al giorno per circa ventunmila anni prima che ci capiti) che il rischio non ci preoccupa, tranne quando avviene uno di quei rarissimi incidenti aerei e allora la stampa ci terrorizza per qualche settimana. Pretendere che non venga sfruttata l'energia atomica basandosi su probabilità infinitamente basse è assurdo quanto pretendere che venga proibito, perché insicuro, il trasporto aereo.

È difficile comprendere l'atteggiamento ferocemente antinucleare di Greenpeace e altri gruppi affini che si intestardiscono su incidenti remoti o improbabili e si lasciano ossessionare da probabilità insignificanti quando viviamo in un'epoca segnata da una grave minaccia per l'intera umanità: il cambiamento climatico. Il loro atteggiamento non è molto più sensato di quello di un naufrago sul punto di morire di sete che si rifiuta di bere da una sorgente miracolosamente incontrata sul proprio cammino per paura che l'eccesso di calce in quell'acqua cristallina possa fargli male.

Scorie radioattive: un problema ingestibile?

Come tanti altri problemi legati all'energia nucleare, quello delle scorie radioattive ha una forte componente semantica e simbolica. Tutti conosciamo i lemmi: scorie, radioattivo, alta attività. Tutti riconosciamo la sinistra elica a tre pale della radioattività. Tutti abbiamo sentito dire che la loro attività continua per milioni di anni. Tutti sappiamo che sono *pericolosissime.*

Sono pericolose, indubbiamente, se ci facciamo un bagno nella piscina in cui vengono stoccate, appena prelevate dal reattore, o se le usiamo per prepararci un aperitivo. Non è raro (anzi, di fatto è quasi la norma) che gli scarti di una determinata attività industriale siano nocivi, o altamente tossici, e che sia necessario tenerli sotto stretto controllo. Esempi di sostanze tossiche quotidianamente maneggiate dall'industria e fondamentali per la nostra società sono il cloruro di idrogeno e l'acido cloridrico (pulizia, trattamento e galvanizzazione dei metalli, raffinazione e manifattura di un'ampia varietà di prodotti); cianuro (sostanza chimica estremamente velenosa, utilizzata nell'industria nella galvanoplastica per elettrodeposizione di zinco, oro, rame e argento); ammoniaca (produzione di concimi e fertilizzanti, tessili, plastiche, esplosivi, cellulosa e carta, alimenti e bevande, detersivi per la casa, refrigeranti e altri prodotti) e arsenico (altro potente veleno usato per insetticidi, diserbanti e decoloranti del legno).

Una centrale termica a carbone, oltre a liberare nell'atmosfera undici tonnellate di CO_2 al minuto, rilascia anche diossido di zolfo (pioggia acida), ossido di azoto e ceneri, oltre a tracce di tutti i tipi di metalli, quali il piombo e il cadmio. Infine, tra le ceneri, vengono rilasciati anche uranio, radio e torio, che sono presenti in qualche parte per milione nel carbone (materiale di cui, come abbiamo visto, vengono bruciate migliaia di milioni di tonnellate). Il carbone è anche una fonte di radon, un gas radioattivo che costituisce la più pericolosa sorgente *naturale* di radioattività. A confronto, una centrale nucleare da 1.000 MW emette nell'atmosfera solo vapore acqueo. La massa delle sue scorie è di circa cinque milioni di volte minore (in peso) a quella dei residui prodotti da una centrale a carbone.

Stoccaggio temporaneo

Abbiamo già visto che il combustibile usato rimane dai dieci ai trent'anni nelle piscine delle centrali nucleari, dove la sua radioattività cala almeno di un fattore 100. Una delle esagerazioni che si sente spesso riguarda il "grave problema" delle scorie che si vanno depositando nelle centrali. In realtà, l'unico problema è lo spazio, poiché alla fine le piscine di stoccaggio si riempiono e diventa quindi necessario prelevare parte del combustibile. Al contrario, più tempo il materiale rimane nelle piscine e più la sua radioattività si riduce, e più è facile gestirlo. Mantenere le scorie in questo deposito temporaneo rende anche possibile riprocessarle in qualunque momento.

I depositi temporanei sono progettati per resistere a qualunque tipo di disastro, inclusi inondazioni, tornado, proiettili e sbalzi estremi di temperatura. Quando le scorie vengono stoccate in barili a secco, dopo dieci anni o più di permanenza nelle piscine, il rivestimento a doppio strato del contenitore ferma completamente le radiazioni gamma, emettendo all'esterno solo il calore equivalente al riscaldamento di un'abitazione.

In Spagna, il combustibile esausto finora è stato stoccato nelle piscine presenti nelle sette centrali nucleari in funzione. La data prevista di saturazione di queste vasche varia tra il 2013 (Asco I) e il 2022 (Almaraz II). A differenza degli Stati Uniti, la Spagna non dispone ancora[10] di un posto per lo stoccaggio temporaneo (ad alta attività, poiché le scorie a bassa e media attività vengono stoccate nell'impianto di El Cabril, nella provincia di Cordova), anche se di recente è stata approvata la costruzione di un ATC (Almacén Temporal Centralizado, Deposito temporaneo centrale)[11].

---

[10] Ricordiamo che il libro è stato scritto nel 2009 (N.d.T.)
[11] http://www.emplazamientoatc.es.

Tra parentesi: James Lovelock ha offerto pubblicamente il giardino di casa sua per stoccarvi alcuni barili a secco, o delle scorie vetrificate, allo scopo di sfruttare l'energia termica che producono. L'idea, per quanto espressa in modo provocatorio, non è per niente un'assurdità. Sarebbe perfettamente fattibile utilizzare il calore emanato dai residui radioattivi in un sistema di cogenerazione per il riscaldamento urbano. L'idea, di fatto, è brevettata[12], e le uniche ragioni per non implementarla nella pratica sono, diciamo così, politiche.

Le scorie ad alta attività

Nel capitolo 9 (grafici 9.2 e 9.3) abbiamo visto che tanto l'attività come la radiotossicità delle scorie ad alta attività (soprattutto ^{137}Cs e ^{90}Sr) richiedono alcune centinaia d'anni per scendere al disotto della radioattività del minerale originale. A partire da lì, i transuranici dominano l'attività, che necessita di circa diecimila anni per avvicinarsi a quella dell'uranio naturale. Se i futuri reattori a neutroni veloci consumeranno i transuranici, il problema di stoccare le scorie si misurerà in secoli. Altrimenti, si parla di millenni.

Che siano l'uno o l'altro caso, dove stoccarle? Bernard Cohen [Cohen, 1990] e James Lovelock [Lovelock, 2000] suggeriscono due alternative abbastanza radicali per sbarazzarsene. Il primo propone di gettarle nelle profondità marine. Il secondo di sparpagliarle, distribuendole per la foresta amazzonica e altri ambienti naturali che considera sacri, al fine di proteggerli dall'invasione dell'uomo.

La proposta di Cohen è perfettamente sensata dal punto di vista scientifico, per quanto sembri una bestemmia. Le scorie vetrificate vengono alloggiate in contenitori d'acciaio inossidabile che possono resistere migliaia o anche decine di migliaia di anni senza corrodersi e, in ogni caso, il vetro non si dissolve nell'acqua. L'ammontare totale delle scorie radioattive prodotte fino a oggi dall'industria nucleare mondiale occupa più o meno un centinaio di ettari. Partendo dal presupposto che negli anni a venire il numero di centrali aumenti di un

---

[12] http://www.freepatentsonline.com/6183243.html.

fattore 10, e che queste operino per altri cinquecento anni, riempiremmo all'incirca una decina di kilometri quadrati, che non sono nulla in confronto agli oltre trecentocinquanta milioni di kilometri quadrati di oceano. Se i contenitori venissero lanciati a caso nell'Oceano Pacifico, sarebbe più difficile incrociarne uno di quanto lo sia trovare il proverbiale ago nel pagliaio. Non mi viene in mente nessuna ragione per non risolvere in questo modo semplice, economico e sicuro l'"ingestibile problema delle scorie"[13].

Per quanto riguarda la proposta di Lovelock, invece, questa si basa sul fatto che nella zona di Chernobyl (zona che continua a essere considerata altamente radioattiva) la vita selvatica è tornata e, lungi dall'apparizione di cervi mutanti o scarafaggi giganti, le specie autoctone sembrano godere di ottima salute, notevolmente migliorata dal fatto di non essere considerati commestibili a causa dell'alto livello di radioattività della loro carne. A partire da questo, Lovelock deduce correttamente che le scorie farebbero un gran favore alla vita selvatica dell'Amazzonia, tra le altre cose perché terrebbero gli uomini lontani dalla giungla.

È pericoloso seppellire le scorie radioattive?

Un'alternativa meno radicale di quelle suggerite da Cohen e Lovelock consiste nello stoccare i residui in un deposito geologico adatto. Questa opzione, sia detto en passant, è quella scelta dalla natura quando ha deciso che il suo esperimento di produzione di energia di fissione era terminato (dopo due milioni di anni di operazioni) e ha funzionato alla perfezione negli ultimi millenovecentonovantotto milioni di anni. Esiste una moltitudine di depositi possibili sul pianeta, sufficientemente spaziosi, asciutti e stabili. Trovarli non è un problema tecnico, bensì, una volta di più, un problema politico.

---

[13] Invece José Díaz, professore di Fisica atomica e nucleare all'Università di Valencia, suggerisce una ragione importante. Molte delle scorie radioattive saranno utili nel prossimo futuro, o come fonte di energia di fissione (è il caso del plutonio) oppure in applicazioni tecnologiche (un esempio è l'americio-241). Conclude, perciò, che è meglio stoccarle in depositi geologici, che considera come veri e propri giacimenti di preziose materie prime più che come discariche secolari o immondezzai radioattivi.

Un esempio significativo è quello delle Yucca Mountain (figura 10.1, sulla sinistra), l'ubicazione proposta dal Dipartimento per l'energia statunitense (DOE) come deposito geologico. Si tratta di una regione montuosa del Nevada, a circa cento kilometri a nord-ovest di Las Vegas, caratterizzata da un clima secco, lontana dai centri abitati, con accesso limitato, geologia stabile, falda acquifera profonda e nessuna corrente esterna d'acqua conosciuta. La montagna è stata esaminata da centinaia di geofisici durante gli ultimi vent'anni e probabilmente si tratta di uno dei luoghi più conosciuti al mondo dal punto di vista geologico. Alcune delle sue caratteristiche perfettamente assodate sono la scarsità di precipitazioni, la lentezza del movimento dell'acqua nelle rocce della montagna (un centimetro all'anno) e la geologia stabile, dimostrata dall'esistenza di massi erranti (figura 10.1, sulla destra) che suggeriscono scarsi movimenti sismici in molte migliaia di anni. Gli studi portati a termine nel corso di due decenni dimostrano che i rischi di eruzioni vulcaniche, erosione e altri processi geologici sono minimi.

Il deposito verrà situato a circa trecento metri sotto la superficie, e a trecento metri sopra la falda acquifera, il che lo protegge contem-

Figura 10.1 A sinistra: Il deposito geologico di Yucca Mountain, sotto esame del DOE dal 1987; a destra: Massi erranti sulla montagna, che dimostrano l'assenza di movimenti geologici. [DOE, 2008]

poraneamente dai terremoti e dalle correnti sotterranee (e da possibili attacchi terroristici). Inoltre la montagna si trova in un ampio avvallamento, circondato da un terreno elevato che impedisce alle correnti d'acqua sotterranee che scorrono sotto la montagna (molto sotto al deposito) di sfociare in grandi strati acquiferi, in fiumi o nell'oceano.

Per finire, si tratta di una zona ad accesso limitato, controllata dall'esercito. Lo spazio aereo che la circonda è chiuso e vigilato dall'Aeronautica. Il paese più vicino è a circa ventidue kilometri. Pochi luoghi nel pianeta sono tanto calmi, remoti e protetti.

Detto en passant, se si prendessero precauzioni di questo tipo con altre attività legate all'energia, il mondo andrebbe incontro a un collasso totale. Bisognerebbe chiudere le miniere di carbone (notoriamente pericolose), i pozzi di petrolio (ovvi obiettivi terroristici), gli impianti rigassificatori di gas naturale (soggetti alle esplosioni) e bloccare l'espansione dell'energia eolica fino a che non si saranno accumulati vari decenni di studi che dimostrino che i diversi effetti perniciosi loro attribuiti (inclusi l'interferenza con le onde elettromagnetiche, la degradazione del paesaggio e gli effetti nocivi sugli uccelli) sono accettabili.

Se quest'ultimo punto va a toccare un nervo scoperto (bloccare un'energia tanto pulita quanto quella eolica per un motivo estetico o perché uccide un uccello di tanto in tanto?), si consideri che i movimenti radicali antinucleari sostengono che vent'anni di studi, a cui hanno preso parte un esercito di geologi e la certificazione di sicurezza per i successivi diecimila anni sono insufficienti. L'appunto ricorrente invoca un'impossibile corrente d'acqua che filtra nel deposito disperdendo le scorie, trasportandole fino a una falda acquifera fuori dalla valle e avvelenando così la popolazione.

La figura 10.2 mostra come vengono incapsulate le scorie radioattive. Lo strato più interno è costituito dai residui stessi, vetrificati. Quello successivo consiste in un contenitore di metallo, normalmente fatto d'acciaio inossidabile o di una lega di titanio, molto resistente alla corrosione. Seguono uno strato di stabilizzatore e altri due di iso-

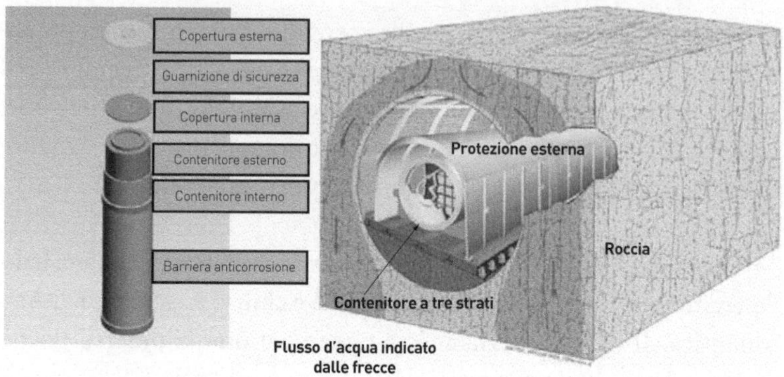

Figura 10.2 Capsula contenente le scorie radioattive per il deposito di Yucca Mountain. [DOE, 2008]

lanti. Da ultimo, tutti gli spazi tra il cilindro e la roccia vengono riempiti di un materiale assorbente, la cui funzione è contenere qualunque infiltrazione proveniente dal cilindro.

Ricapitolando, le barriere di sicurezza sono:

1. La scoria viene sepolta in una zona la cui sicurezza è certificata da minuziosi studi geologici che garantiscono, come abbiamo visto, contro qualunque tipo di rischio: stabilità sismica, vulcanica e umidità, inclusa l'assenza di correnti sotterranee.

2. Se i geologi si sbagliassero, o se facesse la sua apparizione un'imprevista corrente d'acqua, la roccia in se stessa offre una grandissima protezione poiché l'acqua dovrebbe scioglierla per giungere alle scorie in essa "incastonate".

3. Supponendo che l'acqua giunga alle camere in cui si trovano le scorie, incontrerebbe il materiale di riempimento situato tra la roccia e il barile, generalmente argilla che si espande, sigillando il cilindro e isolandolo dall'umidità.

4. Se l'acqua riuscisse a penetrare nell'argilla, incontrerebbe il barile di titanio, altamente resistente alla corrosione. Il progetto del barile, rigorosamente testato in laboratorio, garantisce già di per sé una resistenza alla corrosione di migliaia di anni (una volta trascorso questo lasso di tempo, il 99 per cento dei residui tossici si

è disintegrato). Questa è la ragione per cui Bernard Cohen non avrebbe alcun problema a gettarli in mare.

5. Se l'acqua riuscisse a corrodere il barile, incontrerebbe la scoria vetrificata. Il vetro è un materiale estremamente difficile da sciogliere ed esistono prove archeologiche (manufatti di vetro dell'antica Babilonia) che hanno resistito migliaia di anni nel letto di un fiume senza dissolversi.

E se, comunque, un pochino di scorie arrivasse lo stesso a disperdersi? Questo è il motivo per cui il deposito di Yucca Mountain si trova in un avvallamento, il che implica che l'acqua non potrebbe risalire dalla valle.

Se si moltiplicano tutte queste probabilità: acqua che appare inaspettatamente, scioglie la roccia, scioglie l'assorbente, scioglie la lega di titanio, scioglie il vetro, trascina con sé le scorie e scala la montagna, il risultato è zero. O, per essere più esatti, non è zero. Nemmeno la probabilità che il mondo sparisca inghiottito da un buco nero è zero. Però preoccuparsi per un evento tanto improbabile è altrettanto sterile e assurdo di perdere il sonno per colpa della singolarità cosmica.

Un problema senza soluzione?

Ricapitolando, non c'è alcun problema irrisolvibile per quanto riguarda le scorie radioattive. Non è difficile trovare siti geologicamente adatti, predisporli correttamente e stoccarvi le scorie nel modo ultrasicuro che abbiamo spiegato.

Al contrario, abbiamo un problema irrisolvibile con il cambiamento climatico, le cui conseguenze possono essere devastanti per la nostra civiltà o, che poi è lo stesso, un problema irrisolvibile con le emissioni di CO_2 rilasciate dalla combustione annuale di seimila milioni di tonnellate di carbone, tremila milioni di tonnellate di petrolio e quattromila milioni di tonnellate di gas naturale. Sembra incredibile che, di fronte a una minaccia tanto grave quanto quella del riscaldamento globale, ci sia ancora chi trova lo spirito di preoccuparsi per un problema immaginario. Stare a speculare sulla possibilità che le scorie sfuggano, per una qualche meravigliosa magia, dai molteplici strati in cui sono contenute, e possano arrivare a causare una calamità nel giro di mille o diecimila anni quando le siccità, le inondazioni e le epidemie possono causare milioni di vittime nel prossimo secolo, è puerile e insensato. Eppure è esattamente l'atteggiamento in cui si arrocca l'ecodogmatismo più florido.

Tuttavia, è innegabile che il rifiuto della società nei confronti dei depositi di scorie radioattive sia, di fatto, molto più grande del rifiuto delle centrali nucleari (questo è certamente vero nel caso della Francia), nonostante, in termini di sicurezza, un reattore attivo, per quanto sicuro sia, implica sempre un rischio maggiore di un residuo passivo, corazzato sotto molteplici strati di protezione e sepolto sotto terra. Se il rischio che un reattore rilasci nell'atmosfera una quantità apprezzabile di radioattività è molto basso, i rischi associati alle scorie sepolte sono, a tutti gli effetti pratici, nulli.

Ma allora, qual è il motivo del rifiuto della gente? Probabilmente si tratta del temibile effetto NIMBY.

Questo termine deriva dalle iniziali inglesi di "Not In My BackYard", vale a dire "Non nel mio cortile". Il motivo per cui lo stoccaggio delle scorie radioattive è problematico non ha niente a che vedere con la loro sicurezza (un barile d'acciaio inossidabile pieno di vetro e incastrato nella roccia a trecento metri di profondità implica per il cittadino un rischio inferiore a quello di attraversare la strada) bensì con il fatto di non generare valore aggiunto. Mi spiego meglio. Una centrale nucleare può essere percepita come un problema, però anche come un'opportunità: produce molti posti di lavoro e rivitalizza l'economia della zona. Al contrario, un deposito di scorie (soprattutto se lo vediamo come una discarica o un "cimitero") viene avvertito come un problema (un'area vietata, voci sull'insicurezza, paura di un attacco terrorista) *in cambio di nulla*. La reazione immediata è: "Non nel mio cortile". È un rifiuto tanto viscerale, egoista e miope quanto assolutamente umano. Ed è molto facile da sfruttare.

Un argomento citato spesso tra i paladini dell'antinucleare è quello dell'"irresponsabilità" di lasciare alle generazioni future delle discariche radioattive. Preoccuparsi per coloro che verranno da qui a mille anni (che, molto probabilmente, disporranno della tecnologia necessaria per bruciare tutte le scorie che lasceremo loro, qualora lo desiderino, anche se è più facile che le lascino dove sono, all'interno della loro montagna o, come suggerisce Lovelock, le spargano nella foresta amazzonica per intimorire i cacciatori di frodo) è encomiabile, però sarebbe ancor più encomiabile preoccuparsi per i nostri figli e nipoti, che sono quelli che dovranno vedersela con le conseguenze peggiori del cambiamento climatico se non troviamo una soluzione in tempo.

Le scorie sono un problema ingestibile? In un certo senso sì, e non c'è modo di liberarsene. L'uranio è ovunque, come sappiamo bene noi scienziati che facciamo esperimenti che richiedono condizioni di radioattività molto bassa (per esempio lo studio della materia oscura o di certe proprietà dei neutrini che potrebbero rivelare l'asimmetria cosmica tra materia e antimateria), condizioni difficilissime da ottenere. Tutto ciò che ci circonda è, come minimo, leggermente radioattivo. Ciò è dovuto al fatto che il nostro pianeta non è altro che un gigantesco deposito di scorie, nato dal più grande incidente nucleare degli ultimi tempi: l'esplosione della supernova che ha dato origine al sistema solare e ha lasciato nel nucleo della Terra tanto uranio da far sì che sia tuttora incandescente.

11. La litania antinucleare

Litania (dal latino litania).
(colloq.): lista, sequela, elenco ininterrotto di molti nomi, locuzioni o frasi.
(colloq.): insistenza lunga e reiterata.

Quindici menzogne

L'energia nucleare può convertirsi in una fattibile alternativa ai combustibili fossili? Quasi tutta l'energia elettrica francese è di origine nucleare, così come la metà dell'elettricità dell'Ucraina, della Svezia e del Belgio, un terzo di quella della Finlandia e della Corea del Sud e un quinto di quella di molti altri Paesi, tra cui la Spagna, la Germania, il Regno Unito e gli Stati Uniti. Oggigiorno, le uniche energie rinnovabili in grado di rimpiazzare una fetta del mix elettrico paragonabile a quella dell'energia nucleare sono quella idraulica e, in misura minore, quella eolica. I salti d'acqua generano il 100 per cento dell'elettricità in Norvegia, Uruguay e Paraguay, però la maggior parte dei Paesi ha risorse di gran lunga inferiori. In Spagna, l'energia idrica apporta un solido 10 per cento al mix elettrico, integrato da un altro 10 per cento di eolica. La somma delle due equivale più o meno alla porzione nucleare.

Vedendo questi numeri si direbbe che non è poi così assurdo immaginare che l'energia nucleare possa in futuro aumentare la propria importanza, contribuendo a sostituire progressivamente i combustibili fossili, in particolare il carbone. A questo bisogna aggiungere il suo potenziale di generare idrogeno, una delle poche alternative contemplate per sostituire il petrolio.

I vantaggi dell'energia nucleare sono evidenti: tanto per cominciare, come le energie rinnovabili, non rilascia CO_2 nell'atmosfera. Sfortunatamente, gruppi come Greenpeace sono incapaci di accettare questo fatto ovvio e obiettano che [Greenpeace, 2008b]:

Il processo di fissione nucleare non emette diossido di carbonio (CO_2), però lo fa tutta l'attività precedente: l'estrazione dell'uranio, per esempio, richiede una grande quantità di trasporti e macchinari che, nel complesso, rilasciano più CO_2 rispetto alla produzione di energie rinnovabili.

Il grafico 11.1 chiarisce le cose. Paragonate ai combustibili fossili, tutte le energie alternative, nucleare e rinnovabili, emettono una quantità risibile (se si considerano i valori minimi dei diversi studi citati in [Boyle, 2003]) o molto piccola (anche se si considerano i valori massimi, con l'unica eccezione di quella idroelettrica) di CO_2. Tra le energie alternative, quella nucleare emette meno CO_2 (indirettamente) di quella fotovoltaica, da biomassa o idroelettrica, e una quantità simile a quella rilasciata dall'eolica[1].

Un secondo vantaggio, condiviso questa volta con i combustibili fossili, consiste nella sua affidabilità e nella sua immediatezza. Come una centrale a carbone o a gas naturale, l'energia nucleare è disponibile quando se ne ha bisogno e le grandi turbine di Parsons su cui si basa la generazione termica di elettricità possono produrre più (o meno) potenza a seconda della domanda. Ciò non accade, ovviamente, con energie rinnovabili quali quella eolica o quella solare. Il numero di ore di luce, come quello delle ore di vento, è limitato.

La conseguenza dell'inevitabile intermittenza del vento è uno scarso rendimento dell'energia eolica in confronto a quella nucleare. Mentre le centrali nucleari rendono tra l'85 e il 90 per cento del tempo, il rendimento dei parchi eolici è dell'ordine del 20 per cento. Detta in altre parole, bisogna installare cinque turbogeneratori per ottenerne uno che funzioni in maniera continuativa.

Invece di questi vantaggi, ciò che sentiamo continuamente dalla stampa è una fiacca litania antinucleare, recitata, tra gli altri, dalla

---

[1] Per il lettore interessato, raccomando il capitolo 13 dell'eccellente libro di Boyle, Everett e Ramage [Boyle, 2003]. Questi autori di certo non simpatizzano con l'energia nucleare, ma la cosa non impedisce loro di attenersi alla realtà come invece Greenpeace pare incapace di fare.

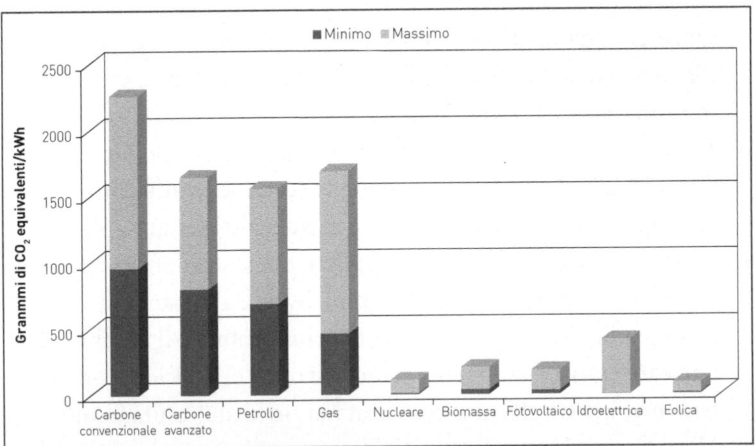

Grafico 11.1 Emissioni di CO2 nell'atmosfera da parte delle diverse energie. [Boyle, 2003]

ONG Greenpeace. In un recente articolo pubblicato sul quotidiano *El mundo*, sotto il simpatico titolo di *Le quindici menzogne dell'energia nucleare*, scrivono [Greenpeace, 2008b]:

1. *L'energia nucleare non è sicura*. Il movimento ecologista ricorda le dimensioni della tragedia di Chernobyl e il potere distruttore della radioattività.

2. *L'energia nucleare è potenziale fonte di conflitto*, essendo possibile bersaglio di terroristi.

3. *L'energia nucleare è sporca*, nel senso di pericolosa, poiché le scorie nucleari radioattive sopravvivono per decine di migliaia di anni e la loro gestione non è ancora stata risolta.

4. *L'energia nucleare è cara* e può esistere solo in Paesi in cui ci sono sostanziosi sussidi statali. Greenpeace cita una relazione del MIT (Massachusetts Institute of Technology) secondo cui, nelle attuali condizioni, "l'energia elettrica di origine nucleare non è competitiva".

5. *L'energia nucleare non è accettata dall'opinione pubblica*: secondo Greenpeace il rifiuto della società è maggioritario.

6. *L'energia nucleare non è necessaria per sostituire i combustibili fossili*: gli ambientalisti ricorrono ai casi di Germania e Svezia, Paesi

senza energia nucleare, per dimostrare che non è necessaria per fornire elettricità a uno Stato assolvendo, per di più, gli obiettivi di riduzione delle emissioni.

7. *L'uranio non è un combustibile abbondante*: secondo Greenpeace l'uranio-235, fissionabile, si sta esaurendo, e, con il numero attuale di centrali, ne rimane solo per circa altri settant'anni.

8. *L'energia nucleare non è rinnovabile*: a questo proposito, il movimento ecologista dice: "La *lobby* nucleare è arrivata a presentare l'energia da fissione nucleare come rinnovabile e il combustibile nucleare esausto, altamente radioattivo, come riciclabile. Evidentemente, queste affermazioni non hanno alcun fondamento".

9. *L'energia nucleare non è complementare alle energie rinnovabili*: anzi, le fonti pulite sono sufficienti da sole per fornire quanto serve a tutto un Paese come la Spagna, secondo uno studio commissionato da Greenpeace all'Università Pontificia di Comillas.

Tanto per cominciare, richiama l'attenzione l'uso di un linguaggio aggressivo, impreciso e infestato di cliché quali "il potere distruttore della radioattività". Ancora più gravi sono le affermazioni errate, in particolare quella che si riferisce a Germania e Svezia come a Paesi liberi dall'energia nucleare. Di fatto, Germania e Svezia sono tra le prime potenze nucleari al mondo, la Germania con quasi il 30 per cento di nucleare nel proprio mix, e la Svezia con il 50 per cento circa. Questi Paesi, come la Spagna, hanno attraversato un lungo periodo di moratoria nello sviluppo del nucleare, dovuto all'opposizione ecoattivista combinata con la disponibilità di energia fossile a buon mercato e abbondante (nel caso della Germania, poiché, invece, per quanto riguarda la Svezia l'altro 50 per cento del mix è costituito dall'energia idrica). Allo stesso modo, la citazione del prestigioso studio del MIT [MIT, 2003], le cui conclusioni sono *favorevoli all'energia nucleare*, è decontestualizzata.

Una seconda affermazione erronea: "La lobby nucleare è arrivata a presentare l'energia da fissione nucleare come rinnovabile e il combustibile nucleare esausto, altamente radioattivo, come riciclabile. Evidentemente, queste affermazioni non hanno alcun fondamento".

Eppure nel capitolo 9 abbiamo visto il principio su cui si basa il riciclaggio delle scorie: il plutonio e altri transuranici vengono fissionati dai neutroni veloci. Per quanto riguarda la sostenibilità, è possibile grazie alla trasformazione dell'uranio in plutonio. Che il combustibile esausto sia radioattivo non ha niente a che vedere con il fatto che possa venire riciclato. Il processo PUREX esiste da decenni, i reattori di tipo RNR hanno funzionato con successo in passato (tra gli altri Superphenix) e sono previsti nella IV generazione, e, di fatto, la pressione per riciclare le scorie viene più dai settori accademico e scientifico che dall'industria nucleare. Un corso accelerato di fisica nucleare di base non farebbe male al redattore di affermazioni tanto severe.

Nei due capitoli precedenti abbiamo esaminato anche la mancanza di fondamento di altre accuse, includendo un ripasso dell'incidente di Chernobyl, delle sue conseguenze e dei motivi per cui non può accadere in una centrale odierna, tanto meno in quelle di nuova generazione. Abbiamo parlato anche delle scorie, della proliferazione delle armi nucleari e dei terroristi. Per completare l'analisi della litania dobbiamo ancora parlare del prezzo dell'energia nucleare, dell'abbondanza (o scarsità) dell'uranio, del grado di accettazione da parte del pubblico e della possibilità che le energie rinnovabili siano sufficienti per rifornire un Paese come la Spagna e, perché no, tutto il mondo. Di quest'ultimo punto mi occupo nel prossimo capitolo. Qui di seguito, parliamo degli altri tre.

La Francia e l'energia nucleare

Una delle strade che ho percorso più di frequente negli ultimi venticinque anni è quella che unisce Valencia a Ginevra. Ho iniziato a viaggiare nel 1983, con la mia prima borsa di studio estiva per il CERN, e ho continuato a farlo nei dieci anni durante i quali ho lavorato nel laboratorio europeo e praticamente ogni estate dal mio ritorno in Spagna.

Per arrivare a Ginevra da Valencia si attraversa la frontiera con la Francia a La Jonquera e si sale lungo il Midi francese passando attraverso le Alpi. Nei seicento e rotti kilometri di autostrada in terra gallica, la cartolina di due torri gemelle da cui escono nubi bianche in qualche angolo del paesaggio si ripete spesso. Sono centrali nucleari: in Francia ce n'è la bellezza di cinquantasei (contro le sole sette spagnole).

A differenza della Spagna, in Francia l'energia nucleare non è solo accettata dalla gente, ma è *popolare*. In molti anni trascorsi in quel Paese, ho conosciuto ben pochi detrattori e, in compenso, molti entusiasti.

Nel 1973, in concomitanza con la prima crisi del petrolio, il governo francese ha preso in considerazione la propria dipendenza energetica dai Paesi dell'Opec, giungendo alla conclusione che la situazione era disperata. Esattamente come la Spagna, anche la Francia manca quasi del tutto di risorse fossili. Non ha gas né petrolio, e possiede a stento un po' di carbone. La reazione gallica a quella crisi fu netta: nei successivi quindici anni la nazione installò cinquantasei reattori nucleari, costruendone quasi quattro all'anno.

Negli anni Settanta ci furono alcune proteste, ma il programma nucleare francese ha continuato a essere accettato dalla società[2]. Se si leggono le pagine di Greenpeace Spagna, l'unica conclusione possibile è che i nostri vicini soffrano di una strana malattia che colpisce tutto il Paese e impedisce loro di vedere l'ovvia realtà, oppure che il governo sia capace di fare il lavaggio del cervello a oltre sessanta milioni di francesi.

Le ragioni sono molto più pratiche. Da una parte ci sono l'orgoglio gallico, la consapevolezza di appartenere a un grande Paese e, con quello, il rifiuto della servitù implicata dalla dipendenza energetica dai Paesi dell'Opec. Dall'altra parte c'è la lunga tradizione scientifica e tecnologica del Paese, un aspetto in cui, detto chiaramente, danno dei punti alla Spagna. Stiamo parlando della patria di Lavoisier, Carnot e dei Curie, un Paese in cui si viaggiava sul treno ad alta velocità (il famoso TGV) quando in Spagna era ancora normale sapere l'ora di partenza dell'espresso di turno ma non quella di arrivo.

Di conseguenza, la Francia è una nazione in cui gli scienziati e gli ingegneri godono di un grande riconoscimento sociale e in cui

---

[2] In cambio di qualche altro capro espiatorio come il reattore a neutroni veloci Superphenix (vedere capitolo 9).

un'enorme quantità di funzionari pubblici e persone che ricoprono alte cariche amministrative e politiche hanno alle spalle studi scientifici, per esempio nel famoso Politecnico di Parigi. Proviamo a confrontare la situazione con quella della Spagna: qui gli scienziati brillano sulla scena politica... per la loro assenza.

A tutto questo va aggiunto il lavoro delle autorità dei vicini francesi per spiegare alla popolazione i vantaggi dell'energia nucleare. Più del 10 per cento dei francesi (vale a dire sei milioni di persone) ha visitato una centrale nucleare. Nonostante ciò, i sondaggi dimostrano che la maggior parte della popolazione non comprende bene la tecnologia nucleare né è capace di valutare i rischi legati alle scorie o alla possibilità di incidenti. Semplicemente, si fida dei propri tecnocrati.

E non è tutto qui. Ciò che i francesi hanno capito, molto meglio degli spagnoli, è che non dispongono di combustibili fossili e, di conseguenza, la vita sarebbe molto più complicata senza energia nucleare. Il beneficio aggiunto per loro è di essere uno dei Paesi europei che contribuisce meno al cambiamento climatico. Visto da quest'ottica, sembra che gli ambientalisti nucleari francesi stiano facendo il proprio dovere: preoccuparsi dei problemi più importanti.

Concludendo: per arrivare a far sì che altre popolazioni, come quella spagnola, accetti l'energia nucleare è sufficiente aumentare l'informazione e, inoltre, combattere le intossicazioni dogmatiche dell'ecofondamentalismo, che poi è l'obiettivo di questo libro. È anche questione di buonsenso. La celebre frase con cui i francesi giustificano il proprio uso dell'energia nucleare ("senza petrolio, senza gas, senza carbone, senza alternativa") si applica perfettamente a molti altri casi. E, ancora di più, quando serve anche a combattere il cambiamento climatico.

L'uranio è una risorsa rinnovabile?

La questione successiva di cui voglio occuparmi è quella della presunta scarsità di uranio. Tanto per cominciare, vale la pena ricordare che l'uranio è un metallo comune e, di fatto, molto abbondante. Come per tutti i metalli utilizzati dalla nostra società, le compagnie minerarie e l'industria che lo usa fanno delle stime (che vengono aggiornate annualmente) delle *riserve* di risorsa disponibili a un certo prezzo. Le *riserve ragionevolmente assicurate* sono stimate in cinque milioni e mezzo di tonnellate[3]. A un ritmo di consumo come quello attuale (sessantacinquemila tonnellate all'anno) si ottengono, in effetti, settantasette anni.

Ma che cosa significa esattamente "riserve ragionevolmente assicurate" (o riserve accertate)? Nei capitoli dedicati ai combustibili fossili avevamo spiegato come la parola "riserva" non si applichi né alla quantità totale di risorsa né alla quantità di risorsa conosciuta, bensì strettamente alla *quantità di risorsa conosciuta che si considera commercialmente sfruttabile.*

La lettura corretta di quei cinque milioni e mezzo di tonnellate di "riserve ragionevolmente assicurate" è, di fatto, "la quantità di uranio che, oggi come oggi, può essere estratta a un prezzo inferiore ai centotrenta dollari al kilogrammo". Anzi, la maggior parte di queste riserve ha un prezzo stimato di ottanta dollari al kilogrammo.

Attualmente l'uranio è caro? Il prezzo di una tonnellata di carbone, nel 2007, si aggirava intorno agli ottantasei dollari sul mercato europeo, più o meno il prezzo di un kilo di uranio. A prima vista (e questo è uno degli errori più frequenti) il prezzo dell'uranio è mille volte più alto di quello del carbone.

Ricordiamo, però, che un kilogrammo di uranio fornisce la stessa energia di *tremila tonnellate* di carbone. O, che poi è lo stesso, in termini energetici possiamo dire che l'uranio è tremila volte più economico del più economico dei combustibili fossili.

Di fatto, il costo dell'elettricità nucleare è dominato dagli investimenti necessari per la costruzione degli impianti e delle infrastrutture, a cui vanno aggiunte tutte le spese associate alla trasformazione delle scorie. A cento dollari al kilo, l'uranio contribuisce solo per il 2,5 per cento al prezzo totale dell'elettricità. Ciò implica che, a differenza di quanto accade nel caso del gas naturale o perfino del car-

---

[3] http://www.world-nuclear.org/info/inf75.html.

bone, si potrebbe arrivare a pagare l'uranio anche quattrocento dollari al kilo senza che il suo contributo al prezzo dell'elettricità superi un mero 10 per cento.

Perché è un dettaglio importante? Perché quando si parla di "riserve", in realtà ci si riferisce solo alla quantità di uranio disponibile a un determinato prezzo. Se il prezzo che siamo disposti a pagare aumenta, aumentano anche le riserve.

Un momento, un momento... viviamo in un mondo finito, no? Dopotutto, c'è solo una quantità limitata di uranio (così come di ferro, zinco, oro, cobalto, manganese, platino o rame, per nominare solo alcuni dei metalli che utilizziamo industrialmente). Che cosa succederà il giorno in cui li avremo consumati? Per quanto aumenti il prezzo, come faremo quando le riserve si esauriranno?

Un altro modo di formulare questo problema è quello di affermare che l'uranio (e il ferro, eccetera) non è rinnovabile, così come non lo sono i combustibili fossili, ma che esistono giacimenti finiti che, prima o poi, si esauriranno. Giusto?

Non proprio. I combustibili fossili sono frutto della decomposizione di materia organica in condizioni molto speciali (vedi capitoli 4 e 5), mentre i metalli sono la materia prima di cui è fatto il pianeta e le quantità esistenti sono enormi. Per assurdo, non c'è bisogno d'altro che di scavare (un bel po' di kilometri, questo sì) per giungere al nucleo terrestre e trovare immensi depositi di ferro, nichel e altri minerali, inclusi l'uranio e il torio.

Ma ci sono anche soluzioni meno radicali. L'uranio, come tutti i metalli, si estrae da miniere le cui vene contengono una certa percentuale del metallo. Le miniere del Canada hanno filoni con concentrazioni spettacolari, dell'ordine del 20 per cento, però, in generale, un filone con il 2 per cento di concentrazione è considerato ricco, e oggigiorno è redditizio sfruttare anche filoni molto meno ricchi, come quelli che si trovano nei giacimenti della Namibia, con concentrazioni dello 0,01 per cento (vale a dire che solo cento parti per un milione – ppm – della vena sono uranio puro). D'altra parte, l'uranio è così abbondante che lo si trova in concentrazioni di cinque parti per milione

(5 ppm) nel granito e di 3 ppm nelle rocce comuni. È disciolto anche nell'acqua del mare in ragione di circa trecento parti per bilione (ppb).

Si può estrarre l'uranio dal mare? Certamente. L'idea venne suggerita già dallo stesso M. K. Hubbert e dimostrata quantitativamente da Bernard L. Cohen [Cohen, 1983], ed è stata dimostrata estensivamente da vari studi, in particolare in Giappone [Seko, 2003]. Si tratterebbe di utilizzare un tessuto che filtra l'uranio. Questo tessuto viene chiuso in grandi casse attraverso le quali l'acqua può circolare e che vengono immerse nell'oceano. I ricercatori giapponesi hanno situato il loro prototipo a venti metri di profondità e a sette kilometri dalla costa per duecentoquaranta giorni, per ottenere un kilogrammo di "torta gialla".

A che prezzo? Meno di cinquecento dollari al kilogrammo sembrerebbe ragionevole, soprattutto se la tecnologia verrà applicata su vasta scala, il che implicherebbe che il contributo dell'uranio al kilowattora nucleare sarebbe inferiore al 10 per cento *utilizzando reattori convenzionali e un ciclo aperto*. Abbiamo già visto, però, che il futuro probabilmente porterà l'uso dei reattori a neutroni veloci, il che implica migliorare lo sfruttamento dell'uranio di un fattore 100 (posto che si utilizzi l'isotopo ^{238}U e non solo il ^{235}U). La combinazione di reattori di tipo RNR ed estrazione marina dell'uranio dà come risultato... *una fonte rinnovabile*, dal momento che gli oceani contengono 1,4 quadrilioni (1,4 $\times 10^{18}$) di tonnellate d'acqua, che contengono circa 4.600 milioni (4,6 $\times 10^9$) di tonnellate di uranio. Utilizzando reattori convenzionali, arriveremmo a esaurire la risorsa nel giro di settecentomila anni. Con i reattori RNR, invece, ce ne sarebbe per sette milioni di anni. E tutto ciò senza tener conto del fatto che l'uranio, in realtà, nel mare si rinnova, poiché esiste un flusso costante di trentaduemila tonnellate annue che giunge dai fiumi. Bernard Cohen [Cohen, 1983] calcola che sia *sostenibile* un ritmo di estrazione di seimilacinquecento tonnellate annue (dieci volte il consumo mondiale attuale).

En passant, tutte le cifre che menziono provengono da articoli pubblicati su riviste [Cohen, 1983; Seko, 2003] controllate da ricercatori che hanno poco a che vedere con "la potente *lobby* nucleare", proprio come l'autore di queste pagine.

Inoltre, lo sfruttamento dell'uranio marino non è nemmeno lontanamente l'unica possibilità. Le valutazioni delle risorse convenzionali riassunte nel *Libro rosso* pubblicato dall'Agenzia internazionale per l'energia atomica (AIEA) stimano le risorse convenzionali a prezzi inferiori ai centotrenta dollari al kilo (vale a dire le "riserve ragionevolmente assicurate" più le probabili scoperte di vene economicamente sfruttabili) in una cifra che va dai sedici ai venti milioni di tonnellate [AIEA, 2001; Price and Blaise, 2003], il che porterebbe la disponibilità di uranio *a buon mercato* (in realtà, a prezzo d'occasione) a durare per un periodo che va dai trecento ai cinquecento anni (o decine di migliaia di anni se si ricicla, usando i reattori di tipo RNR).

L'idea che le risorse del pianeta siano finite e sul punto di esaurirsi, molto di moda negli anni Settanta, è, come abbiamo appena visto, molto meno ovvia di quanto sembrerebbe, e dipende dalla risorsa di cui stiamo parlando. Il limite fisico dei metalli è indubbio, però, come dimostra il caso dell'uranio, questo limite indietreggia continuamente via via che la nostra tecnologia migliora.

C'è un aneddoto che cade a fagiolo. Nel 1980, Paul Ehrlich, un famoso ambientalista, e Julian Simon, un non meno noto economista, fecero una celebre scommessa. Il primo, convinto che lo sfruttamento delle risorse del pianeta fosse sul punto di esaurirne la "capacità di carico", profetizzò che i prezzi delle materie prime sarebbero saliti inesorabilmente. Simon, da parte sua, affermò che sarebbe accaduto esattamente il contrario, convinto che le materie prime a cui si riferiva il collega, lungi dallo scarseggiare, abbondassero. La differenza di opinioni si risolse con una scommessa riguardante il prezzo di cinque metalli (cromo, rame, nichel, ottone e tungsteno). Simon si offrì di pagare se uno qualunque di quei metalli fosse aumentato di prezzo (adeguandolo all'inflazione) nel giro di un decennio. Ehrlich dichiarò: "Non so resistere al denaro facile". Nel 1990 il prezzo di ciascuno di quei cinque metalli era diminuito, e l'ambientalista dovette pagare.

Un altro esempio simile. Nel 1970, le riserve conosciute di rame erano previste essere sufficienti solo per trent'anni al ritmo della produzione di allora, il che portò molti analisti a domandarsi se la risorsa sarebbe riuscita a soddisfare le necessità dell'industria della telecomunicazione nel 2000. Nel 1994, però, la produzione mondiale di rame era raddoppiata, e le riserve continuavano a bastare per trent'anni.

Non posso chiudere questa sezione senza lanciare una scommessa simile agli entusiasti attivisti di Greenpeace. Per cento euro: di qui a dieci anni, la produzione mondiale di uranio sarà aumentata (perché saranno in funzione più centrali nucleari) e, per contro, le riserve ragionevolmente assicurate si manterranno costanti o saranno aumentate rispetto a oggi.

Il costo dell'energia nucleare

Quanto costa l'energia nucleare? La risposta non è semplice. Se parliamo del prezzo *attuale* del kilowattora, la risposta è che, sia in Spagna come in Francia, l'elettricità nucleare è competitiva con quella di origine fossile (3,5 centesimi di euro/kWh in Spagna e 2,5 in Francia, rispetto a un prezzo sul libero mercato di 4,7 centesimi di euro/kWh, e a un prezzo al consumatore che si aggira intorno ai dieci centesimi di euro/kWh) e molto più economica di quella di origine rinnovabile (capitolo 12).

Dall'altra parte, sia le centrali nucleari spagnole sia quelle francesi furono costruite parecchio tempo fa (in Spagna, tra il 1971 e il 1988), ragion per cui hanno avuto diversi decenni per ammortizzare i costi. Sembra legittimo, pertanto, domandarsi quanto costa una centrale nucleare di nuova costruzione, e confrontare quel costo con quello di altre sorgenti di energia primaria.

Il risultato di uno di questi studi, dovuto a ENDESA, la più grande compagnia elettrica spagnola, viene mostrato nel grafico 11.2, nel quale si confronta la costruzione di centrali a carbone supercritiche e ultrasupercritiche (nelle quali l'acqua opera in condizioni di pressione e temperatura in cui non c'è distinzione tra lo stato liquido e quello di vapore, ottenendo una grande efficienza termica), centrali a gas naturale, nucleari, idroelettriche, eoliche e fotovoltaiche, prendendo in considerazione uno scenario, chiamato "gas prioritario", in cui il gas è più economico del carbone (cosa che può accadere se le imposte sull'emissione di CO_2 aumentano quanto basta) e un altro scenario in cui il carbone è più economico, chiamato "carbone prioritario" (abbastanza probabile, dati gli alti prezzi del gas naturale). Come si può vedere, secondo questo studio l'energia nucleare continua a essere la più economica, mentre l'energia di origine fotovoltaica è quasi cento volte più cara. Uno studio più recente è stato portato a termine nel 2008 dal professore di economia M. Santos Ruesga [Ruesga, 2008], la cui stima dei costi, straordinariamente dettagliata, sale fino a tremila milioni di euro a centrale, il che innalzerebbe il prezzo di un 50 per cento. Nonostante questo, l'energia nucleare continua a essere competitiva con quella d'origine fossile, e parecchio più economica di quella rinnovabile.

Nella sua filippica, Greenpeace cita il prestigioso studio del MIT, *Il futuro dell'energia nucleare* [MIT, 2003], come la fonte che afferma che "l'energia nucleare non è competitiva".

Lo studio del MIT è disponibile online, e invito il lettore interessato ad andare a vedere personalmente che cosa dice. Il range di prezzi dell'elettricità nucleare oscilla tra i 4,2 centesimi di dollaro/kWh e i 6,7 centesimi di dollaro/kWh (a seconda che si ottimizzino i costi di

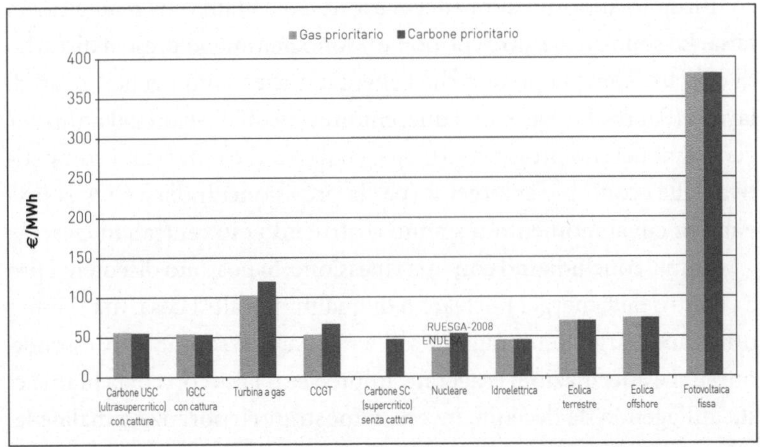

Grafico 11.2 Costi della produzione di elettricità a partire dalle diverse tecnologie. [Foro Nuclear, 2008] e [Santos Ruesga, 2008]

costruzione). Il prezzo dell'elettricità proveniente dal carbone è di 4,2 centesimi di dollaro/kWh (senza imposte sull'emissione di CO_2) e può arrivare fino a 9 centesimi di dollaro/kWh con una tassa di duecento dollari a tonnellata (se si applica il prezzo attuale della CO_2, che nell'Unione europea si aggira intorno ai cento dollari a tonnellata, alle emissioni delle centrali termiche, il prezzo del kWh sarebbe di 6 centesimi di dollaro). Per quanto riguarda il gas naturale, gli scenari variano tra i 5,6 centesimi e i 7 centesimi di dollaro/kWh, a seconda delle imposte (nello scenario attuale e prevedibile di prezzi alti per il gas naturale).

Come si può vedere, la frase "l'energia nucleare non è competitiva" è decontestualizzata. Tanto per cominciare, se si costruisce un numero grande di centrali nucleari e si standardizzano le tecniche (proprio come hanno fatto i francesi trent'anni fa), il prezzo del kWh nucleare si abbassa fino a diventare competitivo con quello del carbone *senza imposte* e più economico di quello del gas naturale (il cui prezzo non ha fatto altro che salire dallo studio del MIT). Inoltre, qualunque scenario ragionevole che contempli un piano per combattere il cambiamento climatico includerà tasse sull'emissione di CO_2, il che, di fatto, rincara il prezzo del kWh fossile rispetto a quello nucleare.

Ricapitolando, un'altra affermazione della litania che risulta essere falsa. Lo sono anche altre che non mi sono nemmeno preso il disturbo di copiare, come la pretesa che l'energia nucleare non generi posti di lavoro (Santos Ruesga stima duecentomila posti di lavoro all'anno per vent'anni nel suo progetto [Ruesga, 2008]) o che non risulti competitiva nelle economie emergenti (per la precisione, India e Cina sono i Paesi in cui al momento si stanno costruendo più centrali nucleari).

Infine, concludiamo con una riflessione. Si possono discutere i pro e i contro dell'energia nucleare o di qualunque altra cosa, ma sempre utilizzando argomenti ragionevoli e ragionati e, soprattutto, essendo onesti. Le affermazioni esagerate, imprecise o false con cui la litania ci sta affliggendo da decenni, invece, dimostrano ignoranza o malafede.

12. Elio ed Eolo

Mentre con il suo equipaggio si trova sull'isola di Eolia, dove li ha invitati Eolo Ippotade, re dei venti, Odisseo viene omaggiato di tutti i venti. Il dio glieli mette tutti in un otre di pelle, tranne quello che lo può riportare a Itaca. Mentre Odisseo dorme, gli uomini aprono l'otre pensando che possa contenere dei tesori, e finiscono così per liberare tutti i venti. I nostri arrivano quindi all'isola dei Lestrigoni, giganti antropofagi che uccidono e mangiano l'equipaggio di undici imbarcazioni.

Odissea, Canto X, riassunto

Agosto a New York

In estate fa sempre caldo nella Grande Mela, ma l'agosto del 2003 fu particolarmente afoso. Il termometro arrivò per tutto il mese intorno ai 35°, con un livello di umidità prossimo al 100 per cento. Quanto più saliva la temperatura, più i newyorkesi abbassavano i termostati, al punto che non era raro vedersi costretti a indossare un maglione in ufficio mentre all'esterno la canicola si accaniva contro i distributori, i postini, i venditori ambulanti e quei turisti abbastanza pazzi da avventurarsi nelle strade incandescenti.

Il 14 agosto iniziò come un qualunque altro giorno: sudando. Trascorsi la maggior parte della giornata chiuso nel mio studio, nell'edificio di Fisica del campus dell'Università della Columbia, situato in pieno centro a Manhattan, lavorando a un articolo scientifico la cui pubblicazione era stata rimandata più del dovuto, fino a quando lo schermo del mio computer non si spense di colpo. Tuttavia non mi inquietai fino a un'ora, o anche un'ora e mezza, più tardi, allorché iniziai a sentire delle voci e qualche porta sbattuta negli uffici vicini. Allora uscii in corridoio. "Pare che sia andata via la luce in tutta la città", mi disse una delle segretarie dell'istituto, molto agitata. C'era parecchia gente nervosa che formava capannelli o cercava di telefonare. Vedendo che uno dei *manager* dell'edificio stava armeggiando in un quadro di servizio illuminandone l'interno con una torcia elettrica, gli domandai se potevo dargli una mano. "Il gruppo elettrogeno non parte", borbottò. "Devo avvertire i vigili del fuoco, c'è della gente intrappolata nell'ascensore." Dave Schmitz, uno dei miei collaboratori, mi passò di fianco a tutta velocità, diretto alla scala antincendio. "Potrebbe essere un attacco terrorista", gridò, senza fermarsi, quando lo interpellai. "Scappo a casa prima che questa diventi una trappola per topi."

Sapeva quel che diceva. Come centinaia di migliaia di newyorkesi, anche Dave vive a Brooklyn ma lavora sull'isola di Manhattan. In circostanze normali, il tragitto di ritorno gli prende circa un'ora. Con tutti i semafori della città fuori uso e la fiumana umana che cercava di ritornare a casa prima che cadesse la notte, gliene ci vollero quasi otto, e fu comunque uno tra i fortunati che riuscirono a scappare. Molti altri dovettero rassegnarsi a dormire in casa di amici, o negli alberghi, negli uffici, sulle panchine della stazione centrale, o a non dormire per niente.

Visto in retrospettiva, sarebbe stato peggio se il blackout fosse avvenuto al crepuscolo. Il fatto che rimanessero ancora diverse ore di luce, infatti, evitò il panico totale. Per quando iniziò a farsi buio, si sapeva già che non si trattava di un attentato e i vigili del fuoco erano riusciti a tirar fuori quasi tutti dagli ascensori. Ciò che successe nella metropolitana fu molto peggio. Juan Botas, il mio anfitrione a New York, fu una delle decine di migliaia di persone che rimasero bloccate tra due stazioni, al buio, in un vagone gremito di gente che in cinque minuti si trasformò in una sauna a 45°. "Eravamo tutti morti di paura", mi raccontò più tardi. "Dopo un paio d'ore la gente stava iniziando a perdere la calma. Se avessero tardato ancora un po' a tirarci fuori, sarebbe successa qualche disgrazia."

E, invece, i disastri furono pochi, se si tiene conto della portata del blackout, il più lungo della storia recente degli Stati Uniti (più di ventinove ore) e anche il più esteso, visto che interessò quasi quaranta milioni di persone lungo la costa nord-est del Paese. Il sole tramontò su Manhattan senza altre luci a illuminarla se non quelle del serpente luminoso formato dai fari delle automobili che ancora cercavano di fuggire dall'isola. George Pataki, il governatore dello Stato, aveva già dichiarato lo stato di emergenza e le strade erano zeppe di poliziotti che, fortunatamente, non sembravano tanto necessari quanto avevamo temuto all'inizio. Non ci furono episodi significativi di violenza di strada, né grossi tumulti. Anzi, fu proprio il contrario. Molte persone decisero di aiutare, e, tra loro, molti cittadini che si improvvisarono vigili urbani per dare una mano a smaltire gli straordinari ingorghi. Altri, semplicemente, decisero di fare buon viso a cattivo gioco.

Juan e io ci incontrammo al ristorante che eravamo soliti frequentare e ci unimmo alla piena di nottambuli improvvisati. La cena ci venne offerta gratis, essendo il nostro locale uno dei tanti che decisero di regalare i pasti piuttosto che rassegnarsi a lasciar marcire le cibarie nei frigoriferi. Più tardi passeggiammo per le vie illuminate dai fornelli a gas, tra edifici appena delineati dalla luce delle lanterne e di qualche altro gruppo elettrogeno e finimmo su una panchina a Central Park, da cui contemplammo meravigliati uno spettacolo che la maggior parte degli abitanti di Manhattan non conosceva: il tranquillo brillare delle stelle sopra la grande città buia.

"È bellissimo", sospirai.

"Per una sera", replicò il mio amico.

Un sistema che non può permettersi malfunzionamenti

Abbiamo visto che la rete elettrica è un sistema molto complesso, in cui decine di centrali ad alta potenza e migliaia di turbogeneratori eolici contribuiscono a produrre elettricità *nell'istante stesso* in cui i consumatori (milioni di case, industrie e servizi) la richiedono.

La figura 12.1 mostra la semplificazione più grossolana immaginabile della rete elettrica. Tutti gli impianti sono stati condensati in una pila tra i cui morsetti c'è una differenza di potenziale V. Tutti gli utenti del sistema sono stati ridotti a una lampadina elettrica, collegata alla pila, il cui filamento incandescente brilla quando oppone

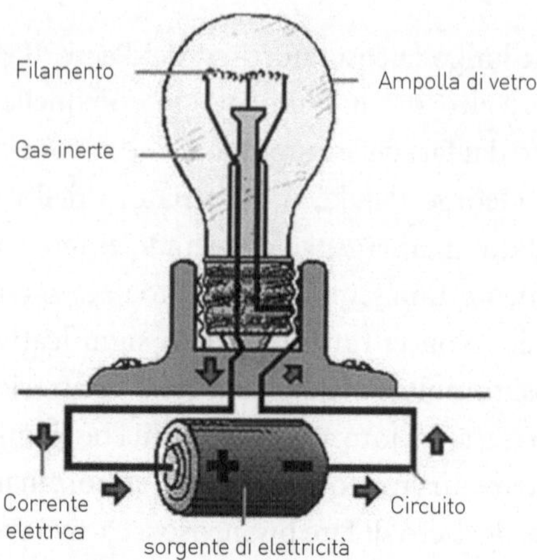

Grafico 12.1 Il modello più semplice della rete elettrica

una resistenza R al passaggio della corrente I che scorre per il circuito. La relazione tra la corrente che scorre attraverso il circuito, la resistenza che questo oppone al suo passaggio e la differenza di potenziale viene espressa nella famosa legge di Ohm:

$$V = I \times R$$

che si può leggere così: data una differenza di potenziale fissa, quanto minore è la resistenza del circuito tanto maggiore sarà la corrente che vi scorre.

Nella rete elettrica, così come nel circuito più semplice possibile, il nostro problema è mantenere la tensione V a un valore costante. Nel grafico 12.1, via via che la pila si scarica la lampadina inizia a tremolare (V diminuisce, R rimane costante e, di conseguenza, I diminuisce: meno intensità, meno luccichio) fino a che, infine, si spegne quando V si è abbassata così tanto da non riuscire più a produrre abbastanza corrente.

L'equivalente del tremolio della lampadina della nostra immaginaria rete elettrica è uno di quei cali di tensione che sperimentiamo di tanto in tanto, e che normalmente durano alcuni istanti. Se però non c'è sufficiente tensione perché la corrente circoli nella lampadina (nei milioni di lampadine e di apparecchi elettrici collegati alla rete, ciascuno dei quali contribuisce alla resistenza totale R), si produce un blackout. Se il blackout dura pochi minuti non gli diamo molta importanza (a meno che capiti mentre siamo nell'ascensore o in metropolitana). Se dura un paio d'ore, iniziamo a preoccuparci per i gamberoni surgelati. Se dura sei ore, il caos è notevole e la notizia balza agli onori della cronaca, si chiedono teste e vengono scritti pezzi arrabbiati. Se dura una giornata intera, è facile che venga dichiarato lo stato d'emergenza.

Perché non si verifichino blackout, pertanto, è indispensabile che la rete elettrica possa *soddisfare la domanda* ventiquattro ore al giorno e trecentosessantacinque giorni all'anno. Nel periodo più gelido dell'inverno e nel periodo più torrido dell'estate si consuma più elettricità (per il riscaldamento o per l'aria condizionata) di quanto non accada nei mesi miti della primavera e dell'autunno. A Siviglia fa più caldo che a Santiago. Quando scende la sera, accendiamo la luce elettrica tutti insieme. In inverno, accendiamo il riscaldamento tutti insieme. Il giorno in cui gioca la nazionale, in milioni di case si accende la televisione. Alle sette del mattino, tutti gli scaldabagno del Paese sono in funzione per riscaldare l'acqua per la doccia. Vale a dire che la R del nostro circuito varia continuamente e la V totale della rete deve continuamente starle dietro. Facile da spiegare, ma nella pratica un'impresa titanica, a cui si dedicano molti specialisti e una tecnologia sofisticata[1].

Energia idroelettrica

Una centrale termica è una pila affidabile, che per di più è capace di variare facilmente la propria tensione quando il carico della rete aumenta o diminuisce, poiché l'elettricità viene prodotta mediante

---

[1] Il lettore curioso può trovare tutto ciò che ha sempre desiderato sapere e ha sempre avuto paura di domandare sulla rete elettrica sulle pagine web della REE (Rete elettrica spagnola), http://www.ree.es/

un'enorme turbina collegata a un alternatore che può girare più in fretta o più lentamente (regolando le valvole della caldaia per aumentare il flusso del vapore in pressione).

Ma ancora più affidabile è l'energia idroelettrica, che si ottiene sfruttando la cascata di una massa d'acqua situata nell'alveo di un fiume o trattenuta in un bacino di raccolta per far girare la solita turbina. In realtà, l'energia idraulica è la sorgente d'elettricità perfetta sotto molti aspetti. È molto efficiente (il 90 per cento circa, paragonato a un massimo del 40 per cento di una centrale termica) e può essere regolata perfettamente aprendo o chiudendo le chiuse della diga, il che permette di utilizzarla per star dietro alle variazioni della domanda, in sostituzione della produzione di centrali termiche convenzionali o nucleari in caso di indisponibilità fortuita e, entro certi limiti, come sistema per stoccare un eccesso di potenza (per esempio eolica) pompando acqua fino a punti elevati, acqua che verrà poi utilizzata in caso di picchi di domanda.

Impianti di pompaggio, dighe e bacini

Un impianto idroelettrico di pompaggio, o reversibile, ha due bacini di raccolta. L'acqua contenuta nel bacino inferiore può essere innalzata nel deposito situato nel bacino superiore, tramite delle pompe, durante le ore in cui la rete produce un eccesso di elettricità e c'è poca domanda, allo scopo di riutilizzarla in seguito per la produzione di energia elettrica.

Uno degli impianti più impressionanti della penisola iberica è quello di Aldeadávila (figura 12.1), ubicato nel corso medio del fiume Duero, esattamente al confine tra Spagna e Portogallo, a sette kilometri da Aldeadávila de la Ribera, nella provincia di Salamanca. È alto centoquaranta metri e copre una superficie di trecentosessantotto ettari. Riceve acqua che viene pompata da altri bacini, come quelli di Almendra e Saucelle, cosicché il bacino è sempre pieno, e funziona come una delle "garanzie" del sistema elettrico nazionale, capace di soddisfare la domanda delle ore di punta o di sostituire puntualmente centrali termiche occasionalmente fuori servizio.

Figura 12.1 Il bacino di Aldeadávila, sul fiume Duero, una delle opere di ingegneria idraulica più impressionanti di tutta Europa. Su gentile concessione di Wikipedia.

Per farci un'idea dell'energia che può immagazzinare questo impianto, supponiamo che durante la notte (domanda minima) il sistema di pompaggio faccia salire di tre metri il livello d'acqua del bacino. Questa stessa quantità d'acqua può essere lasciata cadere rapidamente sopra le turbine il giorno successivo durante le ore di massima domanda.

Quanta energia abbiamo immagazzinato in quei tre metri d'acqua a centoquaranta metri d'altezza? Come abbiamo già visto,

$$E_p = m \times h \times g.$$

Se abbiamo alzato di tre metri una superficie di 360 ettari (360.000 m²), il volume d'acqua corrispondente è $3 \times 360.000 = 10.800.000$ m³. Ogni metro cubo d'acqua pesa una tonnellata . Quindi: $m = 10,8$ milioni di tonnellate. Cadendo, l'acqua accelera in ragione di dieci metri al secondo, *ogni secondo*, o, che è la stessa cosa, 10 m/s². Moltiplicando massa, altezza e accelerazione otteniamo che l'energia immagazzinata nel bacino è 15×10^{12} J o 15 TJ, equivalenti a circa quattro milioni di kWh, sufficienti per soddisfare la domanda di *quasi mezzo milione di abitazioni.*

L'energia idroelettrica in Spagna

La costruzione e lo sfruttamento delle prime centrali idrauliche data dalla nascita stessa dell'industria elettrica. Nel 1882 entrò in funzione ad Appleton (Wisconsin, Stati Uniti) la prima centrale idroelettrica al mondo, in grado di alimentare nientemeno che... duecentocinquanta lampadine! Quindici anni più tardi entrava in servizio la prima centrale idroelettrica di grandi dimensioni: la famosa centrale delle cascate del Niagara, con un salto di cinquantaquattro metri e dieci gruppi che totalizzavano una potenza di 50.000 CV, con cui fornivano corrente elettrica alla città di Buffalo.

In Spagna, le prime centrali idroelettriche furono costruite alla fine del diciannovesimo secolo. Nel 1901, il 40 per cento delle centrali elettriche esistenti in Spagna erano idroelettriche, con una potenza totale di circa 37.000 kWh. Nel 1940 la potenza era ancora soltanto di 1.350 MW (più o meno l'equivalente di una centrale termica odierna). Nel 2005, questa potenza si era moltiplicata per quindici, raggiungendo un totale di circa 20.000 MW.

Dalla metà degli anni Sessanta, la produzione elettrica si orientò sempre più sulle centrali termoelettriche a combustibili fossili e, in seguito, su quelle nucleari. Di conseguenza, la partecipazione percentuale della potenza idroelettrica è andata diminuendo. Ciò nonostante, la costruzione di centrali idroelettriche non si è fermata fino agli anni Novanta e, di conseguenza, attualmente la Spagna dispone di un parco idroelettrico molto sviluppato (il 10 per cento di contributo al mix elettrico, più della Francia, del Giappone, della Germania o degli Stati Uniti), nonostante le sue risorse siano modeste se paragonate a quelle di altri Paesi come l'Argentina (40 per cento), la Svezia (50 per cento), il Canada (60 per cento), il Venezuela (70 per cento), e il Brasile, l'Islanda, la Norvegia, l'Uruguay e il Paraguay, che generano tutti più dell'80 per cento della propria elettricità negli impianti idroelettrici.

Eppure, perfino questa fonte di elettricità, ideale sotto quasi tutti gli aspetti, presenta dei problemi. Tra questi dobbiamo considerare gli effetti ambientali dei bacini di raccolta di grandi dimensioni e il fatto che l'accumulo di biomassa vegetale in decomposizione emette quantità notevoli della temuta CO_2.

Anche la sicurezza degli impianti è un altro elemento di cui tenere conto. La rottura di una diga è un incidente molto più frequente dei tanto menzionati incidenti nucleari. In Spagna, tanto per non andare lontano, la rottura della diga di Ribadelago (Zamora), avvenuta cinquant'anni fa, si concluse con la morte di centoquarantaquattro persone e una cittadina rasa al suolo. Come ho detto nel capitolo 10, è necessario confrontare la tragedia di Chernobyl con altre di portata simile per farsi un'idea del suo significato, ben oltre la litania antinucleare.

Infine, a differenza del resto delle sorgenti di produzione massiccia di elettricità, la produzione di un determinato sistema idroelettrico è sottomessa a forti variazioni da un anno all'altro, a seconda del livello di piovosità. In anni di siccità la potenza idroelettrica è molto inferiore a quella di un'annata normale. La conseguenza è che è necessario costruire e mantenere attrezzature alternative (normalmente centrali a ciclo combinato a gas naturale, o CCGT) per garantire una frazione della potenza e dell'energia non assicurata nei periodi secchi.

In ogni caso, in Spagna si è già raggiunto un notevole grado di sfruttamento delle risorse idriche per la produzione di elettricità. Nonostante il potenziale di questa tecnologia non sia ancora esaurito, attualmente non ci sono progetti per la costruzione di nuove centrali idroelettriche di più di 50 MW, anche se è allo studio l'ampliamento di alcune centrali esistenti. In base all'attuale[2] normativa del sistema elettrico, le centrali idroelettriche più grandi vengono considerate competitive e, a differenza del resto delle energie rinnovabili, non contano su alcun aiuto complementare al prezzo del mercato di produzione. Mal-

---

[2] Ricordiamo che il libro è stato scritto nel 2009 (N.d.T.)

grado ciò, il Piano delle energie rinnovabili 2005-2010 appoggia la costruzione di piccoli salti idroelettrici. Ciò nonostante, la produzione di energia associata a questa risorsa sembra essersi bloccata sui 4.000 GWh, circa il 50 per cento in meno di quanto previsto per il 2010.

Elio ed Eolo

Nella mitologia greca, Elio è il dio del Sole ed Eolo è il signore dei venti. Elio personifica il culto per il nostro astro, che gli uomini riconoscono da tempo immemorabile come padre e datore di vita. Tanto antichi come il culto del Sole sono i riti della sua morte e resurrezione quotidiana. Elio sprofonda all'orizzonte a ogni crepuscolo, abbandonando la Terra alle tenebre durante le lunghe ore notturne. Con la sua assenza sopraggiungono anche il freddo e la paura dell'ignoto. Per millenni gli uomini hanno sospirato di sollievo vedendolo rinascere a ogni alba.

Eolo, in compenso, è poco meno che un secondino, incaricato di tenere in riga i venti, discoli e capricciosi. È memorabile la scena dell'*Odissea* in cui, già con le coste di Itaca in vista, gli uomini di Ulisse aprono l'otre dei venti e scatenano una tempesta che li allontana nuovamente dalla loro terra.

Entrambi i miti hanno la loro traduzione moderna in una parola molto semplice: *intermittenza*. Il sole brilla ogni giorno per un numero di ore limitato, scalda meno in inverno che in estate (e anche le giornate sono più corte). Il vento può variare di forza da una leggera brezza a una tempesta. E, come abbiamo visto, l'elettricità non può essere immagazzinata su vasta scala, per quanto il pompaggio idraulico lasci un certo respiro, e quindi non è possibile "risparmiare" l'energia eolica di un giorno di forte tramontana, o l'energia solare di mezzogiorno, per usarle di notte o quando non soffia un alito di vento.

Indubbiamente la produzione di energia elettrica deve essere in grado di adattarsi di continuo alla domanda e, quindi, la rete deve godere di una capacità sufficiente per supplire non solo al consumo medio annuo, ma anche a qualunque picco, come quelli che si innescano nei momenti più freddi dell'inverno o durante la canicola estiva. Gli impianti idroelettrici e le centrali termiche sono capaci di seguire i picchi di richiesta grazie a una produzione continua di elettricità basata sulle turbine di Parsons, mentre gli aerogeneratori rispondono male a questa esigenza, a causa del carattere intermittente del vento.

In assenza di una forma realizzabile di stoccaggio su vasta scala (una possibilità alla cui attuazione mancano ancora parecchi decenni), l'unica soluzione a questo problema è poter contare su un eccesso di potenza eolica o su centrali termiche extra che funzionino al minimo (cosa altamente inefficiente) per compensare la possibile mancanza di risposta durante i picchi di domanda. Se si desidera che le centrali termiche di riserva *non emettano CO_2*, la conclusione ovvia è che devono essere nucleari. Vale la pena ripeterlo: lo sviluppo su vasta scala dell'energia eolica richiede che si disponga di sufficienti centrali elettriche di tipo termico per compensare l'intermittenza della risorsa. L'unico tipo di centrali termiche in grado di garantire la pulizia dell'energia eolica è quello nucleare (perché anch'esse non emettono CO_2). Dal punto di vista ecologico, non ha senso una forte espansione dell'energia eolica che non sia accompagnata dalla corrispondente espansione nucleare.

Continua a essere paradossale, nonché un segno del manicheismo tanto in voga ai nostri giorni, che Greenpeace, un'organizzazione che crede fermamente nell'energia eolica[3], si opponga con la stessa fermezza all'energia nucleare, nonostante gli ovvi vantaggi implicati dalla combinazione di entrambe.

Parchi fotovoltaici

Ogni secondo, il Sole trasforma quattro milioni di tonnellate di idrogeno in elio. Dell'enorme energia irradiata nello spazio, solo una piccolissima frazione giunge al nostro pianeta. La radiazione solare su

---

[3] Una fede che l'autore di queste pagine indubbiamente condivide con loro, a differenza di molti gruppi ecoestremisti che non trovano accettabili nemmeno gli aerogeneratori.

una superficie orizzontale varia con la latitudine, essendo più intensa vicino all'equatore (all'incirca 2.000 kilowattora per metro quadro e anno) però anche nelle aree deserte e assolate come quelle che abbondano in Spagna, la cui radiazione media per metro quadro e anno si aggira intorno ai 1.500 kWh (mentre, per esempio, i nostri vicini del Nord Europa ricevono circa 1.000 kWh per metro quadro e anno).

Il consumo totale di energia in Spagna è di circa 300.000 milioni di kilowattora (300 TWh). Ogni kilometro quadrato di superficie riceve 1.500 milioni di kilowattora (ci sono un milione di metri quadri in un kilometro quadrato) e, pertanto, basterebbero duecento kilometri quadrati per soddisfare completamente le necessità del Paese.

Il problema, dunque, non è l'esistenza della risorsa (la superficie della Spagna è di oltre mezzo milione di kilometri quadrati), bensì come sfruttarla.

La trasformazione diretta della luce solare si realizza tramite pannelli fotovoltaici. Questi sono formati a loro volta da numerose celle (o cellule) nelle quali l'effetto fotovoltaico trasforma l'energia solare in corrente elettrica.

Si è soliti attribuire la scoperta di questo fenomeno al fisico francese Edmond Becquerel (padre di Henri Becquerel, colui che scoprì la radioattività insieme ai Curie), anche se il processo fisico più generale (effetto fotoelettrico) venne scoperto e descritto da Heinrich Hertz nel 1887. La spiegazione teorica si deve ad Albert Einstein, nel 1905. Contrariamente a quello che si è soliti pensare, Einstein non ha mai ricevuto il premio Nobel per la teoria della relatività, bensì l'ha ricevuto proprio per la descrizione del fenomeno nel quale un quanto di luce, o fotone, viene assorbito da un elettrone che ne acquisisce l'energia. Quando questi elettroni guadagnano abbastanza energia da venire allontanati da un materiale semiconduttore, in quest'ultimo si forma una corrente elettrica.

Fino a poco tempo fa, la maggior parte delle celle solari era costruita a partire dal silicio monocristallino (cioè un blocco di silicio con un'unica rete cristallina continua) estremamente puro. Questo tipo di cristallo non ha difetti né impurità e si produce sotto forma di lingotti, usati principalmente nell'industria microelettronica. I lingotti vengono tagliati in cialde sottili (wafer) a cui viene aggiunto un drogante e su ciascuna superficie vengono depositati dei conduttori metallici. I wafer vengono uniti in una copertura di vetro e fissati sopra un pannello sul cui dorso si situano i punti di connessione alla rete. Gli assemblaggi risultanti vengono chiamati pannelli solari o gruppi solari. La vita utile dei dispositivi è dell'ordine di venticinque anni. Negli ultimi anni, l'intenso lavoro di ricerca e sviluppo in questo settore è sfociato in nuove tecnologie come quella del silicio policristallino (che ha una minore efficienza di conversione di luce, però è meno costoso) e la tecnologia dei film sottili, basata sul silicio amorfo, CIS (diseleniuro di rame e indio, $CuInSe_2$), telloruro di cadmio (CdTe), eccetera. Queste ultime sono ancora in fase sperimentale. Cominciano già a produrre in serie, ma in piccoli volumi.

I pannelli solari vengono raggruppati in moduli che possono essere installati sui tetti delle case o dei capannoni industriali, oppure nei parchi solari. In media, un impianto solare produce 1 kW di potenza di picco per ogni 30 m² di terreno (dei quali solo 10 m² sono pannellati. Il resto della superficie in parte è occupato dai coni d'ombra e in parte si usa per le installazioni di servizio necessarie per estrarre l'elettricità dai pannelli e condurla alla rete, invertitori-trasformatori, eccetera).

I pannelli fotovoltaici vengono collegati in serie in modo tale da riuscire a offrire voltaggi tra i 450 e i 600 volt di corrente continua, e poi, a loro volta, questi assemblaggi vengono collegati in parallelo per incrementarne la potenza. Negli ultimi anni, in Spagna si è investito molto in questo settore, con l'appoggio di sovvenzioni sostanziose. In effetti, la Spagna possiede i tre parchi fotovoltaici più grandi del mondo: Hoya de los Vicentes nella provincia di Jumilla, Fuente Álamo, vicino a Murcia, e Beneixama, nell'Alicante (figura 12.2, in basso), ciascuno dei quali occupa niente meno che mezzo kilometro quadrato di terreno (circa settanta campi da calcio). In totale sono stati installati 175 MW di potenza solare fotovoltaica, il che pone questo Paese al secondo posto in Europa, con tre volte la quantità del

Figura 12.2 (In alto): Pannelli fotovoltaici. (In basso): Parco fotovoltaico di Beneixama, uno dei più grandi del mondo

Paese che lo segue al quarto posto (l'Italia, con 58 MW) però molto lontano dalla Germania (che ha installato la bellezza di 3.063 MW!) [Foro Nuclear, 2008].

I parchi solari fotovoltaici sono commercialmente competitivi?

Per rispondere a questa domanda, dobbiamo sapere:

1. Qual è l'efficienza dei pannelli solari;
2. Quanto costa il kilowatt solare installato (nel caso del fotovoltaico si è soliti parlare del "kilowatt picco", facendo riferimento alla potenza massima dell'installazione), inclusi i costi di connessione alla rete elettrica, l'acquisto dei terreni, eccetera.

Le due domande sono legate. L'efficienza dei pannelli solari dipende dalla tecnologia, che a sua volta incide sul costo. Come esempio consideriamo lo studio realizzato a Palma di Maiorca citato nel capitolo 3 di [Boyle, 2004], che paragona diverse tecnologie per concludere che stanno tutte in un intorno del 10 per cento. Questo numero va moltiplicato per l'efficienza "geografica" (la superficie di parco effettivamente occupata dai pannelli), un altro 30 per cento. Se moltiplichiamo l'efficienza di conversione solare e l'efficienza geografica otteniamo che gli impianti fotovoltaici di questa grandezza sfruttano un misero 3 per cento dell'energia solare disponibile.

Se i convertitori solari fossero efficienti al 100 per cento necessiteremmo, come abbiamo visto, di 200 km² di superficie per ottenere tutta l'energia elettrica consumata dalla nazione. Con un'efficienza del 3 per cento, la superficie aumenta fino a 6.000 km².

Un'occhiata alla fotografia del Parco di Beneixama, per quanto una superficie simile non sia più di una frazione minuscola di tutta quella disponibile, basta a farci comprendere le dimensioni faraoniche di un impianto di 6.000 km², equivalente a 12.000 parchi grandi come la gigantesca installazione dell'Alicante.

E per quanto riguarda il costo? La tabella seguente ci mostra le caratteristiche salienti del Parco solare di Beneixama[4].

Caratteristiche del Parco solare di Beneixama (Alicante)	
Potenza nominale	20 MWp (200 × 100 KWp)
Radiazione totale	1.934 kWh/m²
Superficie	500.000 m²
Moduli solari	100.000 unità
Area con moduli	160.000 m²
Produzione elettrica	30 GWh
Abitazioni illuminate	5.000
Tempo operativo	25 anni
Costo	150 milioni di euro

---

[4] http://www.city-solar-ag.com/index.php?id=197.

Per calcolare il costo di un determinato impianto elettrico in un modo che ci permetta di confrontarlo con altri impianti, dividiamo l'investimento che ha richiesto la sua costruzione per l'energia annuale che produce. Nel caso di Beneixama, gli investimenti sono stati di centocinquanta milioni di euro e la produzione elettrica annua è di trenta milioni di kilowattora (1 GWh = 1.000.000 kWh), pertanto il costo dell'energia prodotta è di 150/30 = 5 euro per kilowattora.

Beneixama è uno dei parchi solari più grandi al mondo. Confrontiamolo, come potenza e costo, con una centrale nucleare di nuova costruzione. Per farlo, mi baso sulla recente analisi di M. Santos Ruesga [Ruesga, 2008], che stima in tremila milioni di euro gli investimenti necessari per costruire un reattore da 1.000 MW di potenza.

Una centrale nucleare funziona ventiquattro ore al giorno e praticamente tutti i giorni dell'anno, con rare interruzioni per la ricarica o la manutenzione. Ruesga stima ottomila ore utili (dal totale di 365 × 24 = 8.760, vale a dire considerando un 10 per cento di tempo da dedicare a ricarica e manutenzione), con un'efficienza del 95 per cento. Pertanto, in un anno, il numero di ore di elettricità prodotte è di 0,95 × 8.000 = 7.600. Moltiplicandolo per la potenza (1.000 MW o, che è equivalente, 1 GW) otteniamo che l'energia elettrica annua prodotta per centrale è di 7.600 GWh, in linea con l'efficienza reale delle centrali spagnole nel 2007. Il costo di una centrale nucleare di nuova costruzione sarebbe quindi di tremila milioni di euro divisi per settemilaseicento milioni di kilowattora: 3.000/7.600 = 0,4 euro per kilowattora. Il costo del combustibile aggiunge un extra minimo (meno del 5 per cento) alle spese di costruzione.

Dividendo il costo di un parco solare (5 euro/kWh) per quello di una centrale nucleare (0,4 euro/kWh), otteniamo che il primo costa dodici volte e mezza più della seconda, a parità di energia prodotta.

Un'altra considerazione importante è il numero di parchi solari come quello di Beneixama che bisogna costruire per competere con una centrale nucleare tipica. Per questo non dobbiamo fare altro che dividere i 7.600 GWh generati da quest'ultima per i 30 GWh che otteniamo dal primo. Il risultato è... duecentocinquanta Beneixama!

Per sostituire tutta l'energia elettrica di origine nucleare prodotta in Spagna (55.039 GWh nel 2007) con l'energia fotovoltaica, servirebbero milleottocentotrentacinque parchi come quello di Beneixama, ripartiti su oltre 900 km². Verrebbero a costare 275.250 milioni di euro, una cifra con cui, per contro, la Spagna potrebbe pagare novantadue centrali nucleari che ci fornirebbero quasi 700 TWh o, detto in altre parole, più del doppio dell'elettricità che consuma in un anno.

Chi trae vantaggio dall'investimento nei parchi solari?

Sto dicendo che l'energia solare non è realizzabile? Nient'affatto. Torno a considerare gli inizi dell'elettricità. A mio parere, la tecnologia dei pannelli solari oggigiorno si trova nell'epoca delle Jumbo di Edison, però sta progredendo molto rapidamente verso la turbina di Parsons, con continue innovazioni come il silicio amorfo, le lamine sottili di CIS, le sfere di silicio e la terza generazione di cellule fotovoltaiche basate sulla nanotecnologia. Sono certo che tanta "ricerca e sviluppo" finirà per dar luogo a una "rivoluzione solare".

Quanto manca perché ciò avvenga? È difficile dirlo. Ci sono molte sfide da vincere, e su fronti molto diversi. Migliorare l'efficienza delle celle, ridurne il costo, imparare a produrle su scala di centinaia e poi di migliaia di kilometri quadrati, risolvere i problemi della connessione alla rete... Dal 1980, il prezzo delle placche solari è diminuito di un fattore 4. È necessario che si riduca almeno di un altro fattore 10 perché la tanto sospirata "rivoluzione solare" sia fattibile.

Fino ad allora, le applicazioni della tecnologia fotovoltaica sono numerose e vanno dal fornire elettricità a fattorie, rifugi e altre ubicazioni remote fino all'alimentare piccoli motori elettrici e impianti automatici. In Africa, di fatto, le placche fotovoltaiche permettono a molti villaggi di avere accesso, per quanto precario, a un'elettricità di cui altrimenti non disporrebbero.

Sovvenzionare gli abitanti dei villaggi del Kenya perché possano comprarsi delle placche solari è un'idea eccellente. Obbligare gli edifici di nuova costruzione in Spagna a includerle sui propri tetti è una misura puramente politica, che non giova a nessuno se non all'industria solare. Lo stesso potrebbe dirsi riguardo al sovvenzionare la costruzione di grandi parchi solari (tutte le energie rinnovabili appartengono al regime speciale e beneficiano, in Spagna, di forti sussidi). Si tratta di impianti molto cari, che pagano tutti i cittadini, il cui beneficio reale è risibile. Una centrale a CCGT da 100 MW fornirebbe il doppio di energia per un decimo dell'investimento, rilasciando nell'atmosfera una quantità relativamente piccola di CO_2.

Se si tratta di sviluppare un *know-how*, lo si può fare con installazioni meno ambiziose. Se si vogliono sostenere la ricerca e lo sviluppo è meglio investire direttamente nella ricerca attraverso le università, il CSIC (il cui omologo italiano è il CNR) o l'industria.

Durante gli ultimi sette anni[5], in Spagna si è passati da virtualmente zero a quasi 450 GWh di energia fotovoltaica installata. L'obiettivo del Piano per le energie rinnovabili 2010 è arrivare a circa 600 GWh. L'investimento finale sarà stato di circa tremila milioni di euro, vale a dire il costo di una centrale nucleare che avrebbe prodotto dodici volte quell'energia, occupando molto meno spazio, con meno emissioni effettive di CO_2 (vedere il capitolo 11) e una vita utile più lunga. I numeri parlano da soli.

Centrali termosolari

Una centrale termosolare è, come indica il nome, una centrale termica convenzionale (in cui l'elettricità viene prodotta a partire dal vapore acqueo che muove la solita turbina). La differenza con le centrali a carbone, gas naturale o nucleari è che usa direttamente la radiazione solare per scaldare l'acqua. A questo scopo si utilizzano diverse tecnologie. Un esempio è quello della centrale PS10 a Sanlúcar la Mayor, Siviglia (figura 12.3), in funzione dal marzo 2007. PS10 usa specchi mobili che captano la luce solare (eliostati) e la concentrano su una torre centrale riscaldando il fluido che viene inviato alla turbina. Questo impianto consta di seicentoventiquattro eliostati e di una torre solare alta centoquindici metri, occupa un'area di circa sessanta ettari

---

[5] Ricordiamo che il libro è stato scritto nel 2009 (N.d.T.)

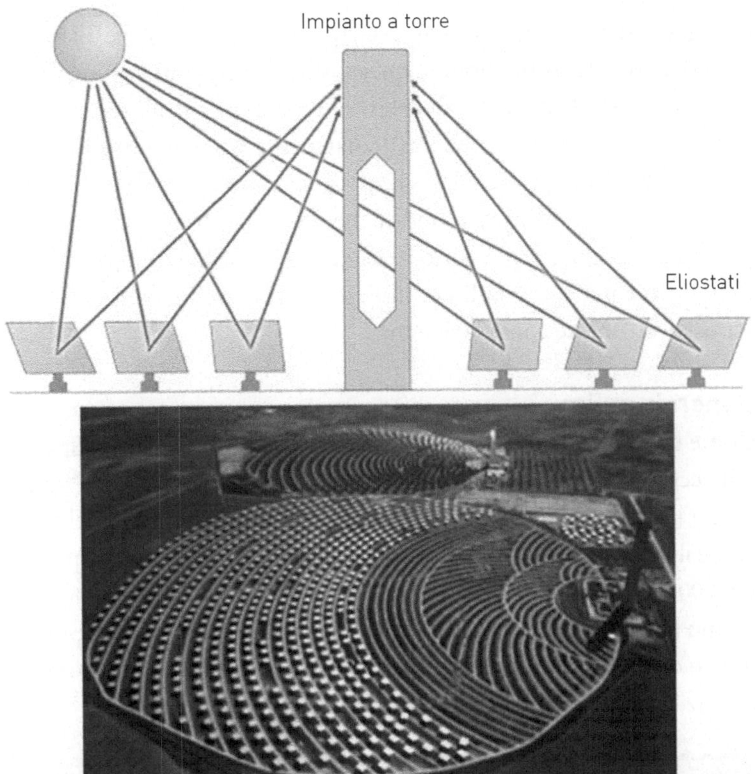

Figura 12.3 Principio di funzionamento e panoramica della centrale solare PS10.
[Abengoa Solar, 2008]

e produce una potenza di 11 MW e un'energia annua di 24,3 GWh.

In una centrale termica serve un ciclo continuo di vapore acqueo ad alta pressione e temperatura. Il modo di ottenerlo nella centrale PS10 è combinare un sistema di immagazzinamento del vapore (grandi cisterne in cui il vapore viene stoccato ad alta pressione e che permettono circa un'ora di funzionamento) con una caldaia a gas naturale che si avvia nelle ore buie o nei momenti di scarso soleggiamento.

In altre parole, una centrale termosolare ha sempre dei punti in comune con una centrale termica convenzionale (vale a dire, oltre all'energia solare ha bisogno di bruciare combustibile fossile, in questo caso gas naturale). In realtà, con la tecnologia convenzionale[6], il modo più efficiente di far funzionare questo tipo di impianti è come ibridi o, che poi è lo stesso, centrali solari di giorno e centrali termiche di notte. Non è una soluzione particolarmente purista, però in compenso è parecchio pratica. In termini di costi, queste centrali sono tra le tre e le cinque volte più economiche dei parchi fotovoltaici, ragion per cui sembrano, soprattutto nella versione ibrida, un'opzione più ragionevole per i prossimi decenni, in particolare in Paesi con forte esposizione solare come la Spagna.

L'energia eolica

Come nel caso dell'energia solare, anche per l'energia eolica la Spagna è il secondo Paese dell'Europa[7], alle spalle della Germania (figura 12.4[8]) [2008]. Si tratta di un'industria decisamente in auge nella nazione iberica, con imprese come l'ACCIONA che hanno raddoppiato, nel 2007, il numero di aerogeneratori del 2006 (582 contro i 284 dell'anno precedente), un numero che, a sua volta, era quasi il doppio di quello del 2005 (284 contro i precedenti 149). Questa impressionante evoluzione può essere osservata nel grafico 12.2.

Figura 12.4 Un parco eolico. Su gentile concessione di Wikipedia.

---

[6] Vedere, per esempio [Boyle, 2004], capitolo 2.
[7] Ricordiamo che il libro è stato scritto nel 2009 (N.d.T.)
[8] http://es.wikipedia.org/wiki/Archivo:Turbiny_wiatrowe_ubt.jpeg.

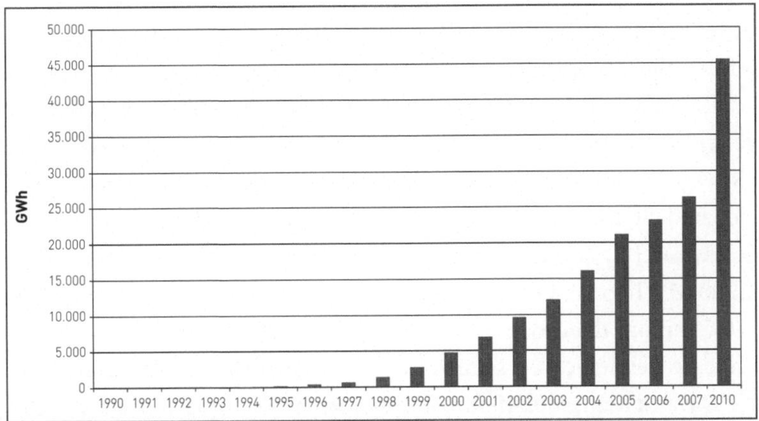

Grafico 12.2 Evoluzione dell'energia eolica in Spagna. [Foro Nuclear, 2008]

La potenza tipica di un turbogeneratore moderno varia tra gli 1 e i 3 MW. Per quanto riguarda i costi, quello predominante è il prezzo delle turbine, che ne copre circa il 70 per cento e limita la vita utile a circa vent'anni. Altre spese comprendono i lavori di costruzione e l'installazione delle linee elettriche per distribuire l'elettricità.

Per esempio, la costruzione del parco eolico di Sierra Menera (Guadalajara) nel 2006 è stata stimata in quarantacinque milioni di euro[9], più nove milioni aggiuntivi per costruire la linea elettrica di distribuzione dell'elettricità. Il parco è dotato di venti generatori da 2 MW che forniscono una potenza nominale di 40 MW. Il costo totale sarà quindi 54/40 = 1,37 milioni di euro per MW. Analogamente, il parco eolico recentemente inaugurato dalla Iberdrola Renovables ad Alcalá de la Vega e Algarra (Cuenca) ha una potenza di 50 MW (venticinque turbogeneratori da 2 MW) e ha richiesto un investimento di sessanta milioni di euro[10] (pertanto 1,2 milioni di euro per MW: in questo caso l'infrastruttura per distribuire l'elettricità esisteva già). Se consideriamo il valore medio di entrambi i costi, possiamo fissare

---

[9] http://www.labolsa.com/cronica/12574/.

[10] http://www.eleconomista.es/economia/noticias/494828/04/08/Economia-Empre-sas-Iberdrola-Renovables-inaugura-un-parque-eolico-en-Cuenca-tras-invertir-60-millones.html.

in 1,3 milioni di euro per MW il costo attuale della produzione di potenza eolica in Spagna.

Ricordiamo che non paghiamo la potenza, bensì l'energia elettrica generata. In un anno, il numero di ore utili di vento è di circa duemila [Ruesga, 2008; Boyle, 2003]. Considerando un 95 per cento di efficienza delle turbine [Boyle, 2004], otteniamo che 1 MW di potenza eolica darebbe come risultato un'energia annua di $1 \times 2.000 \times 0,95 = 1.900$ MWh, o 1,9 GWh. Il costo di produzione per GWh è di 1,3/1,9 ~ 0,7 milioni di euro, o 0,7 euro per kilowattora, circa il 75 per cento più caro del nucleare e sette volte più economico del fotovoltaico.

Davanti a questi dati, non sorprende che l'energia eolica sia quella che si è più sviluppata commercialmente, dal momento che risulta la più competitiva in termini economici. In Spagna occupa circa il 9 per cento del mix, di gran lunga la più importante tra le energie rinnovabili.

L'energia eolica ha molti vantaggi. L'installazione è facile e l'investimento per unità di potenza è molto attraente (le centrali nucleari implicano un investimento iniziale molto grande ed esigono una pianificazione rigorosa, mentre un parco eolico con alcuni turbogeneratori richiede solo di installare le turbine e di adattare, o costruire, le linee elettriche). Le centrali eoliche costano poco in quanto a manutenzione e hanno tutto l'incanto dell'energia rinnovabile. Sfruttano un "combustibile" che esiste, che lo utilizziamo o no, che è inestinguibile, abbondante e *gratuito*. Non danno problemi di sicurezza, non rilasciano CO_2, né nessun altro tipo di residui, e i terroristi non sembrano (per ora) interessati a questi impianti. In confronto alle centrali termiche, i loro vantaggi consistono nella pulizia e nella disponibilità della risorsa (non c'è bisogno di importare il vento). Superano in vantaggi le centrali nucleari anche nella loro minore complessità, sia in termini di costruzioni sia di sicurezza. Non è necessario costruire bunker di protezione, gestire scorie radioattive, disporre di personale addestrato, e così via. Riassumendo, se vivessimo in un mondo in cui il vento soffia ventiquattro ore al giorno per trecentosessantacinque giorni l'anno, sarebbero il modo ideale di produrre elettricità, insieme all'energia idroelettrica.

Indubbiamente i turbogeneratori non sono privi di impatto ambientale. Non a tutti piace contemplare un orizzonte pieno di pale che girano al vento e non mancano discussioni sui loro effetti nocivi per gli uccelli, né lamentele relative alla loro rumorosità, alle interferenze che esercitano sugli apparecchi elettrici, eccetera.

A mio parere, i problemi che arrecano sono *peccata minuta* in confronto ai loro vantaggi. Gli aerogeneratori, così come le torri degli impianti elettrici, sono gli "incerti" della nostra civiltà. Non si può volere elettricità pulita, poco costosa e comoda e pretendere anche che si generi (o si trasporti) per magia. Personalmente le trovo belle, soprattutto quando penso che sono insieme una vecchia idea (i romani avevano già i mulini) e il primo grande successo della civiltà industriale nello sfruttamento delle energie rinnovabili.

Però non sono sicuro che la loro rapida installazione (che non è stata accompagnata da una campagna educativa tanto intensa quanto sarebbe stato necessario, errore che si è commesso anche con l'energia nucleare) non finisca per rivoltarsi contro di loro. Si sentono sempre più voci che si levano contro le turbine eoliche, e tra gli argomenti addotti mi sembra che si celi soprattutto il temuto effetto NIMBY di cui ho parlato nel capitolo 9.

Perché? Perché, come nel caso dello stoccaggio delle scorie, le turbine eoliche sono percepite dalla popolazione locale come "pagare qualcosa in cambio di niente". Rovinano il paesaggio (servono duemila turbine distribuite su oltre duecento kilometri quadrati per sostituire una centrale termica, sia a combustibile fossile o nucleare), fanno rumore e, per vantaggiose che risultino, starebbero meglio nel cortile degli altri. L'atteggiamento NIMBY, miope ed egoista quale è, può facilmente essere sfruttato da gruppi radicali e trovare l'eco corrispondente tra politici pusillanimi. La leggenda di Eolo qui cade particolarmente a fagiolo. Non c'è vento più capriccioso e arbitrario di quello dell'opinione pubblica.

Un mix 100 per cento rinnovabile?

Per concludere questa analisi, voglio commentare la proposta di Greenpeace per un sistema elettrico basato interamente sulle energie rin-

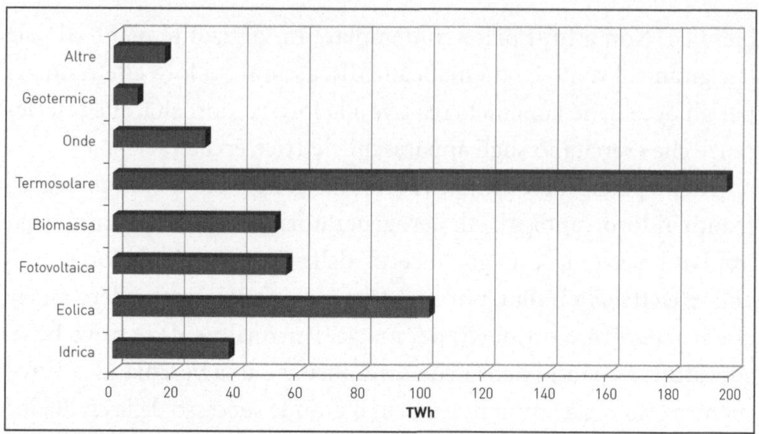

Grafico 12.3 Proposta di mix elettrico basato su energie 100 per cento rinnovabili. [Greenpeace, 2008a]

novabili, tratto dallo studio dell'Università pontificia di Comillas, UPC [Greenpeace, 2008a].

Il grafico 12.3 mostra l'energia elettrica prodotta da ciascuna di queste fonti, considerando un consumo nazionale di 280 TWh. Il primo punto che richiama l'attenzione è che la somma di tutte le energie totalizza 500 TWh, quasi il doppio del consumo. Non si tratta di un errore. In assenza di un sistema affidabile di stoccaggio dell'elettricità, l'unico modo sicuro per garantire sufficiente energia quando la risorsa è variabile è disporre di energia in eccesso.

Per capire perché, supponiamo che la Spagna abbia solo due città, Santiago e Siviglia, entrambe con la stessa popolazione, che ottengono tutta la loro elettricità a partire dalla produzione eolica. Supponiamo anche che per la maggior parte del tempo soffi tanto vento uguale in entrambe le città; però, di tanto in tanto, ce n'è solo in una delle due, e il caso vuole che se a Siviglia c'è calma piatta, a Santiago ruggisca il vento di levante, e viceversa.

Il calcolo, allora, è il seguente: bisogna installare, sia a Siviglia sia a Santiago, il doppio degli aerogeneratori necessari, di modo che, quando il vento non soffia in una delle due città, l'altra possa compensare producendo il doppio (e trasmettendo l'elettricità tramite una rete dedicata). Pertanto, dobbiamo *raddoppiare* la potenza nominale. Se il vento fosse tanto gentile da soffiare sempre in una città o nell'altra non si sprecherebbe energia (semplicemente, Siviglia avrebbe in azione tutti i mulini necessari per provvedere a se stessa e a Santiago quando tocca a lei, e li terrebbe tutti fermi quando scatta il turno dell'altra). Però la maggior parte del tempo il vento soffia in entrambe le città, muovendo tutti i mulini installati, e questo eccesso di energia (che nella pratica non può essere immagazzinato) viene *sprecato*. Questo è il motivo principale per cui l'energia eolica continua a essere cara. I costi di costruzione sono proporzionali al numero di aerogeneratori (vale a dire, alla potenza installata), mentre l'energia elettrica che forniscono dipende dalla variabilità del vento (il che si traduce in un'efficienza del 20 per cento circa).

Ma non è tutto qui. Nessuno in possesso delle sue facoltà mentali si arrischierebbe a basare il proprio sistema solo sul vento, sapendo che è perfettamente possibile che non soffi né a Santiago né a Siviglia. La rete elettrica deve basarsi su una sorgente d'energia che sia sempre disponibile e, in assenza di sufficienti impianti di pompaggio, non c'è altra scelta se non ricorrere alle centrali termiche.

Nello studio della UPC, questa potenza termica non è altro che quella termosolare. Niente meno di quasi 200 TWh!

È realistico pensare di installare 200 TWh di energia elettrica termosolare? Se prendiamo come punto di riferimento la centrale PS10, l'unica centrale in funzione in Spagna nel 2007, non sembra un'impresa semplice. PS10 occupa mezzo kilometro quadrato, è costata trentacinque milioni di euro e produce circa 24 GWh, vale a dire 0,024 TWh. Per raggiungere i 200 TWh di potenza termosolare servirebbero ottomila PS10, che occuperebbero 4.000 km^2, a un costo di 280.000 milioni di euro, con i quali si potrebbero costruire novantatré centrali nucleari che darebbero 706 TWh di potenza. Per arrivare a completare il programma entro cinquant'anni sarebbe necessario costruire centosessanta PS10, per un totale di centoventicinquemila eliostati, *all'anno*.

Per giunta, questa proposta cara e non realistica rilascia ancora nell'atmosfera una quantità considerevole di CO_2. Non scordiamoci che una centrale termosolare è solare di giorno, ma termica la notte. L'energia elettrica dovuta al gas naturale nel 2007 è stata circa 140 TWh. Supponendo che una centrale termosolare funzioni per il 50 per cento del tempo a gas naturale, nello schema della UPC staremmo consumando 100 TWh di gas naturale, oppure 50 TWh se funzionasse solo per il 25 per cento del tempo.

Per quanto riguarda l'energia fotovoltaica, lo studio della UPV presuppone 50 TWh, o millesettecento Beneixama, a un costo di 255.000 milioni di euro (ottantacinque centrali nucleari, o 646 TWh), su circa 800 km^2.

Per quanto riguarda l'energia eolica, la UPC considera 100 TWh, in confronto ai circa 30 TWh attuali. È l'unico caso in cui ci limitiamo a triplicare la quantità di aerogeneratori, qualcosa di molto più fattibile delle altre due proposte, a un costo di settantamila milioni di euro, che, tuttavia, basterebbero per costruire quarantasette centrali nucleari, ovvero 357 TWh.

Il resto delle energie considerate, a eccezione di quella idraulica, segue un modello simile. Produrre 50 TWh dalla biomassa implica moltiplicare per sette la produzione attuale, e ottenere 30 TWh dalle onde (quando ancora oggigiorno non è in funzione nessun sistema di questo tipo) sembra altrettanto azzardato.

Quel che è certo è che la situazione è ancora peggiore, perché nel giro di cinquant'anni il consumo di elettricità non sarà di 300 TWh, bensì di 600 TWh (considerando un moderato ritmo di crescita della domanda elettrica annuale dell'1,5 per cento all'anno, la metà del ritmo di crescita attuale). La necessità di sovradimensionare ci porterebbe a prevedere 1.000 TWh, aumentando ancora di più costi e difficoltà tecniche.

Questi rapidi calcoli non pretendono di dimostrare che le energie rinnovabili sono irrealizzabili. Non ho niente contro di loro (anzi, mi considero un appassionato sostenitore del loro sviluppo, senza scordarne peculiarità e limiti), ma molto contro il dogmatismo che giunge a estremi tanto curiosi quanto quello di elogiare da una parte la necessità del risparmio energetico e, dall'altra, di proporre un mix in cui metà dell'energia elettrica viene sprecata a causa della variabilità della risorsa.

A mio parere, un mix elettrico basato sull'energia eolica, idraulica, termosolare ibrida e nucleare è una proposta ragionevole, economicamente accessibile ed ecologica. Contrariamente alle fiacche reiterazioni della litania, non esiste alcun antagonismo tra energia nucleare e rinnovabili, anzi! Le energie rinnovabili *hanno bisogno* dell'energia nucleare, l'unica altra fonte di energia alternativa ai combustibili fossili che non emetta CO_2 e possa venire generata in grandi quantità in maniera continuativa, compensando così il tallone d'Achille (l'inevitabile intermittenza della risorsa) delle rinnovabili. È triste che determinati movimenti ambientalisti, le cui grandi risorse economiche e il cui importante impatto sociale dovrebbero essere pari alla loro responsabilità etica, siano incapaci di riconsiderare i propri dogmi.

13. Al crocevia

> Divergevano due strade in un bosco
> Ingiallito, e spiacente di non poterle fare
> Entrambe essendo un solo, a lungo mi fermai
> Una di esse finché potevo scrutando
> Là dove in mezzo agli arbusti svoltava.
>
> *Robert Frost,* La strada non presa[1]

Aspettando Godot

L'Agenzia internazionale per l'energia (AIE) pubblica ogni anno uno studio, chiamato WEO dalle iniziali inglesi di World Energy Outlook, sull'energia nel mondo. Quello del 2008 [AIE, 2008] contempla tre scenari. In quello cosiddetto "di riferimento", il mondo continua a procedere come al solito. La produzione di elettricità mondiale sale dai quasi 19.000 TWh del 2007 a più di 33.000 nel 2030. La Cina supera gli Stati Uniti nel consumo di elettricità e raggiunge l'intera Europa, mentre l'India precede la Russia (grafico 13.1).

Nello scenario di riferimento il consumo di elettricità continua a essere basato sui combustibili fossili e, di fatto, la percentuale di carbone nella produzione di energia elettrica passa dal 41 al 44 per cento. Con il consumo di carbone aumentano le emissioni di CO_2, che passano dai circa 30.000 milioni di tonnellate del 2007 a 41.000 milioni di tonnellate nel 2030 (grafico 13.2).

Europa e Stati Uniti aumentano molto lentamente le proprie emissioni giungendo a stabilizzarsi, ma la Cina manda in rovina qualunque speranza di moderazione. Anche l'India inizia ad accusare l'accelerazione nelle emissioni.

---

[1] Robert Frost (1991) *La strada non presa*, da *Conoscenza della notte e altre poesie*, traduzione di Giovanni Giudici, Oscar Mondadori. (N.d.T.)

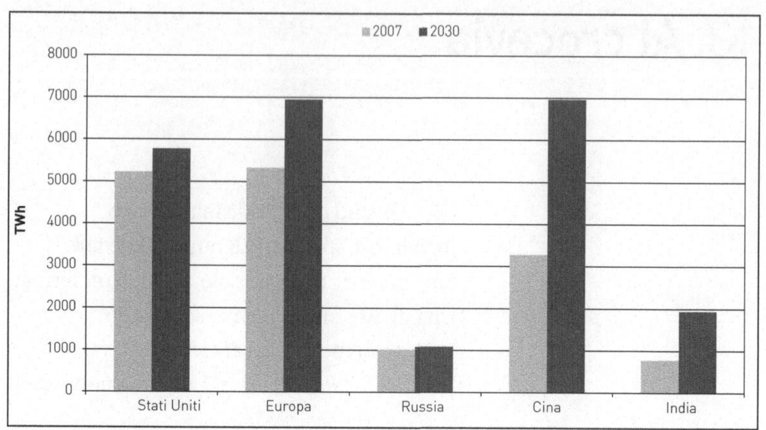

Grafico 13.1 Aumento del consumo di elettricità in alcuni Paesi. [AIE, 2008]

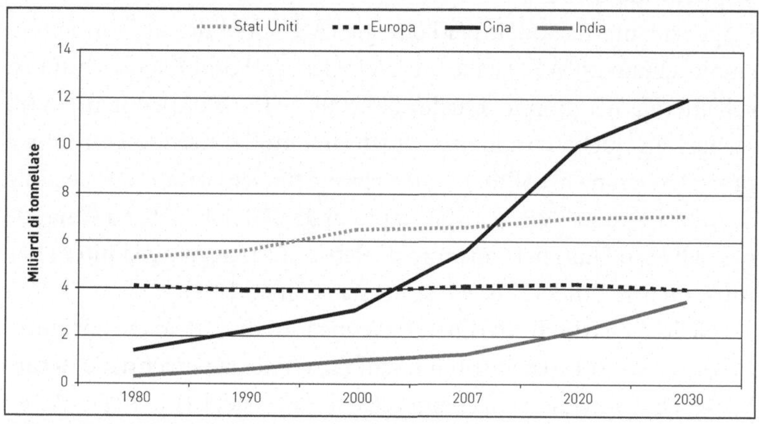

Grafico 13.2 Emissioni di CO_2 in alcuni Paesi. [AIE, 2008]

E, comunque, in tonnellate pro capite, gli Stati Uniti continuano a rilasciare molto più della Cina, nonostante il colosso asiatico abbia già raggiunto l'Europa nel 2030. La quantità totale di CO_2 cresce a un ritmo che suggerisce, verso la fine del secolo, un eccesso di concentrazione di diossido di carbonio di 700 ppm, un aumento di temperatura di circa 6°... e un disastro garantito per la nostra civiltà.

Lo scenario di riferimento dell'AIE fa rizzare i capelli per più di un motivo. Ci mostra un mondo capace solo di portare fino in fondo un suicidio di massa, e premeditato, dando ragione a pessimisti come Lovelock [2007]:

> Se non sapremo mettere al centro dei nostri pensieri il pericolo reale che è il riscaldamento globale, potrebbe capitarci di morire anche prima [...]. Il nostro obiettivo dovrebbe essere una cessazione del consumo di combustibili fossili il più rapidamente possibile [...]. Per riparare il danno [che già abbiamo arrecato al globo terrestre] occorre un programma di portata immensa, molto più imponente per costi e dimensioni di quelli spaziali o militari. Viviamo in un'epoca in cui le emozioni e le sensazioni contano più della verità e l'ignoranza scientifica impera. Abbiamo permesso agli scrittori di fantascienza e alle *lobby* ecologiste di sfruttare la paura del nucleare e di quasi ogni novità scientifica, nella stessa maniera in cui, fino a tempi non troppo lontani, le chiese sfruttavano la paura dell'inferno [...]. Non possiamo permetterci di aspettare Godot.[2]

La sfida del secolo

Non esistono soluzioni magiche

Esistono soluzioni? Sulla carta, sì. Ho già spiegato come una combinazione dell'energia nucleare e di quelle rinnovabili (dominate dall'eolica e dall'idroelettrica, con progressiva incorporazione di quelle solare, geotermica, delle maree ecc, via via che il loro sviluppo procederà e i rispettivi costi si andranno abbassando) potrebbe fornire uno schema alternativo a quello attuale, senza emissioni di CO_2. In un futuro più lontano (almeno cinque o sei decenni, forse un secolo) potremmo usare l'energia nucleare da fusione insieme all'idrogeno come mezzo di immagazzinamento dell'energia e combustibile per il trasporto. Sono possibilità appassionanti, che meritano, insieme ad altre alternative avveniristiche, un libro tutto per loro. Il tema non è desti-

---

[2] James Lovelock (2006) *La rivolta di Gaia*, traduzione di Massimo Scaglione, Rizzoli, pag. 23-24. (N.d.T.)

nato a passare di moda. Nel 2030 forse ci saranno più autobus e alcune automobili funzioneranno a idrogeno liquido o a celle combustibili, però i trasporti continueranno a dipendere dalla benzina e dal gasolio. Se i prezzi del combustibile salgono e lo fanno anche le imposte sulle emissioni di CO_2, le automobili ibride ne rilasceranno sempre di meno, e forse inizieremo a vedere nelle città sempre più veicoli elettrici (e magari, speriamo, anche biciclette!). Per quanto riguarda la fusione nucleare, a meno che non si lanci un nuovo progetto Manhattan in cui il nemico da sconfiggere sia il cambiamento climatico, dubito che la mia generazione sarà testimone di questo miracolo.

La portata del problema

Il grafico 13.3 ci permette di farci un'idea della dimensione del problema. Nel 2030, secondo lo scenario di riferimento, le centrali elettriche dei Paesi dell'Ocse staranno emettendo quasi sei gigatonnellate di CO_2, e quelli non Ocse, capeggiati dalla Cina, un po' più del doppio, per un totale di diciotto gigatonnellate di diossido di carbonio, delle quali quasi quattordici (ovvero il 78 per cento del totale) saranno dovute al consumo di carbone.

E questa è solo metà del problema. L'altra metà, grande (ventitré gigatonnellate), è dovuta soprattutto ai trasporti.

Come eliminare o, almeno, ridurre significativamente queste immense emissioni? Stiamo parlando di una cifra straordinaria: 41.000 milioni di tonnellate di diossido di carbonio. Non ho una risposta per quanto riguarda il settore dei trasporti, né so se qualcuno ce l'ha. Una possibilità è che gli alti prezzi del petrolio, combinati con politiche lucide che vadano a colpire sempre più le emissioni dai tubi di scappamento, convincano le persone a sostituire i loro 4 × 4 con una Smart, un ibrido di nuova generazione o un'auto elettrica. A sua volta, quest'idea non è attuabile senza un colossale investimento nelle infrastrutture del trasporto pubblico. Lovelock non esagera quando afferma che si tratta di un'impresa titanica. L'industria dell'automobile è stata la più importante del ventesimo secolo e il suo sviluppo è avvenuto spesso a detrimento del trasporto pubblico, soprattutto negli

Stati Uniti. Educare i cittadini non è sufficiente. Basta prendere la metropolitana di Madrid nell'ora di punta per capire che sono necessarie riforme profonde per poter gestire un maggior flusso di passeggeri.

Esaminiamo allora, sull'altro fronte, che cosa implica eliminare le emissioni di CO_2 legate al carbone nel processo di produzione dell'elettricità. Se lo facessimo, ridurremo le emissioni totali del 30 per cento, che non sarebbe sufficiente (per niente) ma sarebbe comunque una prima vittoria.

Secondo lo scenario di riferimento, nel 2030 staremo consumando 15.000 TWh provenienti dal carbone. Il nostro obiettivo dovrebbe essere sostituire tutto questo consumo con energie alternative entro vent'anni.

Ogni centrale nucleare da 1.000 MW fornisce 7.600 GWh, o 7,6 TWh, di energia all'anno. Per sostituire tutte le centrali a carbone tra il 2010 e il 2030 sarebbe necessario costruire duemila centrali nucleari in vent'anni ($2.000 \times 7{,}6 = 15.200$ TWh), o cento centrali all'anno in tutto il mondo.

È assurdo? La Francia ha costruito circa cinquantasei impianti in tre lustri, a un ritmo di quasi quattro all'anno. Nel 2007, i francesi hanno prodotto 566 TWh, su 19.894 mondiali. Ipotizzando che l'Eu-

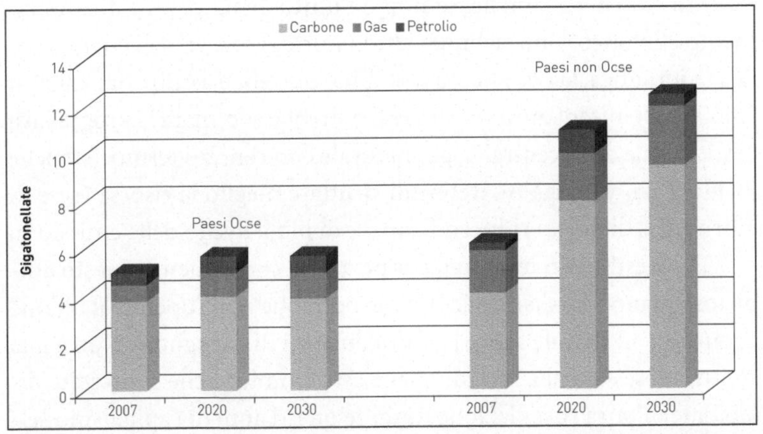

Grafico 13.3 Contributo dei diversi combustibili fossili alle emissioni di CO2. [AIE, 2008]

ropa (inclusi la Russia e i Paesi dell'ex Unione sovietica), gli Stati Uniti, la Cina, l'India, il Giappone e la Corea del Sud possano mantenere un ritmo di costruzione proporzionale all'elettricità che consumano, otterremmo che l'equivalente delle quattro centrali nucleari francesi annue sarebbe di due in Spagna, trentasei nel Nord America (inclusi Canada e Messico), trentasei in tutta Europa, ventiquattro in Cina, quattro in India, otto in Giappone e due in Corea del Sud. In totale si arriva a centododici centrali, senza contare i Paesi del Golfo, l'Africa e il Sud America.

Non pretendo assolutamente che questa suddivisione sia realistica, ma serve a dare un'idea della portata della sfida che combattere il cambiamento climatico implica.

Ciò nonostante, se la Francia ha potuto costruire quattro centrali all'anno per quindici anni, niente impedisce che la Spagna ne costruisca la metà e la Cina (uno dei Paesi che già ha varato un intenso programma nucleare) ne produca una ventina. La quota europea non sembra paradossale, dato il grande numero di potenze economiche nella zona (Germania, Inghilterra, Italia e Russia potrebbero certamente costruire quattro o cinque centrali all'anno ciascuna). Anche molti altri Paesi che non ho incluso (Sudafrica, Brasile, Argentina, Cile) contribuiranno, in maggiore o minore misura.

Infine, l'energia nucleare non è l'unica arma contro il cambiamento climatico. Uno sviluppo altrettanto aggressivo dell'energia eolica (e idraulica, là ove ancora possibile) potrebbe fornire dai 2.000 ai 5.000 TWh in vent'anni. A questo si potrebbe sommare la progressiva sostituzione delle centrali a gas naturale con centrali termoelettriche ibride, il cui vantaggio sarebbe di sfruttare meglio la risorsa (sole di giorno, gas di notte) riducendo ancor di più il livello delle emissioni.

Gli investimenti mondiali per portare a compimento questo ambizioso piano Marshall delle energie potrebbe non superare il bilione di euro all'anno, vale a dire l'equivalente del PIL spagnolo. Non è una somma eccessiva alla luce di quelle astronomiche che sono state dilapidate in pura speculazione durante questi anni di capitalismo selvaggio, e forse sarebbe esattamente la soluzione di cui ha bisogno un mondo sull'orlo della depressione. Grandi investimenti, capaci di generare lavoro, valore aggiunto, energia... e futuro.

E in Spagna?

Si potrebbe obiettare (e a ragione) che i numeri citati non si appoggiano su nessuno studio serio. Vediamo, per fare un confronto, il piano del professore di economia S. Ruesga [Ruesga, 2008], uno studio esaustivo e perfettamente documentato che si pronuncia a favore della costruzione di undici nuove centrali nucleari in Spagna nel giro di vent'anni, dimostrando che si tratta di un'impresa non solo fattibile, ma addirittura vantaggiosa per la società.

Se questo piano venisse attuato, il mix elettrico passerebbe a essere composto per il 33 per cento da energia nucleare, per il 23 per cento da energie rinnovabili (con uno spettacolare 14 per cento dell'eolica), per il 36 per cento dal gas naturale e solamente per l'8 per cento da carbone. Il grafico 13.4 mostra come l'energia elettrica totale aumenti (quasi del 50 per cento) mentre, in compenso, il contributo

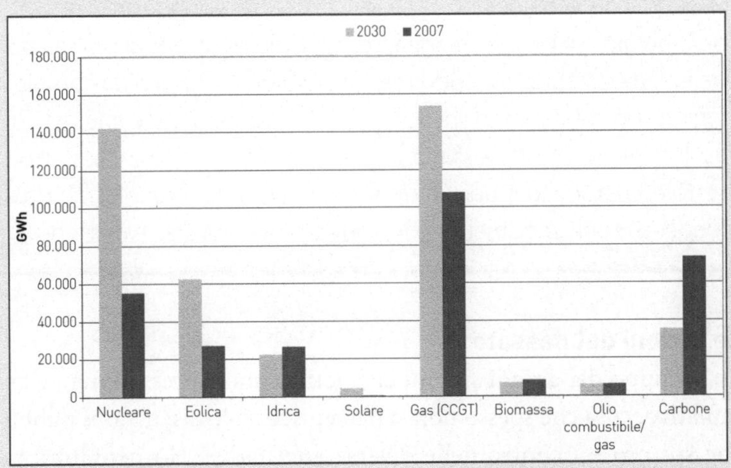

Grafico 13.4 Mix spagnolo per il 2030 paragonato a quello del 2007, secondo il piano di S. Ruesga. Aumentano il nucleare, l'eolico e il gas, e diminuisce il carbone. [Santos Ruesga, 2008]

del carbone in termini assoluti diminuisce. Perché ciò avvenga è necessario che aumentino drasticamente sia i contributi nucleari sia quello eolico e quello del gas. Ciò che permette di ridurre le emissioni di CO_2 è *la combinazione di tutti* (non scordiamo che il gas naturale ne rilascia la metà rispetto al carbone).

Un progetto del genere viene a costare trentatremila milioni di euro, che non sembra una cifra esorbitante alla luce delle somme favolose che abbiamo visto svanire nel nulla durante la crisi del 2008, né è minimamente spropositata all'interno dei piani di investimento governativi per combatterla. Si direbbe che questo sia il momento giusto per dedicarsi a grandi opere pubbliche, incentivare l'industria, creare numerosi posti di lavoro (più di duecentomila all'anno per vent'anni, secondo la minuziosa analisi di Ruesga), recuperare il *know-how* perduto ed evitare che si perda il rimanente, diminuendo la nostra patetica dipendenza energetica e, soprattutto, emettendo meno CO_2.

La politica attuale di sostenere le energie rinnovabili mi sembra corretta, tranne che per l'eccessivo finanziamento agli impianti fotovoltaici (situazione che sta già cominciando a cambiare) quando invece quel denaro dovrebbe andare alla ricerca. Appoggiare il rilancio dell'energia nucleare in Spagna, sempre che l'industria sia all'altezza della sfida, sarebbe, secondo me, un puntare sul futuro, da completarsi consolidando il settore ricerca e sviluppo nel settore energetico: fissione (IV generazione), fusione ed energie rinnovabili. En passant, il settore energetico è uno di quelli che necessitano di riforme profonde[3] se vogliamo smettere di essere un Paese di sole e mattoni.

Le lezioni del passato

Lo sviluppo dei grandi sistemi energetici è un processo lungo e cumulativo, cosa che spesso non si percepisce nelle discussioni pubbliche sui pro e i contro delle diverse alternative. Ho pensato a un

---

[3] Cosa che, fortunatamente, sembra aver capito molto bene l'attuale Ministero della scienza e dell'innovazione, a mio parere il migliore che la Spagna abbia mai avuto.

intervallo di vent'anni come esempio per dare un'idea delle sfide che un programma nucleare teso a combattere il cambiamento climatico e a eliminare la dipendenza dai combustibili fossili implica, però, in pratica, questo programma si attuerà piuttosto nel corso di almeno mezzo secolo, con successive generazioni di reattori nucleari, progressivamente migliorati, che andranno a sostituire i precedenti (la stessa cosa che è accaduta, e continuerà ad accadere, nel settore delle energie rinnovabili, come ha dimostrato lo spettacolare miglioramento degli aerogeneratori nell'ultimo decennio).

L'antagonismo tra l'energia nucleare e quelle rinnovabili è un'assurdità creata dal manicheismo tanto di moda nella nostra società e, senza dubbio, nelle fila degli ecoattivisti. È un errore contrapporre tra di loro le energie alternative, mentre sarebbe molto più sensato considerarle alleate nella grande battaglia contro un Signore Oscuro ogni giorno più potente, il cambiamento climatico, che potrebbe benissimo annientare, nel giro di uno o due secoli, la nostra cara e malconcia regione globalizzata.

Una rosa

Forse il futuro ricorderà questo secolo come quello della guerra contro il cambiamento climatico, e la mia speranza è che possa ricordare anche una vittoria. Per ottenerla è essenziale più ricerca, sia in Spagna sia nel resto del mondo. A lungo termine, l'opzione nucleare non si affermerà se non saremo capaci di imparare a riciclare correttamente le scorie e a trasformare i transuranici. Se si vuole una crescita come quella che ho descritto, i reattori devono essere fabbricati in maniera massiccia, su progetti standardizzati che permettano di abbatterne i costi e aumentarne la sicurezza. È indispensabile ripristinare la fiducia dell'opinione pubblica.

Devono letteralmente crescere alberi nei camini delle centrali nucleari e fiori sotto le pale dei mulini a vento. La ricerca, prima o poi, scoprirà anche sistemi efficienti di sfruttamento dell'energia solare e, con il tempo, giungerà a sviluppare l'energia da fusione.

Negli ultimi decenni, si è parlato molto di "ridurre l'impronta ecologica" dell'uomo sul pianeta, un concetto introdotto da quel libro influente che è *I limiti dello sviluppo* (*The Limits of Growth*) [Meadows et. al, 1972]. È un'idea che condivido con gli autori di questa importante opera, idolatrata da alcuni, vilipesa da altri e, a mio parere, fraintesa dai più. È vero che molte delle previsioni di Dana Meadows e dei suoi coautori non si sono avverate, in particolare quelle legate all'imminente scarsità di materie prime, però le lezioni etiche e filosofiche di questo volume compensano di gran lunga i possibili errori numerici. Le successive versioni del libro descrivono in modo mirabilmente dettagliato le enormi contraddizioni di un mondo ossessionato dalla crescita e, al contempo, profondamente ingiusto. Il concetto chiave intorno a cui ruota il lavoro è quello del collasso che può sopraggiungere in una società che superi i propri limiti. Forse alcuni dei limiti considerati dagli autori (l'abbondanza di materie prime, per esempio) sono risultati molto più distanti di quanto si pensava negli anni Settanta, però, in compenso, è molto probabile che abbiamo già superato il limite del pianeta per quanto riguarda le emissioni di gas serra.

La soluzione offerta in *I limiti dello sviluppo* consiste nel ridurre l'impronta ecologica, l'impatto dell'uomo sul pianeta. Lovelock giunge alla stessa conclusione. È difficile non essere d'accordo, però sarebbe ipocrita pretendere che questa impronta ecologica diventi più lieve mantenendo tre quarti dell'umanità nella miseria.

A mio parere, l'unico modo di rispettare la natura è sviluppare una scienza e una tecnologia che ci permettano di smettere di sfruttarla. È impossibile nutrire nove miliardi di persone con tecniche "naturali" di coltivazione (ovvero, senza usare diserbanti e fertilizzanti), però è possibile che in un futuro non troppo lontano possiamo gestire quantità di energia tanto ingenti da *sintetizzare* quegli alimenti e restituire a Gaia i campi ora coltivati. Analogamente, non penso che la soluzione alla crisi energetica sia il risparmio, in quanto solo il 20 per cento degli abitanti del pianeta è in condizione di risparmiare, mentre l'80 per cento ha bisogno di *più* energia per uscire dalla miseria. Credo che la soluzione sia imparare a produrre tutta l'energia di cui abbiamo bisogno senza che il pianeta ne faccia le spese. Forse la biomassa è un'energia rinnovabile, però preferisco produrre idrogeno a partire dall'energia nucleare che abbattere alberi o dedicare immensi campi da coltivazione (senz'altro zeppi di fertilizzanti) alla semina del mais per "raccogliere" biocombustibile, uno dei metodi più inefficienti e poco ecologici che mi vengano in mente per produrre energia, a dispetto delle sue credenziali verdi.

Non c'è niente di naturale, desiderabile o moralmente superiore nella miseria, così come non c'è niente di naturale, desiderabile o moralmente superiore nell'eccesso o nello spreco. In questo senso, non bastano la scienza e la tecnologia. Abbiamo bisogno, più urgentemente che mai, di un codice morale, etico ed ecologico.

Forse abbiamo bisogno di un miracolo.

A volte, i miracoli sono a portata di mano, se si sa dove guardare.

Vorrei concludere ricordando il giovane che aveva attraversato mezza Europa per diventare un discepolo del grande Paracelso e fu incapace di vedere più in là della casa vuota, senza alambicchi né storte, e più in là delle ossa fragili e dello sguardo spossato dell'anziano.

È stata questa miopia a spingerlo a tornare a un'esistenza anodina e a impedirgli di essere testimone di ciò che accadde nella povera casupola dell'alchimista.

Quando il mancato discepolo se ne va dopo aver gettato la rosa nel fuoco, l'alchimista si siede su un'umile sedia e contempla a lungo le braci, assorto nei suoi pensieri.

Infine, pronuncia una parola. E, come l'Araba Fenice, la rosa risorge dalle proprie ceneri.

Appendice
Fukushima, o il Cigno nero
dell'energia nucleare

Già di per sé, il grave terremoto che ha colpito il Giappone l'11 marzo 2011 si sarebbe qualificato come una delle peggiori calamità naturali degli ultimi tempi. Con una magnitudo di 9.0, è stato il sisma più intenso mai registrato in Giappone, nonché uno dei più forti della storia. Ha liberato un'energia di superficie pari a 2×10^{17} joule, quanto basterebbe, se imbrigliata, ad alimentare una città delle dimensioni di Los Angeles per un anno intero.

Il terremoto ha innescato un poderoso tsunami che ha portato la distruzione lungo la costa del Pacifico delle isole settentrionali del Giappone, uccidendo circa ventimila persone e devastando intere città con onde che, in alcune località costiere, hanno raggiunto quasi i quaranta metri.

I danni sono stati enormi. Alcune città sono state letteralmente ridotte in macerie. Le immagini satellitari delle zone devastate prima e dopo il terremoto mostrano danni immensi a molte regioni, con un conteggio complessivo di oltre quarantacinquemila edifici distrutti e circa centocinquantamila lesionati, oltre a circa un quarto di milione di automobili e camion sfasciati. Le stime dei costi ammontano a svariate decine di miliardi di dollari americani.

Sono stati danneggiati anche molti impianti di produzione energetica, inclusi dighe, linee elettriche ad alta tensione, raffinerie di petrolio e una centrale a gas naturale liquefatto.

Ma la più nota conseguenza del terremoto e del successivo tsunami è stato il peggior incidente nucleare degli ultimi venticinque anni. Per la precisione, il nome Fukushima si è associato a quello di Chernobyl per citare i pericoli dell'energia nucleare.

La centrale di Fukushima Daiichi comprendeva sei separati reattori ad acqua bollente progettati dalla General Electric (GE) e gestiti dalla Tokyo Electric Power Company (TEPCO). All'epoca del sisma, il reattore 4 era senza combustibile e i reattori 5 e 6 erano stati chiusi per la manutenzione di routine. I reattori 1, 2 e 3 si sono arrestati automaticamente in seguito al terremoto. Pertanto, diversamente da Chernobyl, Fukushima non è stato un incidente di criticità. Piuttosto, è stato una dimostrazione su vasta scala della principale debolezza dell'LWR, vale a dire il fatto che *un reattore ad acqua leggera ha bisogno di corrente esterna per raffreddarsi dopo un arresto.*

La ragione di tale necessità è che il decadimento radioattivo prosegue anche dopo che la reazione a catena è stata bloccata. Durante le prime settimane successive allo SCRAM (spegnimento di emergenza di un reattore), l'energia depositata dalle emissioni di particelle alfa, elettroni e particelle gamma ad alta energia durante quelle disintegrazioni si traduce in un'enorme fonte di energia, che si disperde sotto forma di calore. Allo scopo di evacuarla, un flusso continuo di acqua fredda deve essere spinto a forza nel contenitore del reattore e fatto circolare nel nucleo del reattore. Pompare acqua, però, richiede potenza elettrica. Quando il terremoto ha colpito l'impianto di Fukushima, i generatori d'emergenza sono intervenuti per alimentare i sistemi necessari per il raffreddamento, ma lo tsunami ha interrotto i collegamenti dei reattori con la rete elettrica, dando il via a un incidente che è sfociato nella fusione dei noccioli dei reattori.

L'incidente nucleare è diventato subito un evento mediatico. Ha invaso i titoli dei principali quotidiani e i canali delle notizie più seguiti per intere settimane, arrivando in sostanza a eclissare tutti gli altri disastri causati dallo tsunami. In un certo senso l'attenzione dei media era pienamente giustificata, data la vastità della catastrofe, che ha incluso anche violente esplosioni di idrogeno e la temuta fusione dei noccioli dei reattori. Ancor più terrificanti, per la gente, le ingenti fughe radioattive che hanno portato il governo giapponese a imporre l'evacuazione in un raggio di venti kilometri dalla centrale. Tuttavia, molti osservatori hanno avuto l'impressione che la copertura dell'incidente, in particolare da parte dei mezzi di comunicazione stranieri, sia stata "eccessiva" e troppo sensazionalistica, arrivando a dar vita a un panico diffuso che ha distolto l'attenzione della gente dalla catastrofe su più vasta scala. Un cronista ha scritto:

In California la gente sta iniziando a cercare le compresse di ioduro su Internet, e c'è già chi si domanda se d'ora in poi le automobili giapponesi saranno radioattive. Ma, quel che è peggio, la smisurata e sensazionalistica attenzione prestata ai reattori dai media americani e stranieri ha distolto quell'attenzione da dove dovrebbe essere, ovvero sulle quasi ventimila persone che sono perite nel sisma e nello tsunami, sui quasi quattrocentomila senzatetto e sull'enorme sofferenza che questo ha causato all'intero Giappone.

Viceversa, alcuni media occidentali hanno criticato i giornali giapponesi, le fonti ufficiali e la TEPCO per aver fornito troppo poche, o troppo parziali, informazioni. Per molti, l'incidente ha segnato la fine di un'annunciata "rinascita nucleare". Senza dubbio alcune nazioni, come la Germania, l'Italia e la Svizzera, hanno reagito all'accaduto con un netto allontanamento dall'energia nucleare, il cui futuro è alquanto incerto anche in Giappone.

La centrale nucleare di Fukushima Daiichi

La centrale nucleare Fukushima I – nota anche come Fukushima Daiichi, o "numero uno" – era un impianto molto potente, che forniva una potenza complessiva di 4,7 GWe grazie alle sue sei unità BWR (reattori ad acqua bollente). Era anche piuttosto datata. La prima unità era entrata in servizio nel 1971, e l'ultima nel 1979. In altre parole, tutti i reattori erano operativi da più di trent'anni (il primo da quaranta). Cinque reattori su sei (le unità dalla 1 alla 5) avevano un contenimento di tipo Mark I. La sesta unità era dotata del più moderno tipo Mark II.

Tutti i reattori di tipo LWR utilizzano l'acqua come refrigerante e come moderatore, il che ha un lato positivo e uno negativo.

Il lato positivo è che la probabilità di un incidente di criticità è molto bassa, grazie a un potente sistema autoregolante a feedback negativo. Ricordiamo come funziona: se la reazione a catena va fuori controllo, la temperatura del combustibile (e, quindi, dell'acqua) aumenta, portando infine l'acqua a bollire. A quel punto, i neutroni non trovano più atomi di idrogeno con cui collidere. Senza collisioni, i neutroni non rallentano, e senza neutroni lenti la reazione a catena si blocca. Ergo, non c'è l'incidente di criticità.

Il lato negativo è che l'acqua deve essere immessa nel reattore di continuo, anche molto dopo che la reazione a catena si è fermata, al fine di tenere freddo il nocciolo del reattore. Il nocciolo è molto caldo a causa dei decadimenti radioattivi e, senza un apporto fresco, l'acqua che riempie il contenitore a pressione finisce per bollire, aumentando la pressione all'interno del reattore ed esponendo gli elementi di combustibile che, a loro volta, diventano ancora più caldi. Una volta che la temperatura supera i 1.800°C, lo zirconio delle barre di combustibile fonde, e sopra i 2.700 gradi tocca alle pastiglie di ossido di uranio. Alla fine, l'intera struttura del combustibile collassa e precipita sul fondo del reattore, dove l'acqua rimasta potrebbe persino produrre localmente una criticità limitata (quando il combustibile fuso incontra l'acqua, la moderazione potrebbe riavviare una versione limitata della reazione a catena). Questo è lo scenario della temuta fusione del nucleo.

Il punto essenziale è che l'LWR è protetto dall'incidente di criticità *dalla fisica,* ma è necessaria l'ingegneria umana per evitare quello che è genericamente conosciuto come LOCA (incidente per perdita del refrigerante). Le leggi della fisica sono immutabili – l'acqua bollirà sempre a una data pressione e temperatura – ma l'ingegneria umana può fallire. Per pompare acqua in un reattore LWR si ha bisogno di energia. In caso di blackout generale, servono sistemi di alimentazione autonomi, quali generatori Diesel e batterie DC (a corrente continua). Nella centrale di Fukushima Daiichi, quei generatori diesel e quelle batterie DC erano alloggiati negli scantinati degli edifici delle turbine dei reattori. L'ubicazione era proprio quella prevista dai progetti della General Electric, ma non ha tenuto conto di quello che, a posteriori, appare alquanto ovvio: in un'area a rischio di tsunami, una posizione più elevata avrebbe dovuto essere un obbligo.

Il decadimento radioattivo è una fonte di energia. Questa energia diminuisce in fretta con il passare del tempo, via via che decadono gli elementi più radioattivi, ma appena dopo lo SCRAM (spegnimento d'emergenza del reattore) può arrivare fino al 7 per cento della potenza del reattore. Ciò significa, in una tipica unità da 1.000 MW, circa 70 MW. Il calore dovuto alla radioattività scende circa allo 0,5 per cento, ovvero circa 5 MW, dieci giorni dopo lo spegnimento.

Ricordiamo che una tipica stufa elettrica domestica ha una potenza di circa 3 kW; quindi, il calore generato dal decadimento radioattivo appena dopo lo SCRAM è grosso modo quello prodotto da ventimila dispositivi del genere. Ancora dieci giorni dopo lo spegnimento, l'energia radioattiva all'interno del reattore è all'incirca quella di duemila stufe domestiche.

Per evacuare questo calore è necessario pompare acqua fredda nel nocciolo del reattore. L'acqua circola tra gli elementi di combustibile e il calore viene trasferito al liquido. L'acqua riscaldata esce dal reattore e circola attraverso il circuito di refrigerazione prima di rientrare di nuovo nel nucleo.

Per pompare l'acqua nel nucleo, è necessaria energia. Se l'energia non è disponibile, il calore non può essere evacuato, e questo è esattamente ciò che è accaduto in tre dei reattori della centrale di Fukushima I.

L'incidente passo per passo

L'11 marzo 2011, alle 14:46, il terremoto colpisce il Giappone. Tutti i reattori di Fukushima si spengono automaticamente, riportando danni lievi. La rete elettrica smette di funzionare, ma i generatori diesel autonomi si avviano, garantendo il flusso d'acqua necessario. A questo punto, i reattori sono stabili.

Alle 15:41, lo tsunami colpisce la centrale. L'impianto è predisposto per sopportare un'onda di sei metri e mezzo. L'altezza dello tsunami supera i sette metri, sommergendo i generatori diesel. Di conseguenza l'energia viene meno in tutta la centrale, con l'esclusione di quella prodotta dalle batterie a corrente continua. Dopo poche ore, le batterie sono esauste. L'acqua nel reattore inizia a scaldarsi e la pressione dovuta al vapore aumenta. La pressione viene alleviata scaricando il vapore acqueo nel pozzo umido. Di conseguenza, il livello dell'acqua nel nucleo inizia a calare.

Alla fine, il nocciolo è esposto. Gli elementi di combustibile iniziano a surriscaldarsi, ma il danno strutturale al combustibile è basso finché c'è meno del 50 per cento del nucleo esposto. Tuttavia, una volta che l'esposizione arriva ai due terzi, gli elementi di combustibile cominciano a gonfiarsi e si rompono, liberando i prodotti della fissione. Quando la temperatura degli elementi di combustibile supera i 1.200 gradi, i tubi di zirconio che contengono le pastiglie di combustibile iniziano a bruciare nell'atmosfera satura di vapore acqueo. La reazione è esotermica (rilascia calore) e contribuisce ad accelerare il riscaldamento del nucleo. Di conseguenza, si mette in moto un feedback positivo. Inoltre, la reazione produce una gran quantità di idrogeno.

La temperatura continua a salire. A 1.800°, i tubi di zirconio iniziano a sciogliersi; a 2.400°, la struttura collassa sul fondo del reattore e si forma una pozza di detriti fusi radioattivi; a 2.700°, si sciolgono le stesse pastiglie di combustibile.

A questo stadio, i prodotti della fissione sono ancora isolati dall'ambiente dall'edificio di cemento, che è progettato per resistere a una pressione interna da 4 a 5 bar. Tuttavia, la pressione all'interno del reattore ha superato 8 bar, per l'effetto combinato della produzione di idrogeno e dell'acqua bollente. Ciò forza la depressurizzazione dell'edificio di contenimento, rilasciando gas radioattivi e aerosol nell'ambiente. Tuttavia, questa è l'unica soluzione rimasta per ridurre la pressione (e l'energia esplosiva) all'interno dell'edificio di contenimento.

L'idrogeno rilasciato è infiammabile, e le esplosioni di idrogeno seguono la depressurizzazione nelle unità 1 e 3. Nell'unità 2 ci furono anche esplosioni di idrogeno all'interno dell'edificio del reattore, con conseguenze disastrose. Danni al contenitore del reattore – che a questo punto conteneva acqua altamente radioattiva –, fuga incontrollata di gas radioattivi, e rilascio di prodotti di fissione.

L'incidente alla fine è stato fermato, prima riempiendo i reattori di acqua di mare e in seguito utilizzando pompe portatili. Le dosi radioattive nel sito, in particolare dopo le esplosioni nell'unità 2, erano molto alte, al punto da raggiungere i 400 mSv/h. Per fare un paragone, la dose complessiva che una persona riceve in media ogni anno è di 3 mSv. Questi alti livelli di radiazioni hanno reso molto difficoltose le operazioni all'interno della centrale, e hanno esposto gli addetti a dosi severe.

Fukushima e Chernobyl

L'incidente di Fukushima è stato molto diverso da quello di Chernobyl. In Giappone, un terremoto seguito da uno tsunami ha causato un LOCA di ampia portata che ha portato a una massiccia fusione del nucleo in quattro delle sei unità operative all'interno della centrale, ma l'integrità dell'edificio di contenimento dei reattori è stata abbondantemente preservata. A Chernobyl c'è stato un incidente di criticità che ha distrutto il (quasi inesistente) contenimento e ha scaraventato nell'ambiente le viscere del reattore.

Di conseguenza, il rilascio di aerosol (per esempio, piccole particelle radioattive) è stato nettamente inferiore che a Chernobyl. Una grossa parte della contaminazione è avvenuta sotto forma di gas rari che si diffondono in fretta nell'atmosfera. Complessivamente, la fuga radioattiva a Fukushima è stata inferiore all'incirca di un fattore 10 rispetto a Chernobyl.

Tuttavia, come a Chernobyl, una vasta area (dai 20 ai 30 km intorno alla centrale) è stata vietata (ancora non si sa quando l'area interdetta sarà di nuovo abitabile), la gente è stata trasferita, e la paura delle radiazioni si è diffusa in Giappone e altrove. Inoltre, l'incidente dei reattori non è stato l'unico problema a Fukushima. Del combustibile esausto, radioattivo, era stoccato nelle piscine in cima all'edificio del reattore, e l'incidente ha fatto sì che quegli elementi di combustibile fossero esposti all'aria, causando ulteriori fughe radioattive.

Il tallone di Achille dell'LWR

Un'analisi completa dell'incidente di Fukushima che includa questioni delicate quali la valutazione di quanto bene sia stato gestito o di se ci sia stata sufficiente trasparenza nell'informazione offerta ai media e al pubblico esula dal raggio d'azione di questo libro.

Tuttavia, l'incidente porta alla luce due questioni cruciali che è necessario considerare in qualunque dibattito sull'energia nucleare.

La prima e più importante è il riconoscimento del tallone di Achille dell'LWR, ovvero la necessità di pompare forzatamente acqua per evitare la fusione del nocciolo. La seconda è la dimostrazione pratica che la tecnologia obsoleta può rendere peggiore un brutto incidente. Questo è ciò che è accaduto con le piscine di combustibile, che sono protette all'interno dell'edificio del reattore progettato con il contenimento di tipo Mark II ma non in quello più vecchio, di tipo Mark I.

Un modo di elaborare le stesse questioni è considerare tutti i progetti di nuovi LWR, quali gli EPR, ABWR o APR, e domandarsi che cosa sarebbe accaduto se la centrale di Fukushima fosse stata dotata di quei reattori anziché dei suoi datati BWR.

Andando ancora oltre, ci si dovrebbe chiedere se è ragionevole programmare una grossa espansione dell'energia nucleare basata sugli LWR, persino se si tratta di LWR nuovi di zecca come gli EPR o altri modelli più sicuri e migliorati. Forse la lezione più importante che ci ha dato Fukushima è che qualunque futura, grossa espansione nucleare dovrà essere basata sui progetti più recenti e più sicuri in fase di sviluppo nell'ambito dell'iniziativa "Generazione IV".

Bibliografia

Abengoa Solar, azienda (2008) "Tecnologías de torre para centrales termosolares", http://www.abengoasolar.es/sites/solar/es/tecnologias/termosolar/tecnologia_de_torre/index.html

ASPO, Associazione per lo studio del picco del petrolio, del gas e delle materie prime (2008) http://www.peakoil.net/

G. Boyle (2003) *Energy Systems and Sustainability*, Oxford Press

G. Boyle (2004) *Renewable Energy*, Oxford University Press

BP (2008) *Bp world statistics*, http://www.bp.com/

C.J. Campbell e J.H. Laherrère (marzo 1988) "The End of Cheap Oil", *Scientific American*

CNE, comitato nazionale per l'energia (2008), http://www.cne.es/cne/Home

Bernard L. Cohen (1983) *Breeder reactors, a renewable energy source*, http://www.sustainablenuclear.org/PADs/pad11983cohen.pdf

B.L. Cohen (1990) *The Nuclear Energy Option*, Plenum Press

K.S. Deffeyes (2005) *Beyond Oil*, Hill and Wang

DOE (2008) *Doe studies of the yucca mountain geological site*, http://www.ocrwm.doe.gov./ym.repository/

Paul R. Ehrlich (1968) *The Population Bomb*, Ballantine Books

EIA, Energy information administration (2008) Annual Energy Outlook, http://eia.doe.gov/oiaf/aeo/

Foro Nuclear (2008) http://www.foronuclear.org

Greenpeace (2008a) *Informes renovables 100%*, http://www.greenpeace.org/espana/reports/informes-renovables-100

Greenpeace (2008b) *Las quince mentiras de la industria nuclear*, http://www.elmundo.es/elmundo/2008/11/11/ciencia/1226403255.html

W.H. Hannun, G.E. Marsh e G.S. Stanford (dicembre 2005) Smarter use of nuclear waste, *Scientific American*

R. Heinberg (2004) *La festa è finita*, traduzione di N. Mataldi, Fazi Editore

A.R. Craster Herd (2007) *Exploring the socio-economical roal of charcoal production in Mozambique*, tesi di PhD, University of Edinburgh

M. Hightower et. al. (2004) *Risk analysis and safety implications of LNG spill over water*, Sandia National Laboratories, Stati Uniti

M.K. Hubbert (1956) *Nuclear energy and the fossil fuels*, raduno di primavera dell'American Petroleum Institute, San Antonio, Texas

IAEA (2001) *Uranium 2001: Resources, production and demand*, OECD Nuclear Energy Agency and International Atomic Energy Agency, Parigi, Francia, 2002

IEA, International Energy Agency (2002) *World energy outlook*, http://www.iea.org/Textbase/nppdf/free/200/weo2002.pdf

IEA, International Energy Agency (2008) *World energy outlook*, http://www.worldenergyoutlook.org/2008.asp

IPCC, Intergovernmental Panel on Climate Change (2008) http://www.ipcc.ch/about/index.htm

J.E. Lovelock (2011) *Gaia. Nuove idee sull'ecologia*, traduzione di Vania Bassan Landucci, Bollati Boringhieri, Milano

J.E. Lovelock (2006) *La rivolta di Gaia*, traduzione di Massimo Scaglione, Rizzoli

D.H. Meadows, D.L. Meadows, J. Randers e W.W. Behrens III (1972 e successive edizioni aggiornate del 1992 e del 2002) *The limits to growth*, Universe Books; in italiano una delle versioni aggiornate (2006) *I nuovi limiti dello sviluppo. La salute del pianeta nel terzo millennio*, traduzione di M. Riccucci, Mondadori

J.A. Menéndez (2008) *El carbón mineral*, http://www.oviedo.es/personales/carbon/carbon.mineral/carbon%20mineral.htm

MICIYT (2005) *Plan de energías renovables 2005-2010*, http://www.mityc.es/Desarrollo/Seccion/EnergiaRenovable/Plan/

MIT (2003) *The future of nuclear energy, an interdisciplinary MIT study*, http://web.mit.edu/ nuclearpower/

G.A. Olah, A. Goeppert e G.K. Surya (2006) *Beyond Oil and Gas: The Methanol Economy*, Wyley-VCH

OMS (2006) *Health Effects of the Chernobyl Accident and Special Health Care Programmes*, http://www.who.int/ionizing radiation/chernobyl/WHO%20Report%20on%20Chernobyl%20Health

R. Price e J.R. Blaise (2003) *Nuclear fuel resources: enough to last?*, http://www.nea.fr/html/pub/newsletter/2002/20-2-Nuclear_fuel_resources.pdf

REE (2008) *Red eléctrica española*, http://www.ree.es/

Robert Reid (1974) *Marie Curie*, New American Library

Fredrick Robelius (2007) *Giant Oil Fields and Their Importance for Future Oil Production*, tesi per il PhD, facoltà di Scienze e Tecnologia, University of Uppsala

M. Santos Ruesga (2008) *Análisis económico de un proyecto de ampliación de la producción eléctrica nuclear en España*, http://www.foronuclear.org/pdf/Analisis-economico-proyecto-construccion-nuevas-centrales-nucleares.pdf

N. Seko (2003) *Aquaculture of Uranium in Seawater by a Fabric-Adsorbent Submerged System*, http://www.ans.org/pubs/journals/nt/va-144-2-274-278

V. Smil (2000) *Storia dell'energia*, traduzione di Vittorio Giacopini, Il Mulino

V. Smil (2006) *Tranforming the Twentieth Century*, Oxford University Press

Henrik Svensen et. al. (2004) "Eocene Global Warming", *Nature*, numero 429, pp.542-545

UNSCEAR (2000) *Report of the United Nations Scientific Committee on the Effects of Atomic Radiation to the General Assembly*, http://www.unscear.org/docs/reports/gareport.pdf

USGS (2000) *US Geological Survey World Petroleum Assessment, 200. Description and Results*, http://pubs.usgs.gov/dds/dds-60

WNA (2007) *World Nuclear Association* http://www.world-nuclear.org/info/inf75.html

World Bank (2008) *World bank data & statistics*, http://web.worldbank.org/

i blu – pagine di scienza

Volumi pubblicati

R. Lucchetti *Passione per Trilli. Alcune idee dalla matematica*

M.R. Menzio *Tigri e Teoremi. Scrivere teatro e scienza*

C. Bartocci, R. Betti, A. Guerraggio, R. Lucchetti (a cura di) *Vite matematiche. Protagonisti del '900 da Hilbert a Wiles*

S. Sandrelli, D. Gouthier, R. Ghattas (a cura di) *Tutti i numeri sono uguali a cinque*

R. Buonanno *Il cielo sopra Roma. I luoghi dell'astronomia*

C.V. Vishveshwara *Buchi neri nel mio bagno di schiuma ovvero L'enigma di Einstein*

G.O. Longo *Il senso e la narrazione*

S. Arroyo *Il bizzarro mondo dei quanti*

D. Gouthier, F. Manzoli *Il solito Albert e la piccola Dolly. La scienza dei bambini e dei ragazzi*

V. Marchis *Storie di cose semplici*

D. Munari *novepernove. Sudoku: segreti e strategie di gioco*

J. Tautz *Il ronzio delle api*

M. Abate (a cura di) *Perché Nobel?*

P. Gritzmann, R. Brandenberg *Alla ricerca della via più breve*

P. Magionami *Gli anni della Luna. 1950-1972: l'epoca d'oro della corsa allo spazio*

E. Cristiani *Chiamalo x! Ovvero Cosa fanno i matematici?*

P. Greco *L'astro narrante. La Luna nella scienza e nella letteratura italiana*

P. Fré *Il fascino oscuro dell'inflazione. Alla scoperta della storia dell'Universo*

R.W. Hartel, A.K. Hartel *Sai cosa mangi? La scienza del cibo*

L. Monaco *Water trips. Itinerari acquatici ai tempi della crisi idrica*

A. Adamo *Pianeti tra le note. Appunti di un astronomo divulgatore*

C. Tuniz, R. Gillespie, C. Jones *I lettori di ossa*

P.M. Biava *Il cancro e la ricerca del senso perduto*

G.O. Longo *Il gesuita che disegnò la Cina. La vita e le opere di Martino Martini*

R. Buonanno *La fine dei cieli di cristallo. L'astronomia al bivio del '600*

R. Piazza *La materia dei sogni. Sbirciatina su un mondo di cose soffici (lettore compreso)*

N. Bonifati *Et voilà i robot! Etica ed estetica nell'era delle macchine*

A. Bonasera *Quale energia per il futuro? Tutela ambientale e risorse*

F. Foresta Martin, G. Calcara *Per una storia della geofisica italiana. La nascita dell'Istituto Nazionale di Geofisica (1936) e la figura di Antonino Lo Surdo*

P. Magionami *Quei temerari sulle macchine volanti. Piccola storia del volo e dei suoi avventurosi interpreti*

G.F. Giudice *Odissea nello zeptospazio. Viaggio nella fisica dell'LHC*

P. Greco *L'universo a dondolo. La scienza nell'opera di Gianni Rodari*

C. Ciliberto, R. Lucchetti (a cura di) *Un mondo di idee. La matematica ovunque*

A. Teti *PsychoTech - Il punto di non ritorno. La tecnologia che controlla la mente*

R. Guzzi *La strana storia della luce e del colore*

D. Schiffer *Attraverso il microscopio. Neuroscienze e basi del ragionamento clinico*

L. Castellani, G.A. Fornaro *Teletrasporto. Dalla fantascienza alla realtà*

F. Alinovi *GAME START! Strumenti per comprendere i videogiochi*

M. Ackmann *MERCURY 13. La vera storia di tredici donne e del sogno di volare nello spazio*

R. Di Lorenzo *Cassandra non era un'idiota. Il destino è prevedibile*

A. De Angelis *L'enigma dei raggi cosmici*

W. Gatti *Sanità e Web. Come Internet ha cambiato il modo di essere medico e malato in Italia*

J.J. Gómez Cadenas *L'ambientalista nucleare. Alternative al cambiamento climatico*

Di prossima pubblicazione

M. Capaccioli, S. Galano *Arminio Nobile e la misura del cielo ovvero Le disavventure di un astronomo napoletano*

L. Boi *Pensare l'impossibile. Dialogo infinito tra arte e scienza*

N. Bonifati, G.O. Longo *Homo Immortalis. Una vita (quasi) infinita*

F. De Blasio *Aria, acqua, terra e fuoco - Volume I. Terremoti, frane ed eruzioni vulcaniche*

F. De Blasio *Aria, acqua, terra e fuoco - Volume II. Uragani, alluvioni, tsunami e asteroidi*

L'AAPN (Associazione ambientalisti per il nucleare) è un'organizzazione che conta novemila membri ed è presente in oltre sessanta Paesi. Suo obiettivo è offrire al pubblico un'informazione completa riguardo all'energia e all'ambiente.

EFN (Ambientalisti per il nucleare)
E-mail: efn@ecolo.org
Web: http://www.ecolo.org